现代混凝土

先进技术与工程应用案例库

XIANDAI HUNNINGTU

XIANJIN JISHU YU GONGCHENG YINGYONG ANLIKU

■ 冯竟竟　主　编
■ 苗　苗　杨进波　副主编

化学工业出版社
·北京·

内容提要

本书共列举了83个先进案例，可分为现代混凝土材料、混凝土制备工艺和混凝土工程应用3个方面，主要为国内外最新建成或建设中的有代表性的混凝土工程案例，涉及桥梁、地砖、建筑物、水电站、铁路等多个方面。

本书具有较强的技术应用性和针对性，可供从事混凝土制备及性能研究、混凝土工程施工管理、混凝土结构设计的专业人员参考，也可供高等学校土木工程及相关专业师生参阅。

图书在版编目（CIP）数据

现代混凝土先进技术与工程应用案例库／冯竟竟主编．—北京：化学工业出版社，2020.6（2022.7重印）
ISBN 978-7-122-36648-1

Ⅰ.①现… Ⅱ.①冯… Ⅲ.①混凝土施工-案例
Ⅳ.①TU755

中国版本图书馆CIP数据核字（2020）第080788号

责任编辑：刘兴春　刘　婧　　　　　　　装帧设计：刘丽华
责任校对：张雨彤

出版发行：化学工业出版社（北京市东城区青年湖南街13号　邮政编码100011）
印　　装：涿州市殷润文化传播有限公司
787mm×1092mm　1/16　印张18¼　字数454千字　2022年7月北京第1版第3次印刷

购书咨询：010-64518888　　　　　　　　售后服务：010-64518899
网　　址：http://www.cip.com.cn
凡购买本书，如有缺损质量问题，本社销售中心负责调换。

定　价：98.00元

用硅酸盐水泥配制的混凝土面世已经将近两百年了。两个世纪以来，随着科学技术的发展，硅酸盐水泥的组成和性能发生了很大变化，混凝土施工技术也发生了翻天覆地的变革。这两方面的变革使得现代混凝土的组成、性能与制备方式都完全改变了。

现代混凝土以工业化生产的预拌混凝土为代表，以高效减水剂和矿物掺合料的大规模使用为特征。现代混凝土减小了混凝土强度对水泥强度的依赖，拌合物的流变性能更加突出，保证混凝土结构耐久性的要求日益增强，在生产和使用过程中需满足可持续发展的原则。现代混凝土最重要的特征是高均质性，至于是否一定包含某特定组分、具有某个特定的性能，则完全由工程实际需要而定。

我国目前是水泥混凝土用量最大的国家，2017年全国水泥产量近25亿吨，折合混凝土近22亿立方米，"十三五"期间水泥混凝土需求持续增长。中国近三年的水泥混凝土消耗量相当于美国20世纪整整一个世纪水泥混凝土的用量。混凝土作为一种高资源代价的材料，每生产1t熟料约排放1t CO_2（全球每年因水泥生产而排放的CO_2占了全球人类排放CO_2的7%，而中国每年水泥生产排放的CO_2占了全国排放的10%），开采粗骨料、细骨料以及石灰石还可能损害绿水青山。在混凝土可持续发展的道路上，我们应发展出适合国情的、具有世界先进水平的"中国水泥混凝土工业生态学"，加快对各种工业副产品的研究、改性和开发，使工业副产品掺合料不仅发展成为现代混凝土必备的一个组分，而且发展成为现代混凝土中使用方便、掺量适度较大的一个组分，以大大减少我国的熟料生产和消耗量。

混凝土材料因其性能优越、原材料来源广泛、价格低廉等已成为全球用量最大的人造材料，而且用途极为广泛，在土木、水利等各种结构中都是不可替代的建筑材料，可用于民用建筑、工业建筑、水工结构、桥梁、隧道以及各种基础设施的建设等。

无论是开展土木工程还是水利工程相关研究，混凝土作为最主要的建筑材料和研究对象的载体，都有必要对其开展相关研究工作，建筑与土木工程专业领域的学生都应该掌握混凝土的相关知识。因此本书对于建筑与土木工程专业领域的学生学习现代混凝土先进技术、了解混凝土科技前沿知识、拓宽知识面、提高解决复杂工程问题的能力等都非常有帮助。

建筑材料是建筑发展的重要基础之一，建筑材料在性能上的提升和新型建筑材料的不断出现能够使建筑工程师和结构工程师更加容易地实现其设计目标。随着21世纪混凝土工程的大型化、巨型化、工程环境的超复杂化以及应用领域的不断扩大，人们对混凝土材料提出了更高的要求，例如高强度、高性能、高耐久、超高超远程泵送性能等。按预定性能设计和制作混凝土，利用现代新技术大力发展新工艺、新设备，研制轻质、高强、多功能的混凝土新品种，广泛利用工业废渣作原材料等，都是混凝土发展中需要不断解决的问题。

混凝土看似简单，实则不然，越是简单的工艺，越有控制的难度。与许多材料相比，混凝土的组成和微观结构更加复杂，大多数情况下不能当作匀质材料处理，从而很难将其纳入材料科学的轨道去解决问题，而且混凝土的微观结构和各种性能是时间的函数，一直处于变化中。要深入认识和研究混凝土，涉及众多的学科，从化学、物理化学到晶体结构学、硅酸盐物理化学、水泥化学，再到热力学、材料力学、细观力学、多孔介质弹性力学、原子分子模拟等。

本书不仅包括现代混凝土先进的生产技术，而且包括大量国内外最新建成或建设中的有代表性的混凝土工程案例，对于建筑与土木工程领域研究生的多门专业课程学习以及开展混凝土的相关研究工作等都有较大帮助。本书最大特色和创新性就是将多学科的知识融于一体，在混凝土材料、混凝土制备工艺、混凝土工程应用三大内容之间实现了融会贯通，有助于从事混凝土研究、施工管理、混凝土结构设计时参考和借鉴。

本书由山东农业大学水利土木工程学院冯竟竟任主编，苗苗、杨进波任副主编；韩笑、王金龙、张旭东、魏向明、段崇凯、冯晨、董超、穆龙飞、周龙龙、魏微、陈传峰、付强、孙传珍、李思琪等在案例搜集和整理过程中付出辛苦的劳动；本书出版主要受到山东省专业学位研究生教学案例库项目"现代混凝土先进技术与工程应用案例库"的资助，在此一并表示感谢。

由于编者编写水平及编写时间有限，本书不足或疏漏之处在所难免，敬请各位读者批评指正。

编者

2019年12月

于泰山脚下

目录

第一篇

现代混凝土材料

第1章

超高性能混凝土

超高性能混凝土（Ultra High Performance Composites，UHPC）由 Larrard 和 Sedran 于 1994 年提出。它是以 RPC 制备原理为基础研发出的一种超高性能水泥基复合材料，具备高强度、高延性、高耐久性及良好施工性能等特性。与活性粉末混凝土（Reactive Powder Concrete，RPC）相比，UHPC 各项力学指标明显高于 RPC 材料，特别是抗拉性能、变形能力和耐久性，能解决高温蒸汽养护使用的难题。

然而，对于这一类材料迄今仍没有统一的定义，名称也多种多样，如细料致密（Densified with Small Particles，DSP）混凝土、无宏观缺陷（Macro Defect Free，MDF）混凝土、密实配筋混凝土（Compact Reinforced Composite，CRC）、活性粉末混凝土（Reactive Powder Concrete，RPC）、超高性能纤维增强混凝土（Ultra-High Performance Fiber Reinforced Concrete，UHPFRC）等。在这些类型混凝土中，目前研究与应用相对活跃的是活性粉末混凝土（RPC）和超高性能纤维增强混凝土（UHPFRC）。相对来说，UHPC 的范围大些，RPC 和 UHPFRC 的范围小些。

UHPC 不仅在新建结构领域有很大应用价值，而且在结构加固领域应用前景广阔。采用 UHPC 对桥梁结构加固的主要方法为增大截面。新浇筑的 UHPC 与原结构形成整体，共同受力，提高结构的承载力，极大降低环境荷载（冻融、氯盐、硫酸盐等）对结构的损伤，从而大幅度延长结构的使用年限，受到许多国家的重视。有关的研究早于此前就已开展，且持续至今。

国外在 UHPC 应用于桥梁结构加固方面起步早于我国，欧洲多国参加的 SAMARIS（Sustainable and Advanced Materials for Road Infrastructures，用于公路基础设施的可持续和先进材料，2004～2006年）和 ARCHES（Assessment and Rehabilitation of Central European Highway Structures，中部欧洲公路结构评估和修复，2006～2009年）项目较系统地研究了用 UHPC 进行维修与加固，并在欧洲国家推广应用。

案例1 中国第一座超高性能混凝土拱桥——福州大学校园人行拱桥

1.1 技术分析

拱桥是一种以受压为主的结构，采用抗压强度高、抗拉强度低的混凝土，在地质与地形条件合适的桥位处修建，具有很强的竞争力。从施工的角度看，拱在合拢之前不为拱，而需要依靠临时辅助设施或结构（如支架、拉索等）来支承。当混凝土拱桥跨径增大后，拱肋自重的增加会使施工费用急剧增加，难度也随之增大。因此，减轻拱肋自重成为超大跨径拱桥需要解决的首要问题。显然，采用具有极高抗压强度的超高性能混凝土（Ultra-High Performance Concrete，UHPC）是解决上述问题的一种有效途径。

中国是拱桥的大国和强国。为了保持中国拱桥技术的世界领先地位，福州大学以中国的工程技术和规范为依据，进行了160m、420m和600m的UHPC拱桥的试设计研究，开展了UHPC拱极限承载力的受力全过程试验研究。在修建中国第一座公路UHPC梁桥的基础上，结合前期的受力性能与试设计研究，设计了中国第1座UHPC拱桥，并于2015年3月建成，也成为世界上第3座UHPC拱桥。

1.2 工程概况

1.2.1 总体设计

该桥位于福州大学旗山校区校园内办公南楼前两湖之间的坝上，桥宽2.1m，横断面布置为0.3m栏杆 + 1.5m人行道 + 0.3m栏杆。桥梁主跨10m，矢高2.5m，矢跨比1/4。主拱为板拱，拱肋厚0.1m，采用抗压强度为130MPa的超高性能混凝土，侧墙与栏杆底座为C30混凝土。最大纵坡为1 : 2.25，设8级台阶，不设横坡，总体布置如图1-1所示。

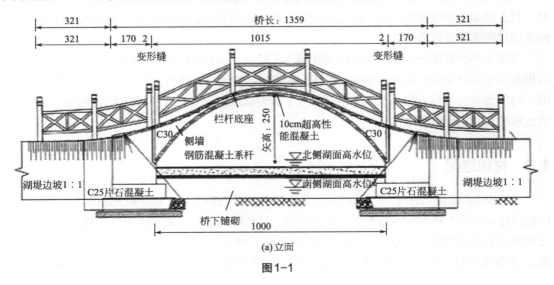

(a)立面

图1-1

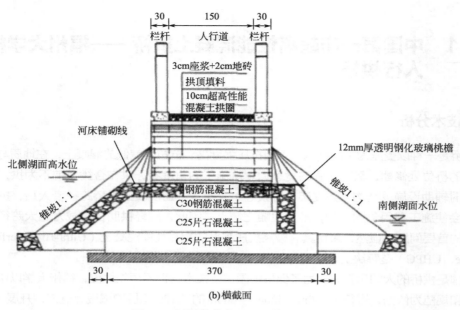

图1-1 桥梁总体布置图（单位：cm）

1.2.2 结构设计

桥梁人群荷载为5kPa；土侧压力、水浮力、静水压力及风荷载均按规范计算；温度荷载按整体升降温25℃考虑。抗震设防烈度为Ⅶ度，设计地震动加速度峰值为0.10g。主拱净跨径为10m，拱肋采用等截面板拱，厚10cm，拱轴线为半径$R=6.25$m的圆曲线，净矢高2.5m，矢跨比1/4。

拱肋材料为UHPC（R130）。拱肋设计时，没有配置钢筋，为素混凝土拱。施工时，考虑到整体现浇拱肋，为防止早期收缩开裂，在拱肋中截面加了一层20cm×40cm的10mm钢筋网，纵向配筋率仅为0.037%，因此结构仍应视为素混凝土结构。

拱肋两侧墙采用C30钢筋混凝土板，通过钢筋与UHPC拱肋连接形成拱腔，内填透水性材料，其上铺3cm砂浆和2cm厚防滑地砖铺面，较陡处为台阶。桥梁栏杆采用天然防腐木栏杆；雨水通过桥面纵坡自然排除。

拱座与桥台连成一体，采用C30钢筋混凝土结构，两层50cm厚C25片石混凝土扩大基础。两拱座间的系杆采用C30钢筋混凝土系杆，两端钢筋伸入拱座桥台。桥下采用M10浆砌片石铺砌，内填透水性材料，铺砌表面与系杆平齐；南侧低水位一侧设置透明钢化玻璃挑檐，使桥下流水形成天然景观瀑布效果。

1.3 材料选配

该桥拱肋采用的UHPC的基本组成是水泥、硅灰、细砂、水、钢纤维和高效减水剂。该桥的配合比基于施工条件和结构所处的环境条件，活性粉末混凝土梁、拱极限承载力研究的配合比和河北石安高速4～30mUHPC连续箱梁桥的配合比，得到适合该桥的配合比。通过材性试验，测得与拱肋同批浇筑的UHPC试块的力学参数指标为：150mm×150mm×150mm立方体抗压强度≥130MPa；弹性模量约为45GPa。

水泥采用福建"炼石牌"52.5级普通硅酸盐水泥。

减水剂选用福州创先工程材料有限公司提供的聚羧酸减水剂，其减水率为25% ～ 30%。

细砂采用福州闽清地区购入的闽江河砂，粒径为0.3 ～ 0.5mm。

钢纤维为鞍山市铁西区昌龙钢纤维厂生产的超强钢纤维，其直径为0.18 ～ 0.22mm，长度为12 ～ 14mm，抗拉强度≥2860MPa，也是河北石磁高速4 ～ 30mUHPC连续箱梁桥所采用的钢纤维。

硅灰由福州建材市场购入，平均粒径0.1μm左右，SiO_2含量大于90%。

1.4 施工工艺

虽然该桥规模不大，但毕竟是中国第一座UHPC拱桥，为此，借鉴文献中拱桥的施工要点并结合UHPC桥梁实际情况，制订了具体的施工计划，保证了桥梁的顺利建成。

1.4.1 基础与桥台施工

施工前进行场地平整，清除建造桥址周围的障碍物，腾出工作面以便施工。与以往的桥梁施工一样，首先完成拱座基础与桥台的浇筑。接着完成系杆的浇筑。

需注意的是系杆钢筋应在桥台浇筑前与桥台钢筋一同绑扎。系杆混凝土原本应待桥面系施工完毕后最后浇筑，即在系梁钢筋受拉后再浇筑系杆混凝土，以避免系杆混凝土受拉而产生裂缝。但是，由于施工单位考虑到拱肋施工的便利性，再加上该桥系杆所受的拉力较小，最终采用了先浇筑系杆的施工顺序。

1.4.2 主拱施工

（1）支架与模板 系杆浇筑完成并达到一定强度，紧接着准备拱肋的施工。该桥跨度小，且系杆已提前浇筑完成，可为搭建拱肋支架提供一个可靠的支撑平台。因此，拱肋的施工方法采用满堂支架法，如图1-2所示。

(a)拱圈   (b)拱圈上模板

图1-2 搭建拱圈模板

由于UHPC与普通混凝土相比，重度较大、早龄期收缩很大，因此支撑的杆件应采用钢材，确保支撑杆件的强度；模板采用柔性的木模板以适应UHPC早龄期的变形。拱肋顶、底模板采用对拉杆固定，并用方木辅助对拉杆的使用。

为了方便日后对该桥进行检查、检测，评估运营后桥梁的安全性，需对该桥建立长期的监测系统，定期对桥梁应力进行监测。因此，该桥在拱脚两侧及拱顶分别布置了3个埋入式应变计。

（2）UHPC制备 UHPC在福州大学结构工程试验室中制备。为防止在浆体中加入钢纤维可能造成浆体以钢纤维为中心的结块，采用钢纤维先加的方式，并适当控制钢纤维掺入后的搅拌时间，以防止结团。

采用的投料顺序如下。

① 将称好的砂、硅灰和水泥依次倒入搅拌锅内，干搅3min，如图1-3（a）所示；

② 用筛子将称好的钢纤维掺入干拌好的混合料中，使得钢纤维能够均匀分布，搅拌5min，如图1-3（b）所示；

③ 将溶有高效减水剂的水缓慢加入搅拌锅，直至搅拌成混凝土浆体，参考时长3min。

搅拌完成后，用叉车将混合物运送到浇筑现场，如图1-3（c）所示。与普通混凝土相比，UHPC的黏性很高。因此，UHPC通过高混合性能的强制搅拌机进行拌和，如图1-3（d）所示。

(a)干拌水泥、硅灰、细砂

(b)筛钢纤维

(c)叉车运送混凝土

(d)搅拌

图1-3 UHPC的拌制工艺

（3）UHPC浇筑 UHPC流动性虽好，但其重度、黏性大。因此，浇筑拱肋时，为防止拱肋产生较多的气泡，拱肋的浇筑采用自下而上的浇筑顺序。分别在拱肋两侧的1/4处及拱顶设置浇筑口，将拱肋的浇筑分成了3个节段，其中一个节段为节段1，即从拱肋一侧1/4处至另一侧1/4处，另两个节段则为节段2、3，即从拱肋1/4处至拱脚。浇筑过程中采用对称浇筑的方式，首先在拱肋1/4处的浇筑口封上，再进行节段1的浇筑。由于UHPC自重、流动性大，拱顶浇筑时应注意拱脚附近处对拉杆的端部受压情况，防止用于辅助对拉杆的方木受力不均而断裂。

（4）UHPC养护　该桥施工时为1月，恰为当地气温最低的季节，最高温度为16℃，最低温度为7℃，月平均温度为12℃。为保证UHPC的强度、避免低温引起的早期收缩裂缝，采用了蒸汽养护的措施。拱肋浇筑完成6h以后，用3层加厚的塑料薄膜包裹拱肋，并用简易的支撑薄膜形成一个养护空间，不仅用于蒸气的注入，也避免早期的拱肋UHPC表面与外面的低气温直接接触。在现场设置一个小型的锅炉，将锅炉产生的水蒸气，注入拱肋养护空间中，试件也放在其中进行养护。蒸养时，每隔1h便用温、湿度计对养护空间中的温、湿度进行测量，以便将其温度控制在55～65℃之间，湿度控制在85%～100%之间。

1.4.3　拱上建筑与附属工程施工

将拱肋蒸养3d以后便停止向棚里输入蒸汽。为防止温度骤降导致拱肋开裂，拱肋带膜放置冷却1d以后才拆除拱肋外包的塑料薄膜，随后进行拱肋的顶模及侧模的拆除。拱肋达到一定强度以后，拆除拱肋底模板，肉眼可见拱肋表面光滑、无气泡。紧接着完成拱上建筑的建设，即浇筑拱肋上部左右两片肋板、铺设拱上填料，进行桥面铺装，增设木栏杆。

1.5　应用效果

该桥主体于2015年1月建成，细部修饰于3月完成，成为世界上第3座UHPC拱桥，成桥照片如图1-4所示。

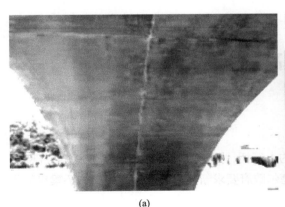

(a)   (b)

图1-4　福州大学校园人行UHPC拱桥

国内外的试设计研究与工程应用表明：UHPC具有超高的抗压强度，应用于以受压为主的拱桥具有良好的应用前景。根据前期的研究结果，建成了中国第1座UHPC拱桥，为今后UHPC拱桥的应用提供了借鉴。中国UHPC试验室制备技术已经成熟，该桥的实践表明：它在拱桥结构中的规模应用也是可行的。

UHPC流动性虽好，但其重度和黏性均较大。该桥浇筑拱肋时，采用了自下而上分段浇筑的顺序，实践表明可以防止拱肋产生较多的气泡。该桥施工时为1月，恰为当地气温最低的季节，施工时采用了简易的蒸汽养护措施，取得了较好的效果。中国目前尚无UHPC桥梁的技术规范，试验时在该桥中埋置了一些应变片，将在后期进行跟踪观测，并在前期研究的基础上对结构的受力行为与计算方法进行深入的探讨，为UHPC在更大跨径拱桥中的应用提供技术支撑。

1.6 经济分析

UHPC材料优良的力学性能和耐久性使得桥梁结构可以做到跨径更长、构件尺寸更小、施工更方便、工期更短、对环境的不良影响更小，其卓越的耐久性更是可以大幅减小后期维护保养成本，有效延长桥梁的使用寿命。

我国海域面积大、岛屿多，多个跨海工程正在规划当中。而致密的UHPC有着优异的抗渗性、抗侵蚀能力，所以在近海桥梁工程领域有着巨大的应用价值与潜力。另外，其抗冲击能力较强，UHPC材料在通航桥梁的桥墩防护措施等安全工程中有着更为广阔的应用前景。

参考文献

[1] 陈宝春，黄卿维，王远洋，等. 中国第一座超高性能混凝土（UHPC）拱桥的设计与施工[J]. 中外公路，2016，36（01）：67-71.

[2] 李晨光，安明喆. 超高性能混凝土（UHPC）研究及其在预应力结构中的应用[C]. //第六届全国预应力结构理论与工程应用学术会议论文集. 北京市建筑工程研究院：北京交通大学，2010：25-32.

[3] 鲁亚. 自密实超高性能混凝土（UHPC）的配制及性能研究[D]. 南昌：南昌大学，2015.

案例2　德国加特纳普拉兹超高性能混凝土人行桥

2.1 技术分析

加特纳普拉兹桥桥位处原有一座木结构的人行桥，是一个区域性自行车线路的一部分，从1981年使用至2005年，由于腐蚀严重，卡塞尔政府要求新建一座耐久、轻型的桥梁来取代老桥。

方案设计时，首先考虑新桥需利用旧桥基础这一原则。否则，为了不妨碍河上通航，要拆除旧桥基础，势必增加桥梁建设费用。同时，若采用大跨度桥梁避开旧桥墩，也会大幅增加桥梁建设项目的成本。因为要利用旧桥基础，新桥的上部结构不能比老桥的重。在这一方面，采用传统的混凝土结构难以做到，而UHPC结构则轻很多。木材与钢材可能重量比UHPC小，但耐久性方面显然逊于UHPC材料。所以，UHPC是能同时满足轻型与耐久两项要求的材料，且卡塞尔大学一直研究UHPC这一新型材料，具备了应用的条件。因此，决定修建UHPC桥。

对于UHPC桥，概念设计时考虑了：两跨或三跨的UHPC简支梁桥、连续梁桥、桁架桥以及斜拉桥几种桥型。因为斜拉桥拉索维修养护困难，所以不予考虑。为了避免振动问题，连续梁桥方案较简支梁桥方案好，最后选用连续桁架梁桥方案。

2.2 工程概况

2.2.1 具体设计要求

① 新桥面板宽度5m，人行和自行车设计荷载5kN/m²，可通过6t重的救护或服务车辆。

② 设计通航净空高度为5.5m，宽为30m。

③ 考虑到有残疾人通过该桥，桥面最大纵坡不超过5%。

④ 需考虑来自河流上游的冰块漂流物或船舶对桥墩的冲击荷载。

根据设计要求，最终采用的加特纳普拉兹人行桥的一般布置如图1-5所示，主跨横截面如图1-6所示。

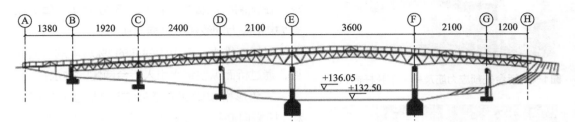

图1-5 桥梁一般布置图（单位：cm）

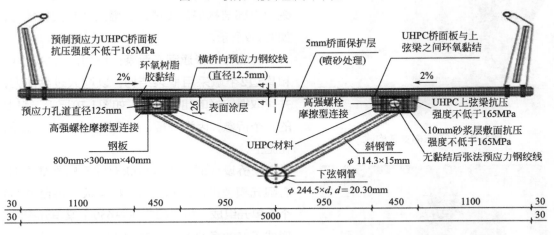

图1-6 主跨横截面（单位：mm）

2.2.2 结构设计

桥梁上部结构为三角桁架形式，桁架下弦杆和腹杆为钢管，上弦梁及桥面板材料均为UHPC。下弦杆与腹杆通过焊接连接，腹杆上端焊有钢板，腹杆上端的钢板与上弦梁通过高强

图1-7 各主要构件连接构造

图1-8 桥台处预应力筋及桁架下弦杆锚固端

图1-9 上部结构支承构造

图1-10 桥墩

螺栓摩擦型连接，如图1-7所示。

预应力UHPC上弦梁在工厂预制，横截面尺寸为45cm×26cm，长度随跨径变化为1236m，上弦梁施加预应力的目的是使其受力时不出现裂缝。预制UHPC上弦梁在施工现场拼接好后，采用无黏结体内预应力筋后张法施工，预应力管道直径为125mm，内有10股预应力钢绞线，提供2MN的预应力，预应力筋锚固于桥台处现浇的混凝土横梁上，如图1-8所示。

由于在施工中很难保证机械拼接的精度，所以2m×5m的桥面板通过环氧树脂胶黏结的形式安装于UHPC上弦梁上，桥面板之间也通过环氧树脂胶彼此黏结。UHPC预制预应力板厚812cm，为了满足预制桥面板在横桥向满足抗弯性能的要求，在预制桥面板横桥向布有预应力筋，每块板有7束预应力钢绞线提供横向压力。

对桥面排水，采用中间凹的2%坡度的桥面横坡，通过桥面纵坡将水引入桥台两侧的排水孔。

三角形桁架梁在支承处增设2根竖向支撑杆和1根横向底杆形成矩形结构，主下弦支撑于底杆上，再通过两竖杆支承于桥墩上的支座之上，既为上部结构提供支撑，也增大了其抗扭能力，如图1-9所示。

桥墩均为普通钢筋混凝土结构，水中2个墩和岸边2个墩采用框架结构，以增大过洪能力，并可取得较好的建筑效果，如图1-10所示。岸上的一个桥墩，因为较矮，则采用实体结构，以简化施工。

该桥设计时采用Sofistik有限元软件建立3D有限元模型进行结构分析。桥面板及桥台由200个板单元组成，桁架和支柱由650个梁单元构成，形成了3500多个节点。对UHPC上弦梁与桥面板之间的黏结连接、桥面板之间的黏结连接，以及桁架腹杆与UH-PC上弦梁之间的高强螺栓摩擦型连接，均采用特殊的剪切单元模拟。在模型中考虑了不同的施工过程，也考虑了收缩和徐变的影响。

2.3 材料选配

UHPC材料设计配合比如表1-1所列，钢纤维体积掺量为0.9%，钢纤维直径为0.15mm，长17mm。UHPC材料力学性能如表1-2所列。

☐ 表1-1 UHPC材料设计配合比

材料	单位	数值
水泥	kg/m³	750
石英砂	kg/m³	1100
硅灰	kg/m³	250
石英粉	kg/m³	200
水	L/m³	150
减水剂	kg/m³	30
钢纤维	kg/m³	75

☐ 表1-2 UHPC材料力学性能

抗压强度/MPa	抗拉强度/MPa	抗折强度/MPa	表面抗拉强度/MPa
179	9	19.6	68

桥面板与桁架上弦梁、桥面板之间通过环氧树脂胶黏结。环氧树脂胶采用Sikadur-30，对环氧树脂黏结的UHPC构件开展了棱柱体抗折强度、抗拉强度和抗剪扭强度试验及板的抗弯试验，结果表明，环氧树脂黏结的UHPC构件的抗拉、抗剪强度与UHPC整体构件的强度一致。对UHPC梁和喷砂钢板接触面间的抗滑移试验，得到其抗滑移系数为0.8。研究表明，在UHPC桥面板上通过喷砂处理可以永久地保护桥面板之间的环氧连接。

2.4 施工工艺

2.4.1 预制工艺

UHPC上弦梁和桥面板首先在Elobeton工厂预制。

每次搅拌前要提前称好原材料的重量，投料后先干拌23min，然后加入水和减水剂，再搅拌34min。若流动性差，可适当再增加减水剂以满足混凝土流动性的要求。为了防止纤维结团，通过振动的斜滑槽将钢纤维慢慢投入，纤维投放完毕后再搅拌3min。UHPC搅拌过程中伴随着基体温度的增长，干拌时温度小于25℃，加入水和减水剂后温度增长到27℃，钢纤维加入搅拌完成后温度达到30℃。

UHPC通过容量2m³带斜槽的漏斗投入模板，模板要稳定性和密闭性好。在整个浇筑过程中，使用内部或外部振捣器振捣。浇筑时间选在早上气温较低的时候，这样有利于混凝土水化放热。构件浇筑完成后，立即采用塑料薄膜覆盖，标准养护3d，第一个24h构件温度大约达到50℃，72h后温度会降至35℃。72h后拆掉塑料薄膜开始热养，养护温度为83℃，持续热养护3d（热养护至少12d，有利于UHPC中钙矾石的形成）。

养护完毕后搬出热养护室，放置1d，冷却至室外温度。

2.4.2 安装工艺

预制完成后运至安装三角钢桁架的工厂进行固定拼装，拼装完成后拉至工地现场进行施工吊装，具体过程如图1-11～图1-13所示。至2006年10月，桁架结构拼接架设完成，开始吊装桥面板。

(a)   (b)

图1-11 UHPC上弦梁预制

图1-12 UHPC上弦梁和钢管组成三角桁架   **图1-13 三角桁架的吊装**

2.5 应用效果

加特纳普拉兹人行桥是UHPC材料在桥梁结构中的一次成功应用，是德国第一座大跨径的UHPC桥梁（见图1-14）。该桥不仅应用了UHPC材料，而且创造性地在桥面板间及板与梁间运用了环氧树脂胶黏结技术，是世界上首次采用环氧树脂黏结技术黏结UHPC的桥梁，以及在UHPC上弦梁及腹杆间采用了高强度螺栓摩擦型连接技术。该桥的新技术对中国UHPC桥梁的发展应用具有借鉴意义。

(a) 全景　　　　　　　　　　　　　　　(b) 局部

图1-14　加特纳普拉兹人行桥

2.6　经济分析

加特纳普拉兹桥采用UHPC材料，大大减小了桥梁本身的重量，同时大幅度减少了桥梁建设项目的成本，而且其卓越的耐久性有效延长了桥梁的使用寿命，更可以大幅减小后期维护保养成本。优良的力学性能和耐久性使得桥梁结构可以做到跨径更长、构件尺寸更小、施工更方便、工期更短、对环境的不良影响更小。

随着更多有关UHPC制备技术、配比计算、材料特性、结构特性以及结构设计方法等研究的开展，成套技术标准和规范的编制，以及UHPC材料成本的下降，UHPC材料将会在桥梁工程中得以广泛应用。

参考文献

[1] 陈宝春，黄卿维，王远洋，等.中国第一座超高性能混凝土（UHPC）拱桥的设计与施工[J].中外公路，2016，36（01）：67-71.

[2] 鲁亚.自密实超高性能混凝土（UHPC）的配制及性能研究[D].南昌：南昌大学，2015.

[3] 李晨光，安明喆.超高性能混凝土（UHPC）研究及其在预应力结构中的应用[C].//第六届全国预应力结构理论与工程应用学术会议论文集.北京市建筑工程研究院：北京交通大学，2010：25-32.

[4] 马熙伦，陈宝春，黄卿维，等.德国加特纳普拉兹超高性能混凝土人行桥[J].中外公路，2017，37（02）：77-81.

案例3　韩国第一座UHPC斜拉桥——Super Bridge I 人行斜拉桥

3.1　技术分析

韩国十分重视创新，提出了一个超级桥梁200（Super Bridge 200）的计划，希望通过应用UHPC建造桥梁，减少20%的工程造价，在10年内节省20亿美元的投资，减少44% CO_2 的排放量和减少20%的养护费用。该计划对UHPC材料特性和构件与结构的基本受力性能开展了系列研究，并以日本相应的UHPC设计施工指南为基础，编制了韩国的UHPC设计施工指南。

韩国的此项计划以韩国建设技术研究院（KICT）为主，将所开发的UHPC称为K-UHPC。超级桥梁200以斜拉桥为主要应用对象，开展了跨径分别为200m、800m和1000m斜拉桥试设计研究，并修建了全世界第一座UHPC斜拉桥（Super Bridge I）。

3.2 工程概况

Super Bridge I为韩国建设技术研究院设计并建造的低造价、长寿命组合型斜拉桥，该桥于2009年建成。该桥由独塔、板梁与斜拉索构成，3片板梁呈扇形状，其中2个方向板梁分别连接KICT主楼和邻近一座新建筑，这2片板梁为长18.5m的UHPC梁，另一片板梁为长7.5m的普通混凝土梁，以达到平衡UHPC桥跨重量。考虑到板梁与塔的连接问题，预制板梁不易与塔拼接，故与独塔相连接的部分采用普通混凝土现浇。

图1-15为Super Bridge I桥照片。

预制板梁采用设计抗压强度为180MPa的UHPC，由桥面板与两侧边梁组成，桥面板尺寸为（长）7m×（宽）2.7m×（高）0.07m，边梁尺寸为（长）7m×（宽）0.31m×（高）0.35m，图1-16为预制梁横截面布置示意。拼装时相邻节段用环氧树脂黏结后，用7根钢绞线（d_f = 12.7mm，f_{pu} = 1900MPa）连接，其张拉应力为0.75f_{pu}，桥面板处用直径26mm钢筋连接，张拉应力为0.7f_{pu}。斜拉索采用直径为20.2mm的开放式螺旋钢绞线，其抗拉强度f_{su} = 1670MPa，弹性模量E_s = 150GPa，容许拉应力 = 0.45f_{su}。

图1-15 UHPC人行斜拉桥——Super Bridge I桥

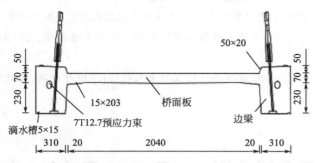

图1-16 Super Bridge I预制梁横截面布置示意（单位：mm）

3.3 材料选配

制备的K-UHPC具有优良的韧性、断裂性能以及超过200年的超高耐久性能。该材料水胶比为0.24，钢纤维体积掺量为2%，配合比如表1-3所列，表1-4为该材料的力学特性。

⊡ 表1-3 K-UHPC配合比

各组分含量/（kg/m³）								钢纤维体积/%
水泥	水	硅灰	细骨料	填充料	减水剂	膨胀剂	减缩剂	
100	0.22	0.25	1.10	0.30	0.025	0.075	0.01	2

⊡ 表1-4 K-UHPC的力学特性

设计抗压强度/MPa	抗弯强度/MPa	设计抗拉强度/MPa	弹性模量/GPa	泊松比	干缩比/10^{-6}	徐变系数	线膨胀系数/（10^{-6}/℃）
180	20	10	45	0.2	100	0.2	12

3.4 施工工艺

3.4.1 预制节段浇筑

K-UHPC为自密实混凝土，坍落流动度大于230mm，浇筑过程无需振捣。预制节段一次浇筑成型，以防形成薄弱面。此外，由于边梁与桥面板存在高度差，两者交界位置易发生局部破坏，故在边梁与桥面板交界处上表面设置一层钢板，以加强该部位抗力。模板内表面粘贴5mm厚的收缩吸收层（聚苯乙烯泡沫塑料），以平衡UHPC的自收缩。

采用容量为1.5m³的搅拌机拌制UHPC。首先干拌水泥、硅灰、填充料和细骨料组成的混合料，搅拌均匀后加入水、高效减水剂和外掺剂，搅拌UHPC至达到230mm坍落流动度，最后加入2%体积掺量的钢纤维（$d_f = 0.2$mm，$L_f = 13$mm）。由于K-UHPC含有大量的硅灰，其内部初始硬化较慢，因此，预制节段先进行48h自然养护，以保证达到足够的刚度能够安全起吊和运输后，再吊至养护室进行蒸汽养护，养护时长48h，温度为90℃。此外，温度突变可能导致预制梁出现温度裂缝，故严格控制养护室内升温与降温速率在15℃/h以下。

3.4.2 UHPC人行斜拉桥的架设

桩基础施工与独塔安装完成后，现浇预制段与塔间连接部位的普通混凝土，随后进行4片预制梁的架设，预制梁间通过边梁的预应力钢绞线与桥面板的钢筋搭接，形成整体。随后施加二期恒载与安装斜拉索，并调整斜拉索使梁顶达到设计预拱度。

3.5 应用效果

中国近30年来修建的桥梁数量在全世界名列第一，对UHPC也开展了大量的研究，但研究项目较小，力量也较为分散。韩国的桥梁建设总量远小于中国，但在UHPC方面的应用数量与规模已超过中国，且研究具有很强的系统性和创新性。日本UHPC应用数量最多。

在今后相当一段时间内，中国仍处于桥梁大建设时期，随着对节能减排、可持续发展要求的不断提高，对混凝土性能的要求也将越来越高，因此应加速UHPC的应用与推广。中国在

UHPC材料制备技术、基本材性、构件等研究方面已为工程应用奠定了坚实的基础，4座桥梁的应用也积累了一定的经验，具备了推广应用的条件。

3.6　经济分析

UHPC材料优异的力学性能、耐久性能及防火抗冲击性能，使得UHPC桥梁结构的跨越能力更大、截面更纤细美观、后期维护成本更低、使用寿命更长。国外已将其广泛应用于装配式梁桥及接缝结构中，而且在更大跨径的桁架梁、上承式拱及斜拉等人行桥中也有使用。

但UHPC在桥面道板、T形梁，缺乏系统的研究。因此，还需要开展进一步的性能试验、构件设计及应用研究，指导UHPC在更大跨度桥梁中的应用。

参考文献

[1] 陈宝春，黄卿维，王远洋，等.中国第一座超高性能混凝土（UHPC）拱桥的设计与施工[J].中外公路，2016，36（01）：67-71.

[2] 鲁亚.自密实超高性能混凝土（UHPC）的配制及性能研究[D].南昌：南昌大学，2015.

[3] 李晨光，安明喆.超高性能混凝土（UHPC）研究及其在预应力结构中的应用[C].//第六届全国预应力结构理论与工程应用学术会议论文集.北京市建筑工程研究院：北京交通大学，2010：25-32.

[4] 黄卿维，沈秀将，陈宝春，等.韩国超高性能混凝土桥梁研究与应用[J].中外公路，2016，36（02）：222-225.

案例4　摄乐大桥

4.1　技术分析

超高性能混凝土堪称耐久性最好的工程材料，适当配筋的超高性能混凝土力学性能接近钢结构，同时具有优良的耐磨和抗爆性能。因此，超高性能混凝土特别适合用于大跨径桥梁、抗爆结构（军事工程、银行金库等）和薄壁结构以及高磨蚀、高腐蚀环境。

可以预计，未来超高性能混凝土会有越来越多的应用。本案例介绍超高性能混凝土在太原市摄乐大桥中的应用。

4.2　工程概况

摄乐桥是太原市城北地区沟通城市东西区域的重要桥梁，为太原市第18座跨汾河大桥。摄乐街大桥连接北部的中心城区，东侧穿越太钢集团，西侧连接柴村新区，对于加强尖草坪区东西部交流起到了关键性作用。由中铁大桥科学研究院自主研发的新型超高性能混凝土在太原摄乐大桥上桥面铺装过半，全桥约11000m²需要进行6cm厚的超高性能混凝土铺装。

桥梁采用独塔空间索面斜拉桥结构形式，跨径布置为360m，斜拉索倒排布置形成空间曲面。桥面宽51.5m，主梁为半封闭双箱组合钢结构形式，梁高3m，混凝土板0.28m厚，钢梁梁高2.72m，钢梁与混凝土板之间采用剪力钉连接。钢梁纵向上翼缘板宽800mm、全桥等厚24mm，横隔板上翼缘宽600mm。横隔板由箱内、箱外共3块板组成，均采用整体式横隔板，横隔板标准间距为4.5m。该桥整体效果及桥型布置分别如图1-17、图1-18所示。

图1-17　钢塔整体效果

4.3　材料选配

摄乐桥全桥大约有11000m²需要铺装6cm厚的超高性能混凝土，超高性能混凝土与普通混凝土、高性能混凝土不同之处在于：不使用粗骨料，必须使用硅灰和纤维（钢纤维或复合有机纤维），水泥用量较大，水胶比很低。超高性能混凝土的组成如表1-5所列。

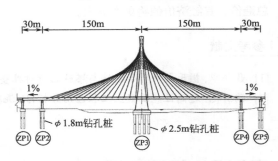

图1-18　摄乐大桥主桥桥型布置

⊡ 表1-5　超高性能混凝土基本组成

波特兰水泥（V形）/（kg/m³）	硅灰/（kg/m³）	磨细石英砂/（kg/m³）	细砂/（kg/m³）	金属纤维/（kg/m³）	高效减水剂/（kg/m³）	水/（kg/m³）	水胶比/（kg/m³）
700～1010	230～320	0～230	760～1050	150～190	15～25	155～210	0.14～0.27

4.4　施工工艺

工程现场情况显示，全桥约11000m²需要进行铺装。钢桥面上布满了4cm高的剪力钉，横向间隔20cm、纵向间隔30cm，还铺有一层细密的钢筋网。一根长长的汽车泵管中不断流下较为黏稠的混凝土，几名工人将本身具有自密实性能的混凝土稍加振捣和抹平，就形成了较为光滑的表面，再上敷一层塑料薄膜进行养护，6cm厚的超高性能混凝土即铺装完工。

4.5　应用效果

该新型超高性能混凝土解决了大跨径钢桥面铺装出现桥面板疲劳开裂和铺装层破坏两大世界性技术难题。超高性能混凝土组合钢桥面铺装体系采用双层结构，在超高性能混凝土上铺一层磨耗层，该磨耗层材料采用柔性铺装材料，与现有城市道路或高速公路道路视觉效果一致。这种新型混凝土的超高性能体现在超高的力学性能、超强的耐久性能、优良的体积稳定性能和优越的工作性能上。其抗折强度是普通混凝土的3倍,相对于已经面世的超高性能混凝土,这种新型混凝土具有收缩变形下降50%,常温条件不需要蒸汽养护的优点,性价比更高。这座大桥被称为"永不开裂的桥梁"。

4.6 经济分析

摄乐桥超高性能混凝土组合钢桥面铺装体系采用双层结构,在这层超高性能混凝土之上,将铺一层磨耗层。该磨耗层材料仍采用柔性铺装材料,与现有城市道路或高速公路道路视觉效果一致,在桥梁使用的全寿命周期内仅需要对磨耗层进行更换,后期养护简便且费用低,总投资额将是目前柔性铺装方案的10%~15%。对于新建桥梁而言,在设计阶段应用本项目研发的钢桥面铺装技术可以直接节约桥梁主体结构用钢量,降低桥梁上部结构的重量,降低全桥的总造价,其经济价值将更为突出。

参考文献

[1] 聂井华.摄乐大桥塔吊扶墙与塔肢临时对撑整体桁架设计 [J].桥梁建设,2017,47(03):94-98.
[2] 鞠丽艳.超高性能混凝土工程应用分析[J].混凝土世界,2019(01):56-59.

案例5 怒江二桥

5.1 技术分析

UHPC与普通混凝土的组成和配制方法不同,最大的区别在于其配制采用超低水灰比,添加高活性的火山灰掺合料、钢纤维和高效减水剂,以及不使用粗骨料,改为用高品质细骨料来填充配制。制备UHPC的原材料主要包含高品质水泥、硅灰等活性掺合料、石英砂粉、钢纤维、高效减水剂等。UHPC拥有超高强度、超高耐久性、超高韧性等诸多优点。

通常UHPC的生产主要是以高温预制的方式进行,通过对成型后的UHPC试件进行加压,并采取高温蒸汽养护,可以得到不同强度等级的UHPC预制构件。资料表明,UHPC在常温养护环境下也可被用作现场施工浇筑,现场浇筑的UHPC性能指标较预制的低一些,抗压强度通常在100~150MPa。

当前,国内UHPC的应用途径很少,且主要以预制为主,如高铁工程上使用的UHPC盖板等,很少有应用于现浇工程中,特别是UHPC应用于桥梁之中。本案例以怒江二桥工程为例,介绍现浇UHPC在桥梁工程中的应用。

5.2 工程概况

怒江二桥是独塔单索面混合梁斜拉桥,跨径组合为81m+175m,整体效果图及总体布置如图1-19、图1-20所示,桥面32m,采用塔、墩、梁刚接体系。钢筋混凝土桥塔高70m,斜拉索采用平行钢丝体系，扇形布置。为减小边中跨比并提高主跨跨越能力，主梁采用混合梁，主跨采用钢箱梁，截面如图1-21所示。边跨采用预应力混凝土箱梁，标准截面如图1-22所示。钢混结合段设置在主跨侧距桥塔中心线8.75m处。

图1-19　怒江二桥

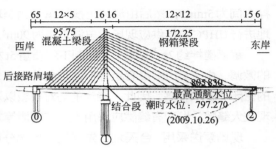

图1-20　怒江二桥总体布置（单位：m）

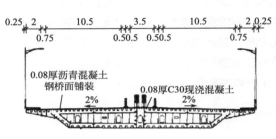

图1-21　钢箱梁标准截面（单位：m）

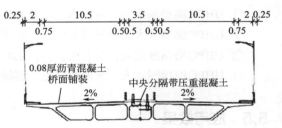

图1-22　预应力混凝土箱梁标准截面（单位：m）

5.3　材料选配

此次施工采用UHPC在工厂混合完成，袋装运输到现场，然后加水拌和的工艺。UHPC的组分为：中热水泥，粉煤灰，硅灰15%～20%，磨细石英砂粉（胶砂比约为1∶1），混杂纤维（其中钢纤维长2cm，长径比1/65～1/80，掺量为体积比1.5%；聚丙烯纤维），粉体聚羧酸外加剂，减水率约为36%。现场拌和水胶比1.18～0.20，试拌混凝土抗压强度如表1-6所列，用水量9.5%，试件尺寸均为100mm×100mm×100mm。

⊡ 表1-6　UHPC抗压强度

编号	抗压强度/MPa	均值/MPa	偏差/MPa	养护说明
1	135.83		2.3	
2	143.00		7.7	
3	120.60	132.8	−9.2	沸水48h养护
4	136.19		2.6	
5	128.25		3.4	
6	104.50		1.4	
7	106.00	105.9	0.1	标准养护4d
8	107.30		1.3	

5.4 施工工艺

UHPC的生产在工程现场的商品混凝土站，1台站拌和普通C55混凝土，1台站拌和UHPC。袋装UHPC从拌和站的砂石料仓加入，加水搅拌5～10min（实际经过3轮调试后，搅拌时间为5min），然后由混凝土搅拌车运输至现场，通过汽车泵输送至仓面。1个仓连续不停地进行UHPC搅拌供应现场，总浇筑量为90m³，最终总浇筑时间为16h。

每罐搅拌约2m³混凝土，控制下料质量5t左右，加水470kg左右，调试过程中有10kg左右的微调。由于UHPC没有粗骨料，且流动性好，初凝时间长，因此容易发生漏浆，对浇筑空间的密闭性要求较高。因此，浇筑前需对模板以及钢箱梁形成的腔室进行仔细检查，尽量不要出现较大缝隙，发现有缝隙应采用土工布塞堵等方法进行处理。

现场泵送采用1台天泵，先浇筑底板部分C55普通混凝土，然后浇筑UHPC，后续依次交替进行。C55混凝土与UHPC交界处，加强该处混凝土的振捣，试验发现混合后强度介于C55与UHPC之间。通过现场浇筑UHPC，总结出UHPC在浇筑施工时需要注意以下事项。

① UHPC离差系数大，对加水量误差非常敏感，要求现场原材料、水计量非常精确。

② UHPC黏度较大，在采用泵送施工时不宜中断，现场检验UHPC泵送性能良好。

③ UHPC坍落度很大，没有粗骨料，现场模板要求密封严密，否则容易漏浆。

④ UHPC搅拌时间大于普通混凝土，混凝土生产效率较低，搅拌时间3～5min。

5.5 应用效果

为验证该项目可行性，在现场进行了混合梁结合段混凝土模型试验，试验结果如表1-7、表1-8所列。试验内容包括浇筑工艺以及荷载试验，试验结果满足预期目标，如图1-23所示。

⊡ 表1-7 UHPC抗折强度

试件编号	荷载/N	抗折强度/MPa
1	73230	9.8
2	75640	10.1
3	78500	10.5

⊡ 表1-8 UHPC抗压强度

编号	抗压强度/MPa	均值/MPa	偏差/MPa	养护说明
1	96.7		−2.3	
2	103.1	98.9	4.2	模型现场同条件养护20d
3	97.1		−1.9	
4	110.6		9.6	
5	92.1	100.9	−8.7	模型现场同条件养护32d
6	100		−0.9	

编号	抗压强度/MPa	均值/MPa	偏差/MPa	养护说明
7	108.9		−5.0	
8	118.7	114.6	−3.6	标准养护20d
9	116.1		−1.3	
10	120.2		3.7	
11	112.7	115.9	−2.8	标准养护32d
12	114.9		−0.9	

图1-23　混合梁结合段模型

5.6　经济分析

　　目前，超高性能混凝土已经在实际工程中得到应用，如大跨径人行天桥、公路铁路桥梁、薄壁筒仓、核废料罐、钢索锚固加强板、ATM机保护壳等。从实际数据来看，不仅其各项性能远超过其他混凝土，考虑到其所具有的高强度和高耐久性，在整个产品使用寿命周期内超高性能混凝土构件的使用总成本预计远低于普通混凝土构件，其在正常使用状况下几乎没有维修费用发生，使用成本和维护工作量大幅度降低，具有非常优异的性价比。如果应用于同样的施工工况，因其纤薄轻质，超高性能混凝土构件体积一般情况下仅为普通混凝土的1/3。如果大范围推广超高性能混凝土，可直接减少材料消耗。这对于保护资源、减少污染有着重要的实际意义。可以预计，未来超高性能混凝土会有越来越多的应用。

参考文献

[1] 覃维祖，曹峰.一种超高性能混凝土——活性粉末混凝土[J].工业建筑，1999，29（4）：18-20.

[2] 陈惠苏，孙伟，赵国堂，等.人行道盖板生态纤维增强混凝土技术研究[J].铁道建筑，2010，（09）：127-131.

[3] 杨久俊，刘俊霞，韩静宜，等.大流动度超高强钢纤维混凝土力学性能研究[J].建筑材料学报，2010，13，（1）：1-6.

[4] 鞠丽艳.超高性能混凝土工程应用分析[J].混凝土世界，2019，（01）：56-59.

[5] 丁沙，张国志，游新鹏，等.现浇超高性能混凝土在桥梁工程中的应用[J].施工技术，2016，45（17）：64-66.

第**2**章

活性粉末混凝土

在19世纪20年代出现了波特兰水泥,从而形成了一种新型材料混凝土,用混凝土制成的构件易于成型、取材方便,因此混凝土在工程中得到了广泛的应用。随着社会的进步,工程结构更趋于向高耐久性、大型化等方向发展,而普通混凝土制作的结构脆性大、强度低、自重大、耐久性低、容易开裂等缺点逐渐出现,于是为了克服普通混凝土的以上缺点,研制出了高强混凝土(HSC)。高强混凝土能够减小构件的截面尺寸,与普通混凝土相比自重大大减轻,耐磨性也得到了很好的改善,但是其抗弯拉强度仍不高,必须通过配筋来加强;其次,由于配筋增加,会使构件产生应力集中,造成开裂。为了解决以上缺陷,有些规范中将硅灰控制在10%,或者是将钢纤维掺入硅灰混凝土中来控制开裂,并取得了一些成效。1982年,出现了高致密水泥基均匀体系,这种材料是利用合理的颗粒级配,使颗粒紧密堆积,抗压强度可以达到100~260MPa,但是脆性很大。

针对以上问题,1993年,一种水泥基复合材料被法国BOUYGUES公司率先研制出。该水泥基复合材料克服了以上缺陷,具有超高强、高韧性,其增加了组分的反应活性和细度,被称为活性粉末混凝土(Reactive Powder Concrete,RPC)。

RPC作为一类新型混凝土,不仅可获得200MPa或800MPa的超高抗压强度,而且具有30~60MPa的抗折强度,有效地克服了普通高性能混凝土的高脆性。

RPC的优越性能使其在土木、石油、核电、市政、海洋工程及军事设施中有着广阔的应用前景,目前RPC已成为国际工程材料领域一个新的研究热点。

案例1 世界上第一座预应力活性粉煤灰结构——舍布鲁克人行桥

1.1 技术分析

加拿大舍布鲁克(Sherbrooke)市政府想用一座前所未有的新型的桥梁来展示其景观,这座桥梁邻近市政厅成了舍布鲁克市对外展示科学技术的窗口。

图2-1　尚未安装栏杆的舍布鲁克人行桥与右侧的钢桁梁老桥

该桥的设计理念包括以下几点。

① 将魁北克-圣劳伦斯南海岸自行车道系统与美国自行车道系统连接起来。

② 将该桥与其相邻的老式钢桁梁桥形成对比，突出该桥预制空间桁架优雅的美学效果（图2-1）。

③ 由于采用了新结构和新材料（RPC），使该结构具有良好的耐久性，因此该桥维护费用将会很低。

④ 证明活性粉混凝土（RPC）既可用来修建市政基础设施又可作为修复结构之用。

⑤ 为舍布鲁克大学研究小组和加拿大混凝土协会提供进行国际学术研究的机会。

1.2　工程概况

位于加拿大魁北克省的舍布鲁克人行/自行车桥建成于1997年7月，是世界上第一座用活性粉末混凝土修建的大型结构。

该桥的上部结构为后张空腹空间桁架，由6块匹配预制的节段组成，每块长10m。由于桁架高度为3.3m，预制块件可用普通的大型平板车运输。节段在现场进行装配，并用体内和体外预应力索张拉成桥。桥面板和上、下弦杆均由活性粉末混凝土制成，其抗压强度达到了200MPa。斜腹杆是由内填活性粉末混凝土的不锈钢管组成的，管内混凝土的抗压强度达到了350MPa。这座位于舍布鲁克区、跨越梅戈格河的人行桥的斜腹杆的节间长度为3m，桥梁的跨度为60m，竖曲线半径为326m，桥两端有厚381mm的端横隔板。桥上可通行自行车和行人。

1.3　材料选配

舍布鲁克人行桥各部件都是采用含有细钢纤维活性粉末混凝土浇筑的，其配合比如表2-1所列。

⊡ 表2-1　活性粉末混凝土配合比

配料成分	质量
CSA 20N型水泥（ASTM2型）	710kg
硅灰	230kg
石英粉	210kg
硅砂	1010kg
钢纤维	190kg
超塑剂	19L
水（总含水量）	200L

本桥采用不锈钢圆管作斜杆是由于其外观可吸引人们的注意力，且不易锈蚀。褪光处理后的不锈钢管的颜色与活性粉末混凝土在经过90℃蒸汽养护后的颜色很接近。

预应力索的直径为25mm，其极限抗拉强度高达1860MPa，每根索的极限荷载为182kN。

1.4 施工工艺

1.4.1 节段预制

活性粉末混凝土可在预制厂的普通反向强迫式拌和机中进行搅拌。

在向斜杆中灌注混凝土时用一个金属架固定其中的预应力索，活性粉末混凝土垂直注入后立即施加2MPa的平均压力，使活性粉末混凝土压缩75mm，待混凝土硬化后将斜杆装入桥梁节段的模板中。

由于本桥没有钢筋来固定预应力管道的位置，所以在模板上特别设置了管道的支点，使其能够固定在模板上。绝大多数模板是木制的，但为了保证桥梁竖向曲率的精度，纵梁模板的底部是钢制的。

节段的生产工艺流程包括清理模板、放置预应力索、安装斜杆、浇筑混凝土。生产头3个节段每个用2d；生产后3个节段每个只用了1d。

首先浇筑包括下弦杆的2根梁，用振动棒振捣密实。然后浇筑上层的桥面板，桥面用可变频率的平板振动器进行振捣、收光。活性粉末混凝土的上表面应有一薄层水膜，并覆盖塑料薄膜以防止干燥和产生收缩裂纹。

混凝土浇筑24h后即可拆模，此时活性粉末混凝土的抗压强度可达到50MPa，可对斜杆中的预应力索进行张拉，并起吊节段。与该节段相邻的另一节段采用匹配法浇筑，以保证与前一节段连接密贴，并保证桥梁的曲率。节段应在90℃下进行湿养护，故在节段外面用双层聚乙烯薄膜罩住，喷入高温蒸汽进行养护。在48h过程中用热电偶控制温度。

节段在预制工厂的生产过程进行了严格的质量控制，并在现场监测活性粉末混凝土强度的增长情况，调整养护温度。

在工厂预制建筑构件能保证其质量和产量。此外，也保证了在冬天也能生产预制构件，一旦气候条件允许，构件可立即运输出厂和安装。

1.4.2 安装与架设

由于舍布鲁克桥设计得很轻巧，3个预制节段连在一起组成的半跨桥梁也只有50t，可以用普通的900kN或1500kN吊机进行安装，这样可将现场安装时间缩短至不到4d。

1.5 应用效果

舍布鲁克人行桥的设计利用了活性粉末混凝土优异的力学性能。为了获得最小的高跨比（3m/60m），设计人员将活性粉末混凝土新技术与预制后张法结合起来，用填充活性粉末混凝土的空腹空间桁架取代了腹板，这样就在不影响刚度的情况下减少了混凝土的用量。

该桥的低频振动使桥上行人感到舒适。由于空间桁架质量轻，且桥梁有很高的整体刚度，该桥结构在活载不大于恒载的范围内的第一阶本征频率为2.5Hz。对这种结构形式，在恒载和活载作用下结构的上弦杆（包括上弦纵梁和桥面板）中产生压力，在下弦杆中产生的拉力被预应力所抵消。剪力将在腹杆中产生拉力或压力，其中受拉腹杆中的拉力被腹杆中的预应力所抵消，其他所有的次拉力全部由活性粉末混凝土直接承受。

由于活性粉末混凝土被约束在薄壁不锈钢圆管中，其侧限抗压强度能够显著地提高，斜腹杆中的活性粉末混凝土的抗压强度从200MPa提高到了350MPa。对活性粉末混凝土的约束还能增加其耐久性，其应力-应变曲线如图2-2所示。

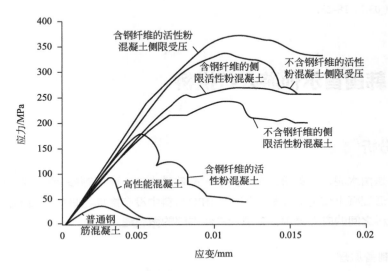

图2-2 各种混凝土的应力-应变曲线比较

（曲线显示了钢纤维和侧限对活性粉混凝土的影响）

首创采用活性粉末混凝土的预制/预应力构件的方案设计和施工详图设计。有关该桥独特的空间桁架和采用活性掺合料混凝土的评论说"这既是一座正在使用中的桥梁，也是一个研究项目，它为今后活性掺合料混凝土未来的改进开辟了道路"。

舍布鲁克人行桥因此获得了1998年混凝土协会授予的非机动车桥设计奖。

1.6 经济分析

舍布鲁克人行桥的总造价为425000美元，对结构实施监测的费用为70000美元。

由于活性粉末混凝土的造价较高，所以在价格较低的普通混凝土能很好地满足要求的场合不必使用活性粉末混凝土。

但活性粉末混凝土具有很高的抗压强度，因此用它可以设计出相当轻巧的预应力混凝土结构，使其能够在工厂预制和在现场安装。在桥梁应用方面，人们用活性粉末混凝土取代旧桥上损坏的普通混凝土桥面可以减少桥梁的恒载，从而提高桥梁的运营荷载。所以活性粉末混凝土预制桥面板可以用在既有混凝土结构或钢结构上。所以其造价不能用单位体积来衡量，而应以重量来衡量。

自从1997年舍布鲁克人行桥建成以来，活性粉末混凝土的价格已下降了1/3，目前它的价格为250美元/t。在可以预见的将来，活性粉末混凝土的价格还会继续下降。活性粉末混凝土是一种发展中的新材料，它使混凝土预制品厂商有了选择材料的余地并获得经济效益，而且建造的结构更结实、更耐久、更美观，并与周围的环境更加协调。

参考文献

[1] 袁冰冰. 活性粉末混凝土在工程中的应用与展望 [J]. 科学技术创新，2018（05）：105-106.

[2] 周一桥，杜亚凡. 世界上第一座预制预应力活性粉混凝土结构——舍布鲁克人行桥[J]. 国外桥梁，2000（03）：18-23.

案例2　韩国首尔仙游人行拱桥

2.1　技术分析

RPC材料是由水泥、石英粉、细石英砂、高效减水剂、硅灰等掺合料，细钢纤维和水拌和而成的。与普通混凝土和高强混凝土相比，RPC材料中没有掺加粗骨料，目的就是为了消除砂浆界面与粗骨料之间的应力集中，并消除构件内部的微裂缝。

2.1.1　RPC制备原理

RPC材料配制原理是：通过提高组分的细度与活性使材料内部的缺陷（孔隙与微裂缝）降到最少，以获得超高强度与高耐久性。因此，提高复合物匀质性及颗粒密实度的措施是RPC设计的根本所在。在制备时采取以下措施。

① 用石英砂代替粗骨料，掺入硅灰类超细矿物粉或磨细石英粉，以提高匀质性。

② 优化颗粒级配，并且在凝固前和凝固期间加压排水，进一步提高密实度，并最大限度地减小混入的空气以及伴随水化反应而产生的化学收缩。

③ 应用高性能减水剂减少用水量，降低孔隙率。

④ 掺加微细的钢纤维以提高韧性。

⑤ 凝固后热养护使RPC的反应性得到充分发挥，改善微结构。

2.1.2　RPC的性能特点

RPC材料作为一种新型的水泥基复合材料，与普通混凝土相比，不仅可以大量减少材料用量，降低建筑成本，节约资源，减少生产、运输和施工能耗，还具有很多现有的高性能混凝土无法具备的优越性。

（1）力学性能　表2-2列出了RPC材料与高强度混凝土（HSC）的主要力学性能参数。从表2-2中的抗压强度和抗折强度两个性能对比来看，RPC200的最高抗压强度和最高抗折强度分别是HSC的2.3倍和6倍；RPC800的最高抗压强度和最高抗折强度分别是HSC的8倍和14倍。

性能	RPC200	RPC800	HSC
抗压强度/MPa	170～230	500～800	60～100
抗折强度/MPa	30～60	45～140	6～10
断裂能/（J/m²）	20000～40000	1200～2000	140
弹性模量/GPa	50～60	66～75	30～40

（2）韧性　表2-3所列的是不同材料的断裂能，可以看出，掺加微细钢纤维能够显著地提高RPC的韧性和能量吸收能力，RPC的断裂能达30000J/m²，钢的断裂能为100000J/m²，而普通混凝土的断裂能只有120J/m²，故活性粉末混凝土具有优良的韧性。

□ 表2-3　不同材料的断裂能

材料种类	玻璃	陶瓷及岩石	普通混凝土	金属	RPC	钢
断裂能/（J/m²）	5	＜100	120	＞10000	30000	100000

（3）耐久性　RPC材料水胶比低，具有较低的孔隙率和良好的孔结构，使其具有极低的渗透性、良好的耐磨性和较高的抗环境介质侵蚀的能力，从而使活性粉末混凝土具有超高的耐久性。表2-4列出了RPC200、高性能混凝土（HPC）和普通混凝土（NC）的主要耐久性能指标。

□ 表2-4　RPC200、高性能混凝土（HPC）和普通混凝土（NC）的主要耐久性能指标

性能指标	RPC200	HPC	NC
冻融剥落	7	890	1000
磨耗系数	1.3	2.8	4.0
吸水率	0.05	0.35	—

从表2-4中的数据来看，RPC200的耐久性远高于高性能混凝土（HPC）和普通混凝土（NC）。

（4）环保性能　在相同的承载力条件下，表2-5中列举的是RPC200、60MPa的HPC、30MPa普通混凝土的等效体积、骨料用量、生产水泥过程中CO_2排放量及水泥用量。

□ 表2-5　同等承载力条件下不同混凝土材料的生态性能比较

指标	RPC200	60MPaHPC	30MPa普通混凝土
等效体积/m³	33	100	126
骨料用量/t	60	170	230
CO_2排放量/t	23	40	44
水泥用量/t	23	40	44

2.2　工程概况

连接韩国首都首尔南部与汉江仙游岛的仙游（Sun-Yu）桥是为庆祝"首尔新千年"而设计、修建的一座具有象征意义的结构。桥的主体是混凝土拱桥，人行道直接布置在拱桥上，跨

图2-3 韩国首尔仙游人行拱桥

过汉江；引桥是有着木桥面板和木栏杆的钢桥（见图2-3）。

在仙游桥桥位处，汉江江面宽100m。为将拱桥基础布置在河岸上，主跨定为120m。拱桥的立面线形通过优化确定，优化结果是拱矢高f=15.0m，拱圈半径R=127.5m，矢跨比f/L=1/8。低高度拱的设计得到的结构非常美观（见图2-4）。

引桥与拱桥连接的端部通过设在拱桥上的支座支承，每侧支座距跨中30m。拱桥纵轴线与引桥纵轴线偏角7°，在两轴线之间设置一个角度，就可以很容易地将引桥与拱桥连接。另外，将拱桥和刚架结构引桥连接在一起，增加了细长拱桥的横向稳定。拱桥横截面为π形，全宽4.3m，高1.3m，上顶板厚30mm，用高100mm的横向肋加劲，肋沿顶板长度方向，每隔1.225m间距设置，支承上顶板的两片腹板分别厚160mm。顶板的加劲肋采用13mm单股钢绞线束，施加横向预应力。两腹板在每一腹板的上、下位置处，通过3根预应力束，施加纵向预应力。腹板下部为2根915mm的钢绞线束，上部为1根1215mm的钢绞线束。预应力束的这种分布是结构优化后的结果，是为了使预应力束与截面形心一致（图2-5）。这样，可将拱的恒载引起的弯矩降至最低，将拱的线形可以设计得纤细一些。

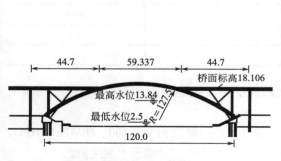

图2-4 拱桥立面（单位：m）

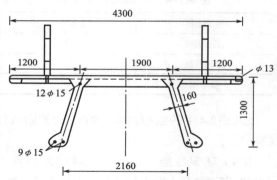

图2-5 拱桥横断面（单位：mm）

2.3 材料选配

RPC是一种新型的混凝土材料，是由具有孔隙的致密材料发展而来的，这种活性微粉混凝土有很大的承载能力和很高的耐久性。RPC200的主要组成部分如表2-6所列。RPC200的力学性能如表2-7所列。

⊡ 表2-6 RPC200的主要组成部分表

材料	粒径/μm	密度/（kg/m³）
纤维	200	161
细砂	310	1066

材料	粒径/μm	密度/（kg/m³）
水泥	10	746
石英粉	12	224
硅灰	—	242
超塑化剂	—	9
水	—	142

⊡ 表2-7 RPC200的力学性能表

项目	数值
预设	—
压力	—
加热处理/℃	20～90
抗压强度/MPa	170～230
抗折强度/MPa	30～60
断裂能/（J/m²）	20000～40000
弹性模量/GPa	50～60

2.4 施工工艺

为了方便制作和施工，将长120m的拱圈分成6个拱段，每段都在专门的预制场预制。每一弯段的截面形状为π形。为了得到要求的材料性能，即200MPa抗压强度和便于浇筑的流动性，建立了专门的混凝土搅拌站。拱段浇筑完后，在35℃条件下养护48h，然后再在90℃的蒸汽室内加热处理48h。拱段的每个制作过程均严格管理，以使构件裂缝最小，耐久性最高。每个拱段制作、养护好后，将其运送到河岸附近的施工现场。然后，用吊船将6个拱段吊至布置在汉江里的5个临时支墩上。其主要的施工步骤如图2-6所示。在施工第Ⅰ阶段，吊装前3段（S1，S2，S3）就位，并用纵向预应力连接；在施工第Ⅱ阶段，采用第Ⅰ阶段同样的方法吊装施工后3段（S4、S5、S6）；在施工第Ⅲ阶段，按如下方法转换两悬臂的结构连续性：用2台千斤顶，在两悬臂端施加水平力，然后现浇合龙段。合龙段养护好后，慢慢放松千斤顶施加的力，荷载逐渐传到合龙段，将8根38mm的连续后张预应力钢筋每根张拉到850kN。

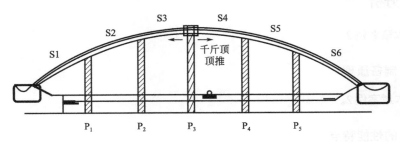

图2-6 拱桥施工步骤

2.5　应用效果

仙游桥主拱跨120m，用活性微粉混凝土（Reactive Powder Concrete，RPC）建造，是世界上第一座也是最长的一座RPC拱桥。设计者匠心独运地将人行桥设计成有着鲜明对照性的两部分，充分体现了结构技术和自然环境完美和谐的设计理念。

而且该桥采用的RPC这种创新性的、掺有钢纤维的超高性能混凝土，可使结构更加纤细、美观，且耐久性很好。

就RPC的敏感性及要求建设各方有良好的合作方面来说，仙游桥拱段制作过程得到严格控制。最终结果是拱段的质量满足规范要求。

2.6　经济分析

RPC是一种新型的超高性能混凝土，抗压强度达到200MPa。由于采用了RPC，仙游桥主拱桥得到优化设计。在合龙段位置，利用千斤顶对合龙段的顶、推方法和结合使用体内预应力技术，优化了应力分布，使结构需要的体内预应力用量最小，结构的成本较低。

该桥主拱跨径120m，采用薄壁箱梁截面，箱型截面的上部面板只有30mm，无普通钢筋。这样薄的截面用普通材料是无法达到的，并且其很高的耐久性使其在建成后运营中节约了大量的维修保养费用。

参考文献

[1] 袁冰冰. 活性粉末混凝土在工程中的应用与展望 [J]. 科学技术创新，2018（05）：105-106.

[2] 王金成. 活性粉末混凝土的研究现状及其发展前景 [J]. 山西建筑，2009，35（16）：165-166.

[3] 安蕊梅，段树金. 韩国首尔仙游人行拱桥 [J]. 世界桥梁，2006（03）：8-10.

案例3　活性粉末混凝土在天安门地面仿古砖改造工程中的应用

3.1　技术分析

内容同本章案例2。

3.1.1　RPC制备原理

内容同本章案例2。

3.1.2　RPC的性能特点

内容同本章案例2。

3.2 工程概况

天安门地面改造工程南起天安门北侧基石，北至端门南侧基石，施工总面积约为1.32万平方米，主要是更换1999年铺装的混凝土仿古砖以解决地面防滑和破损问题。此次改造工程要求地面铺装材料不仅具有高性能，还要保持砖材质的传统特色，与故宫院内地面的规格、颜色等协调一致。因此，改造工程使用的仿古砖采用工厂化预制，长478mm、宽238mm、厚80mm，抗压强度大于100MPa，抗折强度大于11MPa，耐磨度大于2.0，防滑性能指标大于70BPN。经过比选后最终确定选用具有超高强度、高耐久性的新型绿色高性能材料RPC制作仿古砖。但由于RPC对制备技术和生产工艺等都有较高的要求，针对RPC材料的制备原理、性能及应用等方面进行了深入研究，开发出性能指标满足要求的RPC仿古砖，并成功应用于天安门地面改造工程。

3.3 材料选配

要配制出满足强度、耐久性和工作性要求的RPC仿古砖，除了选择优质的原材料外，适当的配合比也是重要因素。根据大量前期试验，考虑水胶比、砂灰比、硅灰水泥比、高性能减水剂掺量等因素对性能的影响，最优配合比见表2-8。按最优配合比制得的RPC仿古砖28d抗压强度达到115.0MPa，28d抗折强度为11.8MPa。

⊡ 表2-8　RPC仿古砖的最优配合比

材料用量/（kg/m³）					水胶比
水泥	石英砂	矿粉	硅灰	减水剂	
860	950	120	170	18.2	0.21

（1）水泥　采用42.5低碱普通硅酸盐水泥。水泥熟料中C_3A含量不大于8%，比表面积不大于350m²/kg，其性能符合《通用硅酸盐水泥》（GB 175—2007）的规定。

（2）骨料　采用SiO_2含量大于97%的石英砂，分粗粒径石英砂（1.0～0.63mm）、中粒径石英砂（0.63～0.315mm）、细粒径石英砂（0.315～0.16mm）及超细粒径石英粉（0.16mm以下）4个粒级，前3个粒级质量配比为1∶2∶1，超细粒径石英粉用量≤5%，含泥量≤0.5%。

（3）硅灰　灰白色细粉，SiO_2含量≥85%，含水率≤3.0%，比表面积≥18000m²/kg。

（4）矿粉　采用S95级矿粉，比表面积为430m²/kg左右，含水率≤1.0%。

（5）高性能减水剂　采用聚羧酸高性能减水剂，减水率为30%，1h坍落度无损失。

（6）颜料　采用某颜料公司生产的拜耳黑，用来调整RPC仿古砖最终成品的颜色。

3.4 施工工艺

（1）混凝土搅拌　将水泥、硅灰、矿粉和80%溶有高性能减水剂的水倒入搅拌锅内搅拌4min，然后加入石英砂和超细石英粉以及剩余20%溶有减水剂的水，搅拌5min至均匀。

（2）混凝土成型　混凝土应一次装满模具，连续灌注，应具有良好的密实度；应采用高频振动台振捣至混凝土顶面基本不冒气泡，宜采用二次振捣及二次抹面，刮去浮浆，确保混凝土的密实性。

（3）养护　成型完毕的构件养护分为静停、初养、终养及自然养护4个阶段，蒸汽养护时温度适宜采用自动控制系统。混凝土成型后将构件带模板运输至静停区域，并在成型面表面用塑料薄膜覆盖，以减少构件的水分蒸发散失。静停环境温度应在18℃以上、相对湿度在60%以上，静停时间不得短于6h。静养完毕的构件搬运至养护窑或养护坑，通过蒸汽加热养护室内环境温度，升温速度应控制在12℃/h以内，降温至构件表面温度与环境温度相差不超过20℃时，可以出窑（或坑）拆模；初养过程环境相对湿度应保持在70%以上。初养结束后拆模并搬运至终养室，码垛蒸汽养护，升温速度小于12℃/h，降温速度小15℃/h；恒温温度控制在（75±5）℃，恒温养护48h。构件终养结束后自然养护。

养护期间，特别是终养期间，制品间留30～50mm的间隙，以利于蒸汽的流动；应使与蒸汽接触的制品外表面积尽可能最大，以利于热量的传递；养护池中蒸汽不能直接喷在构件表面，应使蒸汽向下方喷；在每一构件码垛上方都要覆盖塑料薄膜，防止窑（或坑）顶上的冷凝水直接滴于制品表面，影响制品外观。

（4）强度测试　RPC试件的抗压强度、抗折强度按北京市地方标准《城市道路混凝土路面砖》（DB11/T 152—2003）进行测试，试件尺寸478mm×238mm×80mm。

3.5　应用效果

在此次天安门地面改造工程中，通过调整振捣工艺与蒸养制度等技术改造，解决了前期仿古砖孔洞多、色差大的技术难题，并针对工期紧、任务重的困难，开发出EPS高强模具，克服了钢模成本高、施工不方便的缺点，极大地提高了生产效率和产品质量，在20天内共生产RPC仿古砖74768块（约计8600m²），确保了工程如期竣工，如图2-7所示。工程完成后，天安门地面设施得到改善，RPC仿古砖不仅美观、防滑耐磨，而且耐久性极好，具有良好的环境效益、经济效益和社会效益。

图2-7　RPC仿古砖的施工和应用效果

3.6　经济分析

RPC仿古砖在天安门地面改造工程中的成功应用，体现了这种新材料的优越性能。随着我国国民经济的迅速发展，高层建筑、高速铁路、桥梁等工程日新月异，为RPC的应用提供了巨大的市场。

参考文献

[1] 袁冰冰.活性粉末混凝土在工程中的应用与展望[J].科学技术创新，2018（05）：105-106.

[2] 王金成.活性粉末混凝土的研究现状及其发展前景[J].山西建筑，2009，35（16）：165-166.

[3] 李锐，范磊，曹志峰，等.活性粉末混凝土仿古砖在天安门地面改造工程中应用的研究[J].新型建筑材料，2014，41（09）：22-24，58.

案例4 严寒地区高速铁路RPC-130活性粉末混凝土材料应用

4.1 技术分析

哈齐客专是我国最严寒地区第一条高速铁路，沿线最冷月平均气温均低于-15℃，极端最低温度为-36.8 ～ -39.3℃，季节冻土深189 ～ 272cm；活性粉末混凝土材料能满足严酷的气候条件要求，哈齐客专全线桥梁人行道挡板、电缆槽盖板采用RPC-130活性粉末混凝土设计，要求抗压强度≥130MPa；抗折强度≥18MPa；弹性模量E_c≥48GPa；抗冻等级＞F500；电通量＜40C。

4.2 工程概况

哈齐高铁（见图2-8）线路全长为286km，哈齐高铁正线为双线，全线轨道采用I型复线，电气化。线路类型为无砟轨道。无缝钢轨轨道标准1435mm（标准轨），正线线间距4.8m，曲率半径最小5500m，最大坡度2.0%，闭塞类型为自动闭塞。桥梁、路基工程各约占线路全长的50%。哈齐客专全线桥梁人行道挡板、电缆槽盖板采用RPC-130活性粉末混凝土设计。

图2-8 哈齐高速铁路

4.3 材料选配

RPC活性粉末混凝土的配合比是活性混凝土应用的核心，混凝土要满足各种技术指标。较低的水胶比是活性粉末混凝土的特点，所以聚羧酸减水剂要有较高的减水率，并与各种材料之间有较好的相容性；水泥、粉煤灰、矿粉、硅灰等活性材料相互嵌入式填充增加活性混凝土的密实性；大量使用粉煤灰、矿粉和硅灰等工业废料代替水泥，降低成本，满足工程经济性要求。

4.3.1 原材料要求

（1）原材料供应须货源充足且质量稳定，有供应商提供的出厂合格证及型式检验报告，并按照有关检验项目、批次规定严格实施原材料进场检验。

（2）水泥宜采用品质稳定、强度等级不低于42.5低碱硅酸盐水泥或低碱普通硅酸盐水泥，最好是采用早强水泥，水泥熟料中C_3A含量不应大于8%，其他技术指标应符合《通用硅酸盐水泥》（GB 175—2007）规定。

（3）粉煤灰采用超细粉煤灰（Ⅰ级以上），活性指数必须大于65%，烧失量不大于3%，三氧化硫不大于3%，需水量比不大于95%，粉煤灰的其他技术要求应符合《用于水泥和混凝土中的粉煤灰》（GB/T 1596—2017）规定。

（4）磨细矿粉比表面积宜为400～500m²/kg，流动度比宜大于100%，烧失量不大于1%，其他技术要求应符合《用于水泥、砂浆和混凝土中的粒化高炉矿渣粉》（GB/T 18046—2017）规定，S95矿粉以上。

（5）硅灰是一种超细硅质粉体材料，外观为灰或白色粉末，容重200～250kg/m³，硅灰中细度小于1μm的占80%以上，平均粒径为0.1～0.3μm，比表面积为20～28m²/g，要求SiO_2含量大于93%，其他技术要求符合《电炉回收二氧化硅微粉》（GB/T 21236—2007）要求。

（6）骨料采用石英砂，分为粗粒级石英砂（1.0～0.63mm）、中细粒径石英砂（0.63～0.16mm）及超细粒径（0.16mm以下）3个粒级，含泥量不大于0.5%，通过筛分析确定3种粒级的掺配比例，确保材料是连续级配。

（7）所用钢纤维应满足：直径0.18～0.23mm，长度12～14mm，抗拉强度不得低于2850MPa，其他性能应满足《钢纤维混凝土》（JG/T 472—2015）技术要求。

（8）外加剂采用高效聚羧酸减水剂，最好采用早强型，固含量30%，严禁加引气剂及氯盐类外加剂，聚羧酸减水剂必须有良好的相容性，外加剂掺量由试验确定，其他性能应满足《聚羧酸系高性能减水剂》（JG/T 223—2017）技术要求。

（9）消泡剂最好采用聚羧酸减水剂厂家自己的消泡剂，本厂的产品相容性好，效果明显，掺量为胶凝材料的0.02%。用磷酸三丁酯做消泡剂，掺量经过试验确定，含气量宜控制2%以内。

（10）拌合物用水应符合《混凝土用水标准》（JGJ 63—2006）的要求。凡符合饮用标准的水，均可使用。

4.3.2 配合比试验

（1）其他高速铁路RPC活性粉末混凝土材料用量如表2-9所列。

（2）根据以往高速铁路试验经验，试验室经过多次调试，在满足各项工作性、强度、耐久性及经济性等要求情况下，最终确定各种原材料及掺配比例如表2-10所列。

⊡ 表2-9　其他项目RPC-130活性粉末混凝土原材料量　　　　　单位：kg/m³

水泥	粉煤灰	矿粉	硅灰	钢纤维	石英砂	减水剂	消泡剂	水
800	—	—	200	120	1080	40	—	168

⊡ 表2-10　其他项目RPC-130活性粉末混凝土原材料量掺配比例　　　　单位：kg/m³

水泥	粉煤灰	矿粉	硅灰	钢纤维	石英砂	减水剂	消泡剂	水
685	150	128	107	96	1110	43	0.214	143
亚泰低碱42.5级普通硅酸盐水泥	新华电厂磨细Ⅰ级	大庆同汇95	长春SF90	郑州镀铜	河北	康特尔聚羧酸	郑州道纯	自来水

4.4　施工工艺

4.4.1　试件制作

按《混凝土物理力学性能试验方法标准》（GB/T 50081—2019）要求，采用60L混凝土搅拌机，先将钢纤维和石英砂放进搅拌机3min进行分散，然后加入胶凝材料干搅3min，再加入一半水和外加剂搅拌3min，最后加入另一半水搅拌3min，按规定测定坍落度和扩展度。

① 将拌合物一次装入试模，装料时应用抹刀沿各试模壁插捣，并使拌合物略高出试模口。

② 试模应附着或固定在振动台上，振动时试模不得有任何跳动，振动应持续到表面出浆为止，不得过振。

4.4.2　试件养护

标准养护按GB/T 50081—2019中要求，一天拆模后应立即放入温度为（20±2）℃、相对湿度为95%以上的标准养护室中养护，彼此间隔10～20mm，试件表面应保持湿润，蒸汽养护的试件拆模后放进蒸养箱内养护，在6h内升温至90℃，在90℃蒸养3d，蒸汽养护必须经历静养、升温、恒温、降温4个阶段。施工如图2-9所示。

(a)　　　　　　　　　　(b)　　　　　　　　　　(c)

图2-9　哈奇高速铁路施工

4.5 应用效果

哈齐高速铁路电缆槽盖板是RPC材料在严寒地区又一成功应用，试验得到RPC材料的抗压强度175.8MPa，具有很高的抗变形能力；抗折强度24.7MPa，具有很强的抗弯拉性；500次快速冻融循环后试样质量未损失，横向基频无损失，耐久性因子高达100%，具有很高的耐久性；测定电通量13C，具有很好的耐候性；可见RPC活性粉末混凝土具有较好的品质和良好的耐久性。

但RPC活性粉末混凝土在我国的使用率较低，推广更是任重道远。对活性粉末混凝土原材料选择、优化配合比设计、工序衔接提高工作效率、增加混凝土密实性、材料利用率等的进一步研究，对降低RPC材料成本及进一步推广RPC材料应用具有非常重要意义。

4.6 经济分析

RPC材料大量使用工业废料，减少环境污染，符合国家废物利用原则；RPC材料中掺加多种矿物外加剂，活性材料相互填充提高强度，节约大量水泥，降低工程成本，提高了经济效益；RPC构件采用工厂化、集约化生产，蒸养工艺加快了模具周转次数，满足质量和工期要求；原材料最佳组合降低材料用量，并可用河砂代替石英砂；掺入钢纤维数量越多拉压比越高，可根据工程经济性确定钢纤维掺量。RPC结构强度很高，可少用钢筋或不设置箍筋，可减少维护费用，延长结构的使用寿命，具有很高经济性。

参考文献

[1] 袁冰冰. 活性粉末混凝土在工程中的应用与展望 [J]. 科学技术创新，2018（05）：105-106.
[2] 常青. 严寒地区高速铁路RPC-130活性粉末混凝土材料应用 [J]. 中国建材科技，2014，23（01）：38-39，47.

案例5 活性粉末混凝土在铁路预应力桥梁中的应用——迁曹线铁路滦柏干渠大桥

5.1 技术分析

内容同本章案例2。

5.1.1 RPC制备原理

内容同本章案例2。

5.1.2 RPC的性能特点

内容同本章案例2。

5.2 工程概况

迁曹线铁路滦柏干渠大桥工程，专桥（02）2061-20m低高度RPC预应力混凝土后张法试验梁，共5孔。此桥梁由中铁二十一局迁曹铁路指挥部委托中铁二十二局沙城桥梁厂和北京交通大学两单位共同制作。

5.3 材料选配

5.3.1 原材料

水泥：唐山冀东三友牌低碱42.5级普通硅酸盐水泥，实测28d龄期抗压强度为57.2MPa。

石英砂：宣化石英砂厂，SiO_2含量＞98%，其颗粒粒径分布如表2-11所列。

⊡ 表2-11 石英砂颗粒粒径分布

项目	颗粒直径/mm			
	＞1.25	＞0.63	＞0.315	＞0.16
含量（W）/%	0	28.6	85.7	100

专用矿物掺合料：主要成分为硅灰、粉煤灰、矿粉、稀土等，由北京交通大学提供。

钢纤维：辽宁鞍山昌宏钢纤维厂生产的高强度钢纤维（镀铜），长度为12～15mm，长径比为60～70。

外加剂：北京建筑材料科学研究院氨基磺酸盐系高效减水剂AN3000。

5.3.2 配合比

RPC原材料配合比如表2-12所列。

⊡ 表2-12 桥梁用RPC原材料配比

材料	水泥	矿物掺合料	石英砂	钢纤维	水	外加剂
用量/（kg/m³）	706	210	1203	150	130	74

5.4 施工工艺

5.4.1 RPC搅拌工艺

RPC对搅拌工艺要求较高，采用两台由山东方圆JS500型强制式搅拌机改造加工的高速混凝土搅拌机进行搅拌，搅拌机转速为24r/min。为了使RPC搅拌充分均匀，搅拌过程采用如下投料顺序和搅拌工艺：首先将石英砂与钢纤维投入搅拌机中干拌2min，然后加入水泥与矿物掺合料再搅拌2min，最后加入水和减水剂混合物再搅拌约4min，搅拌过程为8～10min。

5.4.2 RPC浇筑工艺

混凝土拌合物的浇筑工艺对相应结构的质量有很大的影响，RPC的搅拌需要特殊的搅拌设备，目前只能采用人工控制搅拌工艺，制约了RPC的工程应用实践。因而，RPC大多数仅限于预制构件中的应用。显然，RPC用于制作较大型的预制桥梁构件，为了保证浇筑质量，重要的质量控制环节就是如何保证RPC拌合物浇筑过程中的连续性。RPC由于水胶比很低，使用大掺量的硅灰和高掺量的超塑化剂，虽然混凝土拌合物的流动性能较好，但其黏度非常大，必须合理控制RPC拌合物的工作性，才能顺利浇筑出质量好的结构物。

结合桥梁结构特点及其配筋情况，20m后张法铁路混凝土桥梁，桥梁本身张拉管道较多，钢筋布置较密，虽经设计改造后仍然给浇筑带来较大困难，因此本实验中控制RPC拌合物的坍落度为16～18cm。

由于本实验中RPC的搅拌过程完全由人工控制，搅拌过程很慢，且搅拌设备容量有限，每盘只能搅拌0.354m³，而每片梁需要25m³混凝土拌合物，因此，采用如下顺序进行RPC梁的浇筑。

① 根据T-型梁的结构特点，采用斜向分层灌注方法，每层控制在25～35cm，并从梁一端逐渐向另一端浇筑。

② 加强振捣过程，以附着式平板振动器振动为主，辅助插入式振捣器振捣。

③ 控制RPC拌合物的坍落度，尽量减少每次浇筑的时间间隔，每根梁浇筑总时间控制在6h以内。

T-型梁及其模板与振捣器安装情况如图2-10所示。RPC拌合物浇筑过程中拌合物流动、充模概况如图2-11所示。

图2-10　安装模板和附着式振捣器后的T-型梁　　　图2-11　RPC拌合物浇筑充模概况

5.4.3　养护制度

显然，养护制度对混凝土的性能有很重要的作用，养护不当，会造成混凝土内部结构发育不良，从而影响混凝土的性能，甚至导致混凝土表面出现裂纹。同时，考虑预制构件生产厂家的实际情况，需要缩短桥梁模板周转周期，因此，本次试验梁采用的养护制度为分步二次养护制度，具体如图2-12所示。

图2-12　RPC T-型梁养护制度示意

静停：浇筑完成后，静停时间不少于 4 ～ 6h。

第一次升温：升温速度控制在 15℃/h，升温至表层温度（外温）为 40 ～ 50℃。

第一次恒温：控制外温在 40 ～ 50℃之间，恒温时间不少于 8h。

第一次降温：降温速度不大于 15℃/h，直至内外温差不超过 15℃。

拆模：当内外温差小于 15℃时，掀开盖布，进行拆模，尽量加快拆模速度，减少拆模时间。

第二次升温：拆模完毕再次盖上盖布进行蒸汽养护，升温速度控制在 20℃/h，升至外温 70℃以上。

第二次恒温：保持外温 70℃以上，恒温时间不少于 20h。

第二次降温：降温速度控制在 15℃/h，直至内外温差不超过 15℃。

5.5 应用效果

本案例首次采用活性粉末混凝土（RPC）成功制作了铁路预应力混凝土 T- 型梁，证明了采用活性粉末混凝土生产铁路预应力混凝土预制构件的可行性，且其质量具有可控性，并得到以下几点经验。

① 活性粉末混凝土的原材料组成及其配比参数对其性能影响显著，必须严格控制其原材料的质量及其比例含量。

② 由于活性粉末混凝土在原材料组成及其配比参数上的特殊性，活性粉末混凝土对其搅拌工艺提出了更高的要求，包括选择合理的搅拌机型号、拌和时间以及合理的投料顺序。

③ 对于浇筑配筋密集且体积较大的预制构件，如梁体，制订合理的浇筑工艺是生产合格构件的关键，包括如何保证 RPC 拌合物浇筑的连续性以及采用何种振捣措施等。

④ 必须综合考虑 RPC 的强度发展特点和预制构件厂的模板周转情况，针对 RPC 构件选择合理的养护制度，严格监控 RPC 梁体与环境的温差。

⑤ 合理控制拆模时间，严格控制预应力构件的张拉工艺。

5.6 经济分析

迁曹线铁路滦柏干渠大桥工程，首次采用活性粉末混凝土（Reactive Powder Concrete，RPC）制作了多孔预应力简支 T- 型梁，取得了良好的效果。由于 RPC 结构强度很高，可少用钢筋或不设置箍筋，可减少维护费用，延长结构的使用寿命，具有很高经济性。

参考文献

[1] 袁冰冰. 活性粉末混凝土在工程中的应用与展望 [J]. 科学技术创新，2018（05）：105-106.

[2] 王金成. 活性粉末混凝土的研究现状及其发展前景 [J]. 山西建筑，2009，35（16）：165-166.

[3] 高淑平. 活性粉末混凝土在铁路预应力桥梁中的应用 [J]. 商品混凝土，2007（03）：19-21.

第3章

大体积混凝土

大体积混凝土，英文是concrete in mass，我国《大体积混凝土施工标准》（GB 50496—2018）中规定：混凝土结构物实体最小几何尺寸不小于1m的大体量混凝土，或预计会因混凝土中胶凝材料水化引起的温度变化和收缩而导致有害裂缝产生的混凝土，称为大体积混凝土。

现代建筑中时常涉及大体积混凝土施工，如高层楼房基础、大型设备基础、水利大坝等。它主要的特点就是体积大，一般实体最小尺寸大于或等于1m，它的表面系数比较小，水泥水化热释放比较集中，内部升温比较快。混凝土内外温差较大时会使混凝土产生温度裂缝，影响结构安全和正常使用。所以必须从根本上分析它，来保证施工的质量。

美国混凝土学会（ACI）规定："任何就地浇筑的大体积混凝土，其尺寸之大，必须要求解决水化热及随之引起的体积变形问题，以最大限度减少开裂"。

大体积混凝土一般在水工建筑物里常见，类似混凝土重力坝等。

案例1　上海环球金融中心主楼深基础混凝土大底板

1.1　技术分析

在研究超大体积低水化热混凝土配制之前对聚羧酸系外加剂的抗裂机制、混凝土的水化热理论分析、聚羧酸系外加剂的选择、聚羧酸系外加剂与水泥的适应性、搅拌工艺的改进、混凝土初凝时间的确定、搅拌运输车辆的确定等方面进行了系统研究，为混凝土的合理配制提供了条件。

超大体积混凝土水平分层浇筑施工分析：分析结果表明，本工程电梯井深坑和基础底板采用分层浇筑施工方法，设置水平施工缝的方案是可行的，即在混凝土与地基接触面以及新旧混凝土的接触面能达到没有裂缝出现或者出现的裂缝在工程的允许范围内。

1.2 工程概况

上海环球金融中心工程位于上海陆家嘴金融贸易区，与金茂大厦相邻，该工程地上101层，地下3层，地面以上实体高度为492m，总建筑面积为37.7万平方米，（见图3-1）。主楼工程桩为Φ700mm的钢管桩，圆形围护墙内共1242根，有P700mm×15mm、P700mm×18mm和P700mm×11mm3种规格。主楼区域基坑呈100m内径的圆形，基坑面积约7850m^2。

主楼基础底板厚度一般为4.0m和4.5m，圆形围护墙内含部分裙房底板，厚度为2.0m。主楼与裙房基础面过渡段为坡面，高差2.0m，水平投影长6.34m。主楼基础挖深18.35m，电梯井深坑位于基坑中部，面积约2116m^2，开挖深度约25.89m。主楼基础底板混凝土总方量约38900m^3，强度等级为C40，抗渗等级为P8、R60。底板水平钢筋采用钢筋束形式，钢筋束为两根一束。底板内设竖向抗剪钢筋，主楼底板钢筋总量约7000t。主楼中部的电梯井深坑处底板最大厚度为12.04m，落深部分的基坑混凝土量约为10000m^3（图3-2）。

上海环球金融中心占地面积14400m^2，总建筑面积381600m^2，拥有地上101层、地下3层，楼高492m，外观为正方形柱体。裙房为地上4层，高度约为15.8m。上海环球金融中心B2、B1、2和3层为商场、餐厅；7～77层为办公区域（其中29层为环球金融文化传播中心）；79～93层为酒店；94层、97层和100层为观光厅。

图3-1　上海环球金融中心

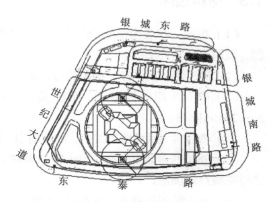

图3-2　塔楼底板施工阶段平面布置图

2008年，上海环球金融中心被世界高层建筑与都市人居学会评为"年度最佳高层建筑"，2018年，上海环球金融中心获得世界高层建筑与都市人居学会颁发的"第16届全球高层建筑奖之'十年特别奖'"。

上海环球金融中心由美国KPF建筑事务所和日本株式会社入江三宅设计事务所共同设计，结构设计来自籁思理·罗伯逊联合股份有限公司（LERA），为钢筋混凝土结构（SRC结构）、钢结构（S结构）。上海环球金融中心形态和构架来源于"天地融合"的构想，将高楼"演绎"

为连接天与地的纽带。上海环球金融中心的主体是一个正方形柱体，由两个巨型拱形斜面逐渐向上缩窄于顶端交会而成，方形的棱柱与大弧线相互交错，凸显出大楼的垂直高度。为减轻风阻，在原设计中建筑物的顶端设有一个巨型的环状圆形风洞开口，借鉴了中国庭园建筑的"月门"，后来将大楼顶部风洞由圆形改为倒梯形，如图3-3所示。

上海环球金融中心景观照明总体分为平日模式、周日模式和节日模式三大类型，系统需要实时、正确地上传并表达设计创意动画效果。用户设定若干个常用的节目源，也可根据特定节日来制作节目并在不同时间条件下播放。节目源一般为已制作好的FLASH动画；可以是高清晰的DVD转录（模糊显示）；也可以根据天气的冷暖和晴雨来改变显示的情调与色彩。由于大楼高达492m，该项目的设计施工和外立面灯光效果必须做到实时、稳定、同步地播放，而且要求能够在部分控制器与灯具损坏的情况下，灯光效果不能大面积瘫痪，如图3-4所示。

图3-3　上海环球金融中心风阻尼器

图3-4　上海环球金融中心俯瞰上海全市

1.3　材料选配

（1）水泥　在选用配制大体积混凝土所用的水泥时，优先考虑选用42.5级普通硅酸盐水泥，同时兼顾与外加剂的适应性。

（2）砂　用表面洁净、级配良好、细度模数在2.6～3.1的中粗砂。

（3）碎石　用质地坚硬、级配良好、石粉含量低、针片状颗粒含量少、空隙率小的5～25mm碎石。

（4）掺合料　用活性指数高、细度适中、流动度大、烧失量小的Ⅱ级粉煤灰、S95矿渣微粉。

（5）外加剂　选用上海兆申（KFDN-SP）、上海麦斯特建工（SP-8N）、广州西卡（V3301）的聚羧酸系外加剂。

（6）水　采用自来水作为混凝土拌合水。

在混凝土各项指标达到要求的基础上，混凝土配合比确定如表3-1所列。

⊡ 表3-1　C40P8（坍落度150mm±30mm）配合比　　　　　　　　　单位：kg/m³

配料成分	数量	配料成分	数量
42.5级普通硅酸盐水泥	270	矿粉	70
石子	1040	聚羧酸V3301	2.72
粉煤灰	70	水（总含水量）	170
中砂	780		

1.4 施工工艺

1.4.1 桩顶处理方案

① 根据设计要求首先进行截桩，先采用人工将管内1000mm段土体挖除，焊接桩帽盖板，再利用桩帽盖板的孔洞灌注C40混凝土。钢管桩内混凝土的密实度主要依据是否有混凝土浆从透气孔冒出来判断。

② 在钢管桩边焊接锚固筋，根据底板钢筋排列间距，制作定型钢筋位置套板，根据钢筋位置套板确定桩锚筋的焊接位置，可两根排列，也可一根排列，如图3-5所示。

1.4.2 钢筋工程施工方案

① 由于主楼与裙房基础底板将来是连为一体的，故主楼底板钢筋端部皆设有直螺纹接头，其接头与地墙内侧顶紧，端部设保温板，裙房施工时凿除临时地墙及保温板，露出直螺纹接头，以便于钢筋连接。

② 底板内有抗剪暗柱钢筋的地方，其上部钢筋支架利用抗剪暗柱设置；无抗剪暗柱钢筋的地方。

图3-5 钢板桩帽及其配置

1.4.3 安装与架设

① 上海环球金融中心主楼100m圆环基础的侧模直接利用了外侧的临时地下连续墙，为保证主楼结构自由沉降，必须对主楼底板与地墙接触处的地墙表面进行修整，以达到合格的标准。

② 基础底板顶面有高差2m，水平投影6.34m的斜坡，为了控制斜坡混凝土的设计标高，在过渡段混凝土斜坡上置了斜顶模，斜顶模要求固定牢固，以确保混凝土斜面成型。

1.4.4 钢结构预埋件施工方案

① 主楼地下室钢结构主要是内外剪力墙筒体和巨型柱中的劲性钢柱以及内筒体内部的钢柱，而钢柱和劲性柱与基础承台的连接则是通过预埋在承台中的钢结构高强地脚螺栓进行连接。

② 由于基础承台中地脚预埋螺栓较多，底板钢筋束间距较小，地脚螺栓放置位置难免与基础底板中的钢筋束相碰，因此在预埋地脚螺栓时要根据需要将底板上部钢筋束的位置做微调，以保证地脚螺栓位置正确。

③ 底板混凝土浇捣时，应在预埋螺栓套板的适当位置开设透气孔，并在面板中部开一个Φ150mm左右的混凝土振捣孔，以保证使地脚螺栓套板下部的混凝土振捣密实。

1.5 应用效果

① 下沉式广场坐赏楼景如果绕过大楼的正门往西走，就能看到大楼西侧还设有一个下沉

式广场，广场上除了有露天休闲吧，还有各式绿化小品，在下沉式广场里坐坐、喝杯咖啡，抬头看看沪上最高建筑，感觉十分舒适。

② 位于79～93层的世界最高酒店柏悦酒店，在其174间客房中，每间客房都能够欣赏到黄浦江风景。它把世界最高酒店的名号从位于金茂大厦53～87层的上海金茂君悦大酒店处"抢"了过来。

③ 坐电梯抵达85层，便来到世界最高的游泳池。它的高度约为410m，大大超过位于金茂大厦57层的君悦酒店游泳池。

④ 93层416m高处设置了中餐厅，为全球最高中餐厅。游客可品尝到特级厨师烹饪的各种美味佳肴。这个全球最高的中餐厅可以满足50人同时就餐。

1.6　经济分析

1.6.1　已获奖项及举办活动

① 2015年，上海环球金融中心观光厅举办"迪士尼生命之绘米奇奇妙之旅"动画特展。

② 2016年1月1日～3月1日，上海环球金融中心观光厅94层举办"国家地理经典影像盛宴"的展览。

③ 2017年7月28日～10月31日，上海环球金融中心观光厅承办"时空奇遇WHERE'S WALLY"中国巡展。

④ 2018年7月1日～10月7日，上海环球金融中心94层观光厅和4层艺术空间共同举办"World of GHIBLI in China"吉卜力官方大展，主要内容为《龙猫上映30周年纪念——吉卜力的艺术世界》展和《天空之城——吉卜力的飞行梦想》展。

⑤ 2008年，上海环球金融中心被世界高层建筑与都市人居学会（CTBUH）评为"2008年度最佳高层建筑"。

⑥ 2009年，上海环球金融中心观光厅获得吉尼斯世界纪录"最高观光厅"称号，位于上海环球金融中心79～93层的酒店同时获得"世界最高酒店"的吉尼斯世界纪录认证。

⑦ 2018年，上海环球金融中心获得世界高层建筑与都市人居学会（CTBUH）颁发的"第16届全球高层建筑奖之'十年特别奖'"。

⑧ 2018年9月26日，上海环球金融中心获得LEED铂金级绿色建筑认证，并由美国绿色建筑委员会授牌。

1.6.2　环球金融中心之"最"

（1）屋顶高度世界第一　492m，超过了目前屋顶高度世界第一的台北101大楼（480m）。

（2）人可达到高度（世界第一）　474m，大楼100层的观光天阁是世界上人能到达的最高观景平台。

（3）世界最高中餐厅　416m，设在93层的中餐厅，为全球最高中餐厅。

（4）世界最高游泳池　366m，设在85层的游泳池，夺得"世界最高游泳池"称号。

（5）世界最高酒店　设在大楼79～93层的柏悦酒店，为世界最高酒店。

参考文献

[1] 龚剑，张越，袁勇.上海环球金融中心主楼深基础混凝土大底板施工研究[J].建筑施工，2006
（04）：251-256.

案例2 深圳京基100底板工程

2.1 技术分析

　　超高层关键技术：a.超高宽比结构的抗风设计；b.巨型柱截面；c.伸臂桁架及截面；d.钢骨混凝土厚墙构件设计与分析；e.罕遇地震作用非线性动力时程分析；f.节点设计和节点的三维有限元分析；g.结构抗连续倒塌分析；h.基于数学的优化方法；i.非荷载作用下的变形分析；j.有限元程序控制台【FEM Console】。

2.2 工程概况

　　京基100——441.8m全球第十高建筑，它的诞生为深圳带来了全新的国际气质与领先理念，诠释深圳这座全球性城市的新高度，在东方向世界宣告一个全新的金融中心的崛起。如图3-6所示。

　　工程位于罗湖区蔡屋围金融中心区，楼高441.8m，地下4层，地上100层，建筑面积232993m²。

　　核心筒及其楼板为钢筋混凝土结构，外部为钢梁与混凝土板组合楼板。外框钢结构设计为周边16根箱形巨柱、3道伸臂桁架、5道腰桁架和东西外立面巨型斜撑，由伸臂桁架和楼层钢梁将核心筒和外框结构连成一体，共同作用以抵抗水平荷载。

　　设计采用的高性能混凝土强度等级为C60～C80。单元式幕墙采用等压并结合排水、排气原理设计，照明、给水、空调系统均为节能设计，以降低建筑物的能耗。

　　京基100城市综合体与罗湖区发展定位相当吻合，它的落成不仅对金融机构进驻罗湖起到强有力的吸纳作用，而且满足了罗湖区金融产业进一步升级和发展的需要，更是对罗湖构建成熟金融中心和扩大"辐射作用"的极力巩固。而作为城市更新项目的典范之作，京基100城市综合体不仅有效地改善了蔡屋围人居环境，实现土地高度集约利用，更是对提高城市综合竞争力、提升城市形象、打造和谐城市起到了良好的推动作用。

图3-6 深圳京基100

2.3 材料选配

为了尽可能地降低混凝土中心温度，增加了粉煤灰和矿粉的掺量，减少了水泥的总用量，最终配合比如表3-2所列。

⊡ **表3-2 活性粉末混凝土配合比**

配料成分	含量/（kg/m³）	配料成分	含量/（kg/m³）
42.5级普通硅酸盐水泥	200	I 级粉煤灰	100
中砂	606	S95矿渣粉	100
细砂	151	水（总含水量）	160
石子	1050kg	STS-SP1缓凝高效减水剂	10.4

2.4 施工工艺

2.4.1 钢筋支架搭设

图3-7 采用附加钢筋解决板筋预埋深度问题

底板钢筋太重，需要搭设专门的型钢钢筋支架，以支承上部钢筋、设备及施工人员荷载。型钢支架体系顶部采用16a做型钢横梁，下部采用双间距3000mm做立杆，高度方向≤1500mm，采用 ∟50×5作为纵横向的水平拉结。斜向采用14钢筋做拉结，保证所有立杆侧向稳定。底部采用350mm长 ∟75×7做垫脚。如图3-7所示。

在工厂预制建筑构件能保证其质量和产量。此外，这也保证了在冬天也能生产预制构件，一旦气候条件允许，构件可立即运输出厂和安装。

2.4.2 浇筑及振捣

现场采用8台混凝土输送泵，每个泵负责8m宽度范围的浇筑带。浇筑采用"斜向分层，薄层浇筑，循序退浇，一次到底"连续施工的方法。由于底板较厚，项目部将振捣手分成两部分，一半在底板表面振捣，另一半在钢筋中部进行中下部混凝土的振捣。如图3-8所示。

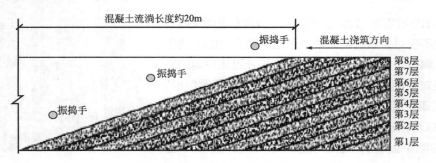

图3-8 混凝土分层浇筑示意

2.4.3 养护和测温

混凝土浇筑至设计标高后，采用磨光机进行了二次压光，以封闭混凝土早期裂缝，并迅速采用2层塑料薄膜加2层麻袋的方法对混凝土进行保温和养护。根据浇筑时间及底板结构特点，在11个典型部位埋设测温点，每点对表面及中部4个部位进行温度测量，混凝土最高温度为76℃。

2.5 应用效果

京基100大厦由国际著名建筑设计公司——英国TFP和ARUP担纲设计，楼高441.8m，为全球第八高摩天地标，总建筑面积220000m²。京基100这一代表了中国技术标高与精神象征的双重地标，在大厦的整体设计与建设过程中，采用9.5 : 1的高宽比，为国内摩天楼之最。京基100使用的钢板最大厚度达到了130mm，大厦的用钢量达到了6万吨，这在深圳甚至全国来说都是首例，将所有的焊缝连接起来，累积长度可以绕地球赤道4周，并采用了强度与韧性更高的C80高强度水泥，这在国内的摩天楼里尚属首次。京基100作为深圳又一新地标，打破了赛格和地王的记录，是中国经济与技术发展的新体现。如今，京基100是深圳最高建筑地标之一，亦是世界上最高的城市综合体之一，更是全球第五金融中心的代言。

京基100不仅提供社会文化的连续性，而且与城市交通网络相结合，这对像京基100这样的高密度项目非常重要。不同楼层的总体规划的各个组成部分的连通性是至关重要的。摩天楼与裙房在不同楼层相结合，而低层的商品零售与公众消费场所与地铁系统相结合。住宅大楼在更高楼层处相连接，以创造更方便的领里可达性，同时也提供了指向办公空间与酒店的更加方便的连接。摩天楼起着微型城市的作用，给整个社区带来了更好的生活环境与人际交往空间。

2.6 经济分析

京基100城市综合体项目总用地面积42353.96m²，其中建设用地35990.16m²，总建筑面积602401.75m²，由京基100大厦及7栋回迁安置楼构成，总投资近50亿元。本项目位于罗湖区蔡屋围金融中心区内，涵盖全市74%的银行机构、80%的保险机构和40%的证券机构，集中了全市60%的金融资产、90%的外资银行，区域价值得天独厚。

大楼的27、31、32层为京基100为各大中小企业提供的专业服务型办公室，提供免费的酒水、茶、饮料，以及近200m²的会议室免费使用。

| 参考文献

[1] 张广源. 深圳京基100[J]. 城市环境设计，2012（07）：248-253.

案例 3　深圳平安金融中心

3.1　技术分析

深圳平安金融中心体现了建筑与结构的和谐共存，结构采用带外伸臂的巨型斜撑框架型钢混凝土筒体，如图3-9～图3-11所示。

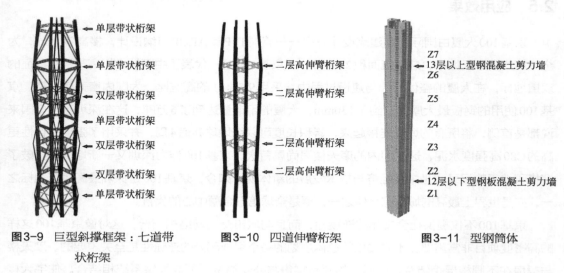

图3-9 巨型斜撑框架：七道带状桁架　　　**图3-10** 四道伸臂桁架　　　**图3-11** 型钢筒体

建筑业BIM技术发展快速，在超高层等复杂建筑得到广泛应用。深圳平安金融中心作为国内最具智能和可持续发展的超高层建筑，全寿命周期运用BIM技术。如图3-12所示。

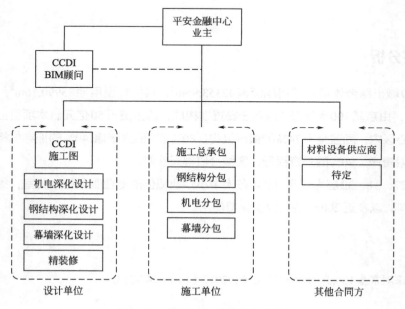

图3-12 项目BIM整体组织架构

3.2　工程概况

平安金融中心位于深圳市福田中心区1号地块,主体结构塔尖高660m。工程占地面积18931m²,基坑开挖深度达33.5m。底板为近似正八边形(87.3m×85.0m),面积约6800m²,厚4.5m,混凝土强度等级C40P12(采60d强度作为验收依据),坍落度为(180±20)mm,总浇筑量约3.2万立方米。如图3-13所示。

项目位于深圳市福田区01号地块,益田路与福华路交会处西南角。项目地块西侧与低密度购物公园COCO Park相邻,其间以中心二路相隔,东南是深圳市最大的会议展览设施——深圳会展中心。项目用地南北长约175.4m,东西方向进深88～133m,总用地面积为18929.7m²。规划中的用地性质为办公、酒店、商业和相应的配套设施。根据规划要求,建筑容积率20.2,建筑覆盖率不超过60%,裙房高度不高于52m,塔楼高度不

图3-13　平安金融中心

低于450m。项目的建筑意象可以唤起人们对早期经典摩天大楼的记忆:古典的轮廓、对称的造型、高耸的比例、竖向石材肌理以及长长的塔尖象征着对城市未来的无限期望。建筑在底部较为舒展,塔楼随着细长的塔尖慢慢升高,一气呵成的气势在高600m处达到极致并继续冲向云霄,代表了整个城市积极向上的意愿。

主楼的典型办公平面均为2900～3900m²。围绕着中心核心筒,标准层平面可租赁部分最小宽度为12m,净高为3m,高性能玻璃可最大限度地提高可视光线量,有效遮挡红外线,降低能耗。塔楼的底部是大型商业和会议中心,外立面由经典而精致的石材覆盖,中、上部转变为肌理类似的不锈钢和铝金属材料:在塔楼顶部还设有一个大型公共活动空间,在这里可以俯瞰城市盛景,感受从清晨到夜晚的璀璨活力。塔楼结构高效而优雅地反映出建筑的标志性:外框-巨柱以及各个角落的对角斜撑臂作为沿四周立面竖向密排的窗间柱,共同形成塔楼结构。窗间柱外包铝金属材料,通过玻璃四角可看到结构对角斜撑臂和外框巨柱包裹的亚麻面不锈钢材料。

高效、高容量的电梯系统由效率极高的正方形"九宫格"核心筒清晰地组织,服务塔楼地上8个分区与地下2个分区的客流运送。垂直交通在夹层双首层大堂内被划分,始发层设置于此区内的电梯都是双层轿厢电梯,分别服务奇、偶数层。服务1～3区的区内电梯的始发层位于首层办公大堂,而4～7区的区内电梯可经由直达51、52层与83、84层的两个空中大堂的穿梭电梯搭乘。还设置有始发于首层办公大堂并服务8区与观光层的专用直达高速电梯。通过上述高效的塔楼电梯系统,客户仅需一次转换即可从首层大堂到达塔楼的任一楼层。裙房从塔楼底部向南伸展,可从办公大堂的西南角直接进入,并与基地南部的深圳平安金融中心南塔直接跨街相接。裙房的街道入口位于裙房的东西两侧,可直接进入公共中庭。裙房主要材质为石材,高10层的商业逐层退台形成城市的空中商业花园,不仅可以服务于塔楼与相邻基地连接的部分,同时自身也成为了城市的一个目的地。

3.3 材料选配

为保证主体结构4.5m厚底板一次性连续无缝浇筑，在满足强度要求的前提下，防止有害裂缝的产生，在混凝土配制过程中采用大掺量粉煤灰技术，以降低大体积混凝土早期的内部温升。采用混凝土60d强度作为验收依据。其配合比如表3-3所列。

⊡ 表3-3 底板混凝土配合比

配料成分	含量/（kg/m³）	配料成分	含量/（kg/m³）
42.5级普通硅酸盐水泥	220	砂	852.5
粉煤灰	180	减水剂	8.4
石子	102	水	164.5

采用溜槽浇筑对混凝土提出的技术要求：
① 坍落度（180±20）mm；
② 初凝时间不小于16～18h，终凝时间不大于24h。

3.4 施工工艺

3.4.1 溜槽施工

为满足大体积混凝土连续浇筑，现场采用3排主溜槽，由基坑北侧首道支撑开始搭设，从北向南按照1：3的坡度延伸至基础底板上部。整个溜槽架体近30.0m高，宽3.2m，在两侧主溜槽上，分别设置4个分支溜槽，分支溜槽末端设置小溜槽，并在溜槽相应位置设置串筒。溜槽布置如图3-14所示。

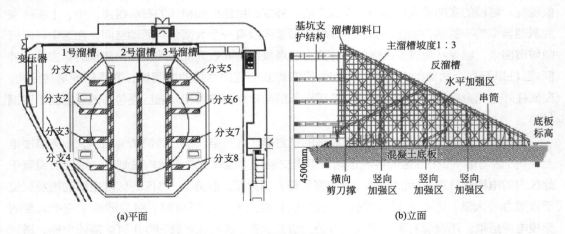

图3-14 溜槽脚手架搭设示意

3.4.2 混凝土浇筑及养护

底板混凝土浇筑采用斜面分层方式，流淌坡度为1：4左右，分层浇筑厚度控制在50cm（见图3-15），待第1次混凝土振捣完成20～30min并已浇筑一定面积后，在混凝土初凝前再进行第2次振捣。

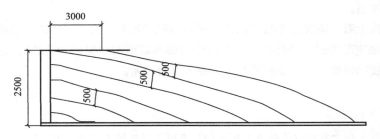

图3-15　混凝土斜面分层浇筑示意（单位：mm）

混凝土浇筑完后，立刻铺设保温层（如铺设塑料布、麻袋、草帘被或进行蓄水养护），保温养护的持续时间不得少于14d。待混凝土中心温度开始下降，混凝土表面温度与环境最大温差＜20℃时方可拆除保温层。

3.4.3　基础底板浇筑情况

本工程主体结构范围内4.5m厚基础底板浇筑于2011年12月1～4日进行，一次性连续浇筑混凝土约3.2×10⁴m³，总浇筑时间约90h。采用3排主溜槽进行浇筑，平均每小时浇筑混凝土360m³，高峰期浇筑速率＞500m³/h，边角处混凝土收尾工作由2台拖泵与2台泵车完成。经留置试块和取芯检测，底板混凝土60d强度均超过强度标准值的120%。混凝土表面平整，结构致密，没有出现可见裂缝，工程整体质量良好。

3.5　应用效果

平安国际金融中心开放的商业中庭和门前广场为项目提供了公共活动中心。单层、跃层的商业和与餐饮毗邻的商业中庭由自动扶梯串联，并经由一系列错落爬升自下而上逐层偏离塔楼。塔楼首层设置的高档精品店铺有助于吸引凝聚人流进入中庭，位于东南角的旗舰店更将人流引入上部商业核心。坐落在东北角与西南角的自动扶梯组群分别与办公大堂及旗舰店相邻，在主体中庭的两侧形成垂直贯通地下一层至地上七层的附属中庭。

连通大堂的首层入口汇集基地周边各种交通模式（车行、人行与轨道交通）产生的人流。基地西北侧，来自地铁的人流经过巨大的雨篷与巨柱间宽敞通透的玻璃入口进入3层通高的大堂；基地东侧，落客人流将通过两层高的入口雨篷沿塔楼双层电梯厅的中心轴线进入办公大堂。其他通往办公大堂和商业中庭的入口位于地下一层，并于此处设置开敞的地下广场，实现地下商业与邻近地块COCO Park商业庭院及地铁商业广场的连接。地下一层亦提供出租车上下客区域，满足大量人流到达、离开的需求。

3.6　经济分析

在降低建筑能耗及微环境处理方面，尽量减少建筑对自然生态的不良影响，以提供一流的工作和生活环境。利用建筑朝向、建筑幕墙技术和建筑系统等条件，增加自然采光、通风，增设了公共空间，创造有利于员工身心健康的良好环境，提升生产效率。塔楼幕墙材质为石材、金属和玻璃，竖向的石材和金属材料有类似遮阳百叶的功能，减少阳光直射，并采用节能效率高的多层玻璃体系。

从城市文脉上看，塔楼底部被"锁定"于城市肌理规则的街道网格内。当塔楼升高并且超出街道网格的限定范围时，塔楼特别打开四个角部与城市网格呈45°的视野。这种从城市网格轴线到视野轴线的转换形成了强烈的对比，令人耳目一新。

参考文献

[1] 李彦贺.深圳平安金融中心关键施工技术[A].中国工程机械工业协会施工机械化分会.2015全国施工机械化年会论文集.中国工程机械工业协会施工机械化分会：中国建筑学会建筑施工分会，2015：17.

案例4　天津津塔底板工程

4.1　技术分析

津塔为全钢结构超高层建筑（包括柱、梁、电梯井、楼梯等），由全球知名建筑设计商美国SOM公司承担结构设计。外形设计吸收了中国传统元素，呈风帆造型，塔基略小，中部稍大，上部逐层收缩，而外部的玻璃幕墙运用纵向多折面的折纸造型，使得形体庞大的超高层建筑视觉效果看上去显得格外轻盈而秀美，从而削减了超大建筑体量的沉重感。整体建筑为筒中筒结构形式，由内侧核心筒与外筒组成，核心筒与外筒间以钢梁相连接成为层间地面，而核心筒则由若干电梯井及薄型钢板剪力墙组成。

津塔写字楼在工程建设上创造了四个第一：

① 钢板剪力墙结构的世界第一高楼；

② 其配置的双层轿厢电梯系统为天津首例；

③ 玻璃幕墙与主体结构同步安装为天津建筑业首例；

④ 308m的观光大厅是目前天津最高的观景点。

4.2　工程概况

天津津塔工程地上建筑面积26万平方米，功能包括超五星酒店、高档写字楼、商业、娱乐等，其中主塔楼建筑高度336.9m，为超高层建筑。

天津津塔工程主塔楼基础底板为筏板基础，面积约6400m²，顶标高为−19.70m、−21.30m，厚度为4m（局部深坑厚度为11.8m），混凝土强度等级为C40P10，拟采用一次斜面到顶、分层连续浇筑，采用混凝土泵加溜槽输送方式。

天津津塔工程主塔楼基础底板混凝土强度等级为C40，坍落度要求为160～180mm。基础底板混凝土拟采用一次性斜面分层连续浇筑，混凝土浇筑时采用溜槽加地泵的组合方式。

天津津塔工程主塔基础底板厚度大，从4.0～11.80m（局部），如何有效降低水化热、控制内外温差、预防温度应力开裂、实现设计及规范的要求，成为制订技术措施的核心问题。

施工难点如下。

① 混凝土设计强度等级较高，胶凝材料用量大，混凝土绝热温升较高，浇筑施工期处于一年中温度最高的夏季。

② 基础底板一次连续浇筑混凝土超过2万立方米，工程地处城市中心区，混凝土组织供应及交通管理难度很大。

③ 混凝土浇筑及养护难点较多，基坑最深处达25.3m，基坑内支撑系统复杂影响了泵管及溜槽搭设布置，混凝土流淌长度大、难以在浇筑过程中进行分层控制，混凝土防裂养护要求高。

④ 在保证良好的施工性能、抗裂性能的同时，要保证混凝土后期强度的稳定增长，保证抗渗等各项性能指标的要求，需优化混凝土的材料及配合比。

4.3 材料选配

2008年年初与清华大学共同进行了4.5m×4.5m×4m长方体试块的模拟实验。并对整个过程进行监测，最终确定混凝土的配合比如表3-4所列。

⊡ 表3-4 活性粉末混凝土配合比

配料成分	含量/（kg/m³）	配料成分	含量/（kg/m³）
42.5级普通硅酸盐水泥	252	碎石	1059
粉煤灰Ⅱ级	168	减水剂	8.4
河砂	160	水（总含水量）	172
人工砂	639		

4.4 施工工艺

选择了两家搅拌站同时浇筑，统一配合比并提前统一进行试拌，原材料中水泥、粉煤灰及外加剂由统一厂家供应。大面积地板浇筑施工采用溜槽＋地泵的形式，在60h内完成浇筑，高峰期每小时浇筑超过600m³。同时在施工过程中采取全过程的温度监测，制订了合理的养护技术措施，保证了主楼底板大体积混凝土的施工量，天津津塔施工如图3-16所示。

(a)　　　　　　　　　　　　　　(b)

图3-16 天津津塔施工图

施工工艺如下。

① 津塔工程基桩施工技术，包括工程桩的类型、桩径、根数、有效长度、标高范围等，施工工序、施工机械情况，工程质量相关技术指标及质量保证措施，工程施工重点、难点及工程经验，试桩情况等以及施工质量监督的内容及过程。

② 深基坑方案实施中，涉及基坑方案的3次调整，基坑方案的实施及分析，施工质量监督的内容及过程。基坑开挖过程中监测技术应用，以该基坑为例明确监测原则和依据，制订相关监测内容、监测频率、监测报警值等数值的规定，监测点位布置及监测手段，实际监测情况以及对于基坑监测及监测点布置的监督。

③ 顶升法浇灌混凝土工艺的研究和施工，包括结构体系及施工流程，顶升法浇灌混凝土的试验研究工作，顶升法浇灌混凝土布置、施工、固定。

④ 津塔项目钢结构安装监控要点，包括构件加工，施工测量和变形监控。

⑤ 超高层外檐单元体幕墙的加工、扭拧安装。

4.5　应用效果

天津环球金融中心位于天津市和平区、是天津目前建成第一高楼，海河开发第三节点，它是一座集336.9m世界级地标写字楼（即津塔写字楼）、一座各国首脑首选下榻的超五星级圣·瑞吉斯酒店（即津门酒店）、两座世界商业领袖入住的国际公寓、一座配套的服务式公寓和国际精品商业为一体的具有城市地标性的高端城市综合体。曾入选2011年世界十佳摩天大楼。

该项目位于兴安路北侧，东西长约233m，南北宽最大约为160m，最小为65m。地块设计包括两栋高层建筑。其中最高的建筑是一栋336.9m高的标志性大楼——津塔，该建筑位于大沽路上，功能以写字楼为主。第二栋是105m高沿兴安路的高层建筑——津门，津门建筑为一座超五星级的酒店。项目还建设有商业、石材广场、公寓以及地下地上停车场等设施。

2011年7月7日天津环球金融中心商务体验区正式开放，标志着天津第一高楼——津塔写字楼正式进入试运营阶段。已建成的天津环球金融中心即"津塔"位于海河之畔，楼高336.9m，地上75层，地下4层。该楼借鉴了中国传统折纸艺术形式，是天津第一高楼。

4.6　经济分析

设计之初，天津市政府即向金融街控股提出了明确的要求，天津环球金融中心必须设计为标志性建筑。天津环球金融中心建筑集群拥有华北第一高楼，高度为336.9m，将超过北京CBD最新地标国贸三期330m的高度。

追求舒适、雅致和漂亮的设计理念的SOM建筑设计事务所这样描述自己设计的天津环球金融中心："它是一座不会被埋没的、经得起时间考验的建筑。它处于城市显要的位置，体型上下缩口，中间稍大，有着独特的完美曲线，高耸的建筑物得以轻灵而舒适地落在地上；传统文化启发灵感的折纸立面与建筑椭圆形体的结合，在不同时间的日照下，使天津的每一个角落都能乐于看到这个富于变化的塔楼。"

参考文献

[1] 李响. 天津津塔底板大体积混凝土配合比优化设计研究[A]. 中国土木工程学会教育工作委员会.
    第六届全国土木工程研究生学术论坛论文集. 中国土木工程学会教育工作委员会：中国土木工
    程学会，2008.

案例5 中国国际贸易中心三期工程

5.1 技术分析

中国国际贸易中心三期工程主塔楼高330m，是目前北京建筑高度最高的单体钢结构建筑。施工中通过建立控制轴网和高程控制网以及控制外框钢柱斜率等措施，很好地满足了现场施工的需要，并为超高层钢结构施工测量技术的发展提供了可借鉴的经验。

5.1.1 控制轴网的建立

本工程平面控制轴线共分为三级控制：首级控制为北京市测绘院测设于本工程外围不受沉降影响的7个高级点；次级控制为按本工程建筑坐标与大地坐标的关系方程，在首级控制的基础上换算出的主控轴线点；三级控制为在主控轴线点的基础上，根据主控轴线与建筑轴线的位置关系加密出各建筑轴线。

5.1.2 轴网竖向传递

主塔楼轴线网采用内控法，结合建筑物的平面特点，本工程主塔楼设置4个主内控点，宴会厅设置8个内控点，商场设置8个内控点，作为该工程的测量内控点。如图3-17所示。

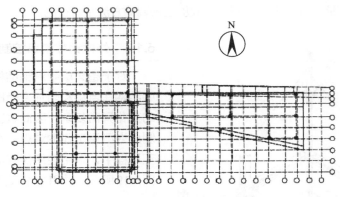

图3-17 建筑物平面内控点布置示意

5.1.3 高程控制网传递

考虑到基础沉降和建筑物压缩变形实时监测的需要，在建筑物外围布置了一条闭合水准路线，该路线共由3个基准点组成，作为全部水准测量的基准。经闭合并与标高基准点往返联测得出标高基准点组的标高，以此作为高程控制的基准，如图3-18所示。

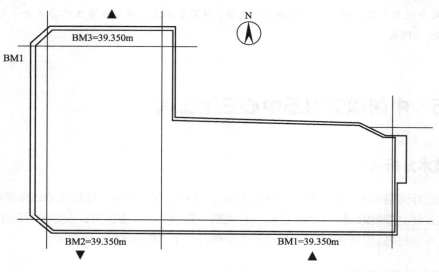

图3-18 建筑物高程基准点示意（BM指水准点，后同）

5.1.4 钢结构焊接收缩和压缩作用下的高程控制

本工程钢柱的标高控制主要体现在控制各节柱的柱顶标高，由于钢柱的焊接收缩、压缩变形及钢材的线形变形等因素的综合影响，随楼层施工高度的不断增高，柱顶实际标高值与设计标高的差值会越来越大，因此柱顶设计标高不能作为标高的控制标准。施工经验证明，钢板厚度大于50mm时，梁-柱焊接收缩一般为2mm，柱-柱焊接收缩一般为3mm。经设计计算，主塔楼钢结构自重压缩值为94mm，按重量分布在27节钢柱中。因此，为保证结构完成状态实际标高与设计标高相符，采取将焊接收缩和结构压缩值反映到工厂，加长柱身，以补偿现场焊接收缩和结构自重压缩。经过现场监测，采取加工预调的方法是可行的。

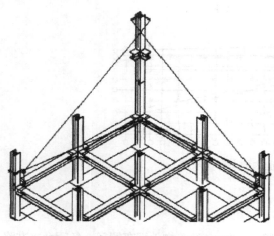

图3-19 经纬仪双向交会校正示意

5.1.5 外框钢柱斜率控制

对于超高层倾斜钢结构建筑，施工过程中结构在自重和附加弯矩的共同作用下变形的变化异常复杂，因此本工程外框柱斜率控制成为测量工作的难点。在外框钢柱测量校正过程中，采用经纬仪双向交会校正法，如图3-19所示，并用全站仪实时跟踪监测。

5.2 工程概况

中国国际贸易中心三期A阶段工程位于北京市建国门外大街1号国贸中心院内，其主塔楼高330m，地下3层，地上74层，如图3-20所示。建成后将成为北京第一高楼，是集五星级酒店、高档写字楼、国际精品商场、电影院、大宴会厅、地下停车场为一体的多功能现代化智能建筑，成为全球最大的国际贸易中心。本工程主塔楼基础采用桩筏基础，底板混凝土总量为22833m³，混凝土强度等级为CA5R60，底板标准厚度为4.5m，属于大体积混凝土。

图3-20　中国国际贸易中心三期

国贸三期位于东三环与建国门外大街立交桥的西北角，共分两个阶段进行施工，正在建设的是三期A阶段工程，建筑面积约为30万平方米。相当于一期和二期总和的国贸三期，下一阶段为幕墙工程、机电工程和装修工程，2009年中三期工程全部竣工。国贸三期由中建一局发展建设公司承建。

国贸三期工程建设东起东三环路，西至机械局综合楼，南起国贸大厦2座，北至光华路，占地6.27hm²（1hm² = 10000m²，下同），总建筑规模达54万平方米。除国贸大酒店、高档写字楼、国际精品商场、电影院等多种设施外，该工程还包括一个2340m²的大宴会厅，这是北京最大的宴会厅。

中国国际贸易中心第三期工程建设规模为54万平方米，分两个阶段实施；第一阶段建筑规模为28万平方米，主塔楼建筑高度为300m，第二阶段工程根据市场情况择期实施。国贸三期第一阶段工程包括建设一座集写字楼和超五星级饭店为一体的主塔楼、一座可同时容纳1600人的大宴会厅、现代化商城、电影院及地下停车场等。

国贸三期与国贸一期、二期组合，使国贸总体占地面积达到17公顷，总建筑面积达110万平方米；遵循国际标准，完善办公、酒店、宴会、会议、购物、展览、娱乐等服务设施。三期工程的兴建必将进一步提升中国国际贸易中心在全球世贸中心的地位。

国贸三期主塔楼主体结构为筒中筒结构，即外部的型钢混凝土框架筒体与内部的型钢混凝土支撑核心筒体的组合。抗震等级8级，设计难度和施工难度为世界超高层建筑结构所罕见。

主塔楼1～2层是气势宏大、宽敞明亮、净高9m的商务办公大堂和酒店大堂。高格调和创新理念的装修设计将给人以庄严、典雅、心旷神怡的感觉。办公区分为高低两个区域。低区为6～27层，高区为30～53层。办公区最大的特点之一是空调采用世界最先进的变风量空调系统。

从56层开始到68层为豪华酒店。这里总共有宽大明亮、装修豪华的客房270余套，每套平均60m²。71层为酒店空中大堂，由商务中心、会客厅、会议厅和酒吧组成。而72层和73层为餐饮和观景区。国贸三期的裙房分为宴会附楼和商业附楼。共有建筑面积约5.5万平方米。宴会附楼位于主塔楼北侧，首层和二层为商铺，并与商业附楼连通。

5.3　材料选配

（1）水泥　采用强度增长较为缓慢且最终水化放热量低的42.5级普通硅酸盐水泥，3d抗压强度27MPa，28d抗压强度53MPa；7d水化热300kJ/kg。

（2）矿物掺合料　在混凝土中掺加部分粉煤灰，可显著降低混凝土内部温峰，减少混凝土水化热，有利于防止大体积混凝土开裂。选用性能较好的I级粉煤灰，需水量比90%～92%，烧失量1.6%～2.5%。

（3）外加剂　选用高效泵送剂RT-Ⅲ，其减水性能及坍落度保持性能均较好，各项指标均满足现行标准和规范的要求。

（4）水　采用符合现行国家标准的自来水或者地下水。

（5）骨料　粗骨料采用粒径为5～25mm连续级配且含泥量＜1%的机碎石（石灰岩），细骨料采用细度模数2.7的中砂，含泥量≤2%。

根据配合比设计原则及本工程的具体要求，通过正交试验方法，选择合理的配合比。在此基础上，结合类似工程实践经验，调整配合比设计结果，最终配合比如表3-5所列。混凝土的水胶比0.39，砂率0.43。混凝土标准养护条件下60d抗压强度为58MPa，满足C45R60的强度要求。

其配合比如表3-5所列。

⊡ 表3-5　活性粉末混凝土配合比

配料成分	含量/（kg/m³）	配料成分	含量/（kg/m³）
42.5级普通硅酸盐水泥	230	石子	1020
矿物掺合料	190	水	165
砂子	770	外加剂	9.7

5.4　施工工艺

5.4.1　混凝土的施工方案

基础底板主体部分平面尺寸约为65m×65m，大部分厚度为4.5m，电梯井坑局部厚度达到9.6m。为减小温度应力，确保底板混凝土施工质量，将底板混凝土分为两次浇筑：第1次浇筑电梯井坑局部；第2次全部浇筑完成。

浇筑完毕后，为防止由于泌水、骨料下沉造成的塑性收缩裂缝，及时对混凝土表面进行压实抹光。待表面无水后，立即覆盖塑料薄膜，塑料薄膜上覆盖2层保温草帘被，以保持表面温度，并及时洒水养护，保持混凝土表面足够湿润。

为减小内外温差，养护时保证混凝土表面温度≥43℃，覆盖物上表面温度≥18℃，当中午环境温度较高时，采取揭开草帘被散热的方法。养护用水温度确保≥20℃。

在施工过程中，内部温度监测表明，混凝土内最高温度约为75℃，低于设计要求的温度限值。混凝土表面状态良好，基本没有可见裂缝出现。因此，国贸三期基础底板大体积混凝土的施工，可以说是相当成功的。

5.4.2　测量难点及对策

（1）在施工过程中建立一个稳定、精确的测量控制网是本工程测量的重点，也是保证建筑质量和结构安全必不可少的手段。本工程为全钢结构，柔性大，结构受自振、风荷载、日照、温差等影响较大。M44OD、M760D两台自爬式动臂塔吊直接附着在核心筒结构上，随核心筒不断向上顶升，其吊装过程中的动荷载通过塔吊支撑梁直接传递到核心筒柱身，致使核心筒上部结构在吊装过程中不停地轻微震动，因此施工过程中测量控制网向上引测难度大，平面控制网基准点的垂直引测精度尤难保正。

（2）外框筒滞后核心筒、土建滞后钢结构，测量控制网的衔接尤为重要。施工过程中统一使用Ⅱ级建筑物控制网，测量精度指标严格控制在测量规范限差之内，外框筒与核心筒轴网联测，土建轴线网与钢结构轴线网联测，做到交圈闭合。由于核心筒高于外框筒施工，并且核心筒与外框筒自重并不相等，因此核心筒与外框筒沉降步调并不一致，施工中通过不断监测并结合模拟验算和沉降资料，总结沉降规律，进行标高预调，来确保同层楼面的标高相一致。

（3）随着楼层不断增高，外框筒分3次斜率不断向核心筒收敛，而且随着腰桁架转换层的出现，随之而来的是几套轴系之间的相互转换，因此施工中必须仔细审图，结合外柱倾斜值科学解算，保证轴系之间转换精度。

（4）本工程共有4道腰桁架并在机电层设有伸臂桁架，腰桁架作为轴线转换层必须保证其焊后精度，因此，要对桁架的垂直度、标高、侧向弯曲以及挠度进行校正，使其达到设计规范要求才能进行螺栓安装和焊接工作。伸臂桁架连接外框与核心筒，提高结构刚度和整体稳定性，增加结构抗震性能，但由于施工过程中外框与核心筒沉降步调并不相等，因此必须定期监测，保证核心筒与外框筒相对稳定后才能进行伸臂桁架焊接。

（5）斜柱的测控采用经纬仪双向交汇校正及全站仪实时跟踪测量系统。依据钢柱的斜率及轴线控制网图，解析出监测点的坐标及与轴线的平面尺寸关系，采用经纬仪观测各个监测点的坐标，特殊情况下采用全站仪观测监测点的坐标，与理论坐标值进行比较，得到纠偏值。

5.5 应用效果

工程设计新颖、结构复杂、科技含量高、施工难度大。结构设计配合建筑和机电不同的功能创造性地采用钢-混凝土混合结构体系，首次在国内工程中大规模应用组合钢板剪力墙（CSPW），推动了国家相应技术规程的发展。

工程设计认真贯彻执行节能、节地、节水、节材以及环境保护的理念，大量选用了节能、节水、降噪等方面的新技术。施工中积极推广"建筑业10项新技术"，并在新技术的应用中有所突破创新，总结形成了具有代表意义的13项关键创新技术，其中超高层组合结构施工技术，研究解决了包括在施工流程、高程补偿计算与预调措施、垂直度控制、组合构件的施工工艺以及高强混凝土超高泵送关键技术，对混合结构施工有重要的参考价值；超大异型折叠式无机布防火卷帘施工技术的研究，在大跨度空间形成了可靠的防火卷帘系统，提高了防火卷帘运行的可靠性，为我国该类卷帘技术的发展做出了贡献，为现代建筑的发展提供了技术支持。

① "高层钢-混凝土混合结构体系设计与施工关键技术研究"获2010年度华夏建设科学技术一等奖。

② 2007年度北京市结构长城杯金奖。

③ 2008年度中国建筑钢结构金奖。

④ 2011年度北京市建筑（竣工）长城杯金奖。

5.6 经济分析

国贸三期与国贸一期、二期组合，使国贸总体占地面积达到17公顷，总建筑面积达110万平方米；遵循国际标准，完善办公、酒店、宴会、会议、购物、展览、娱乐等服务设施。三期工程的兴建必将进一步提升中国国际贸易中心在全球世贸中心的地位。

国贸三期主塔楼总高度330m，地上层数为74层，地下4层，集现代办公楼、豪华五星级酒店、高档宴会厅和精品商场于一体，2005年6月16日动工，可抗8级地震，每15层设计一个避难层，危急时刻人员可就近躲避，楼顶还可停降直升机。

| 参考文献

[1] 李博. 北京第一高楼——中国国际贸易中心三期工程[J]. 施工技术，2008，37（11）：10055-10056.

第 **4** 章

补偿收缩混凝土

近年来，国内外很多混凝土工程未达到设计年限便遭到破坏，这与混凝土耐久性差有很大关系。为增强混凝土的耐久性，通常掺入适当外加剂，如膨胀剂氧化镁（MgO）。氧化镁膨胀剂膨胀源为氢氧化镁，具有水化需水量少、膨胀源氢氧化镁物理性质和化学性质稳定、膨胀过程可调控的优点，具有重要的工程应用价值。氧化镁膨胀剂通过改善混凝土孔结构，实现对混凝土耐久性能的改善。掺入MgO膨胀剂，可改善混凝土收缩，因MgO微膨胀作用，可提高混凝土密实性，进而提高其耐久性能。

案例1   MgO低热微膨胀混凝土在蜀河水电站工程中的应用

1.1   技术分析

MgO微膨胀混凝土筑坝技术为我国首创。MgO微膨胀混凝土是指在生产混凝土时加入适量的、特制的MgO，利用其特有的延迟微膨胀性来补偿混凝土坝的收缩和温度变形，以防止产生裂缝。即利用MgO水化所释放的化学能转变为机械能，从而使混凝土产生自生体积膨胀，抵消其温降过程中的体积收缩。换句话说，就是利用混凝土的限制膨胀来补偿混凝土的限制收缩，以解决大坝混凝土的抗裂问题。最理想的膨胀发生时间应在水化热最高温升之后，在凝土显著的降温之前产生膨胀。通过外掺特制的MgO和优选水泥品种，可以得到比较理想的自生体积膨胀变形过程线。

这项技术不仅是一项简化温控的混凝土防裂措施，而且也是一项快速施工筑坝的技术，它起到了简化施工、提高经济效益的巨大作用。目前，这项技术在水工混凝土施工中得到了广泛的应用。

中国水电顾问集团西北勘测设计研究院在蜀河水电站工程泄洪闸坝段的设计中提出使用MgO低热微膨胀混凝土，主要用于预应力闸墩锚拉洞和闸室段纵向导墙右侧宽缝的后期回填。要求采用强度等级32.5以上的水泥，外加MgO膨胀剂，控制MgO总掺量（包括水泥中的MgO）为4%～5%，其有效变形量为50～80μm。针对设计提出的要求，对混凝土设计等级C25F50W6（三级配）C25F100W6（二级配）配合比进行外加MgO的自生体积变形及线膨胀系数试验，并对试验结果进行分析比对，提出满足设计要求膨胀量的MgO掺量。

1.2 工程概况

蜀河水电站工程位于陕西省旬阳县境内的汉江干流上，坝址在旬阳县蜀河镇上游约1km处，距旬阳县城51km，距上游已建成的安康水电站约120km，距下游已建成的丹江口水电站约200km，是汉江上游梯级开发规划中的第六个梯级电站。316国道和襄渝铁路分别从枢纽左岸和右岸通过，对外交通便利。

1.3 材料选配

（1）水泥　试验采用葛洲坝水泥厂生产的三峡牌42.5级普通硅酸盐水泥，依据当时标准《硅酸盐、普通硅酸盐水泥》（GB 175—1999）[现行标准为《通用硅酸盐水泥》（GB 175—2007）]进行了物理和化学性能检测。检测结果表明，该水泥的物理、化学性能指标均满足相关标准要求，结果如表4-1、表4-2所列。

⊡ 表4-1　水泥物理性能检测结果

品种强度等级	密度 /（g/cm³）	细度/%	标准稠度/%	凝结时间/min		安定性	抗压强度 /MPa		抗折强度 /MPa	
				初凝	终凝		3d	28d	3d	28d
标准要求	—	≤10	—	≥45	≤600	必须合格	≥16.0	≥42.5	≥3.5	≥6.5
三峡牌42.5级普通硅酸盐水泥	3.10	0.7	28.25	177	217	合格	28.2	48.7	6.4	9.2

⊡ 表4-2　水泥化学性能检测结果

强度等级	碱含量/%	烧失量/%	SO₃/%	MgO/%
标准要求	—	≤5.0	≤3.5	≤6.0
三峡牌42.5级普通硅酸盐水泥	0.33	3.2	2.7	3.5

（2）粉煤灰　试验采用襄樊电厂的"天健"牌Ⅱ级粉煤灰，所检验的各项指标结果如表4-3所列。检验结果表明"天健"粉煤灰满足Ⅱ级灰的标准要求。

⊡ 表4-3　粉煤灰检验结果

品种	需水量比/%	细度/%	SO₃/%	烧失量/%	含水量/%	强度活性指数/%	密度/（g/m³）
Ⅱ级灰标准	≤105	≤25.0	≤3.0	≤4.0	≤1.0	≥70	—
天健Ⅱ级灰	100	14.6	0.8	4.4	0.1	82	2.22

（3）细骨料　试验采用蜀河水电站工程所用天然砂，所检验的各项物理性能均满足当时《水工混凝土施工规范》（DL/T 5144—2001）（现行标准为DL/T 5144—2015）对细骨料的要求，检验结果如表4-4所列。

⊡ **表4-4　细骨料检验结果**

检测项目	吸水率/%	表观密度/（kg/m³）	堆积密度/（kg/m³）	紧密密度/（kg/m³）	含泥量/%	细度模数	有机质含量
标准要求	—	＞2500	—	—	≤3	2.2～3.0	浅标
检测结果	1.2	2660	1570	1630	0.6	3.00	浅标

（4）粗骨料　试验采用蜀河水电站工程所用粗骨料，检验结果如表4-5所列。

⊡ **表4-5　粗骨料品质检验结果**

检测项目	表观密度/（kg/m³）	堆积密度/（kg/m³）	压碎指标/%	吸水率/%	针片状/%	含水量/%	有机质含量
标准要求	＞2550	—	≤16	≤2.5	≤15	≤1	浅标
5～20	2680	1760	7.2	1.2	15	0.1	
20～40	2670	1630	—	1.0	15	0.1	浅标
40～80	2670	1640	—	1.0	15	0.1	

（5）外加剂　试验采用西安隆生混凝土外加剂有限公司生产的LSP高效减水剂和LSP引气剂。检验结果表明，西安隆生高效减水剂和引气剂的品质指标均满足当时DL/T 5100—1999标准要求（现行标准为DL/T 5100—2014）。

（6）MgO膨胀剂　《水利水电工程轻烧MgO材料品质技术要求（试行）》中规定：为保证MgO微膨胀混凝土能取得预期成效，并避免产生有害影响，必须掺入合格的轻烧MgO。为此，对轻烧MgO材料品质的物理化学指标和生产质量控制提出了技术要求。

按此要求，对山西黄河新型化工有限公司的MgO膨胀剂HJUEA-A进行检验，试验结果表明，山西黄河新型化工有限公司的MgO膨胀剂HJUEA-A满足《水利水电工程轻烧MgO材料品质技术要求（试行）》的品质指标的要求。

1.4　施工工艺

MgO膨胀剂掺入混凝土中的应用机理是利用MgO水化所释放的化学能转变为机械能，使混凝土产生自生体积膨胀，抵消其温降过程的体积收缩，也就是利用混凝土的限制膨胀来补偿混凝土的限制收缩，以解决大坝混凝土的抗裂问题。MgO水泥混凝土的膨胀机理，在于方镁石水化生成水镁石晶体并在局部区域内生长发育长大，使硬化水泥浆体产生膨胀，其膨胀量取决于生成的水镁石晶体存在的位置和尺寸。膨胀量则来自水镁石晶体的吸水肿胀力和结晶生长压力。

选择C25F50W6（三级配）、C25F100W6（二级配）两种混凝土配合比进行不同MgO含量的混凝土自生体积变形试验。试验选用的三峡普硅水泥MgO含量为3.5%。以此为基准，MgO的外掺量分别为0.5%、1.5%、2.5%，使MgO的含量（内含+外含）达到水泥用量的4.5%、5%

和6%。对上述3种含量MgO微膨胀混凝土进行自生体积变形试验，试验结果如表4-6、表4-7所列。

⊡ 表4-6　自生体积变形试验混凝土主要参数

试验编号	混凝土设计等级强度	水灰比	级配	MgO含量/%	粉煤灰掺量/%	MgO用量/（kg/m³）	水泥用量/（kg/m³）	粉煤灰用量/（kg/m³）
A83	C25F50W6	0.45	三	4.5	25	1.5	150	50
A84	C25F50W6	0.45	三	5.0	25	2.2	150	50
A85	C25F50W6	0.45	三	6.0	25	3.8	150	50
A86	C25F100W6	0.45	二	4.5	25	1.8	180	60
A87	C25F100W6	0.45	二	5.0	25	2.7	180	60
A88	C25F100W6	0.45	二	6.0	25	4.5	180	60

⊡ 表4-7　混凝土自生体积变形测试结果

试验编号	自生体积变形/10^{-6}												
	1d	2d	3d	4d	5d	6d	7d	14d	21d	28d	35d	42d	56d
A83	25.6	37.1	32.1	32.0	31.6	28.0	27.7	19.3	12.9	8.0	4.4	6.2	−1.71
A84	78.0	92.0	91.4	97.1	97.0	90.2	90.1	81.7	74.0	71.3	67.7	68.9	65.6
A85	102.6	109.8	109.6	111.4	107.9	107.9	104.5	96.1	88.3	82.1	85.3	79.1	79.8
A86	57.6	64.9	64.2	59.2	55.4	55.4	55.4	49.6	44.9	45.4	41.6	38.3	35.4
A87	90.6	90.6	92.4	89.3	88.9	88.8	88.8	79.3	73.2	71.3	70.7	68.5	70.4
A88	100.0	104.0	105.0	108.0	106.0	100.0	100.0	96.0	96.0	85.3	85.3	79.1	78.2

试验结果表明，MgO混凝土的自生体积变形为膨胀型，在3～5d时达到高峰，以后随着龄期的增长膨胀量有所下降，28d以后的变形呈稳定趋势。当MgO含量为4.5%，其自生体积变形量为20μm左右；当MgO含量为5.0%时，其自生体积变形量在60～80μm之间；当MgO含量为6.0%时，其自生体积变形量超过80μm，从满足设计要求和防止有害变形角度考虑，推荐微膨胀混凝土MgO含量为5.0%。

从试验结果可以看出MgO混凝土的自生体积变形是稳定的，它既不会产生无限膨胀，又不会出现回缩现象，其长期膨胀变形量是趋于稳定的。MgO混凝土的长期力学性质也是安定的，微膨胀对混凝土长期力学性能的影响不大。

1.5　应用效果

MgO混凝土筑坝技术，经过20余年的基础理论和应用研究，在MgO水泥化学机理、混凝土变形性能、大坝温度应力补偿和施工工艺控制等方面形成了一套完整的理论体系，并在我国二十几座大中型水利水电工程中应用，且获得了成功。实践证明，MgO混凝土筑坝技术是国内外筑坝技术的重大创新和突破。水泥国家标准中对MgO含量的规定为：水泥中MgO的含量不宜超过5.0%，如果水泥经压蒸安定性试验合格，则水泥中MgO的含量允许放宽到6.0%。这是因为MgO的水化发生在水泥水化的后期，此时水泥石具备了一定的结构和强度，如果膨胀量过大或延迟时间过长，势必造成混凝土的破坏、崩解，即通常所说的安定性问题。

所以对掺入混凝土中的MgO膨胀剂，从满足设计要求和抑制有害膨胀的角度考虑，建议MgO的含量（内掺+外掺）不超过5.0%。此时，MgO混凝土的自生体积变形量在60～80μm之间，完全可以满足设计要求。

综合MgO膨胀混凝土的试验成果分析，当MgO含量低于4.5%，由于粉煤灰的抑制作用，其自生体积变形量基本与不掺MgO的混凝土变形量相当，只有当MgO含量达到5.0%时MgO才能发挥其膨胀作用，其有效变形达到60μm以上。

1.6　经济分析

由于掺入MgO膨胀剂，不但明显减少混凝土收缩，而且由于混凝土的膨胀使处于膨胀状态下的混凝土密实性得以提高，其抗渗性和耐久性也得到显著改善，从而减少了混凝土的开裂问题，进而减少了维修成本。并且考虑材料价格与施工便利方面，MgO膨胀剂相比其他方法更加经济与可行。

参考文献

[1] 毛志红，焦继轩. MgO低热微膨胀混凝土在蜀河水电站工程中的应用[J].水利水电施工，2009（01）：48-51.

案例2　全断面外掺MgO技术在索风营水电站工程中的应用

2.1　技术分析

索风营水电站大坝最大坝高115.8m，730～755m高程的坝体为全断面外掺MgO微膨胀碾压混凝土重力坝，采用左、右块全断面通仓薄层连续交替上升施工工艺浇筑。目前，国内其他工程只是在基础垫层强约束区常态混凝土中外掺膨胀剂或者MgO，故索风营水电站大坝在全断面碾压混凝土中外掺MgO还是首例。利用MgO微膨胀混凝土的延迟膨胀性来调整混凝土的自生体积变形，能补偿坝体混凝土的一部分温度变形，从而达到防止混凝土收缩裂缝的目的。外掺MgO混凝土浇筑的关键技术是使其操作简单又掺得均匀，做到了就能防止大坝裂缝的产生，保证工程质量。

2.2　工程概况

索风营水电站工程枢纽由碾压混凝土重力坝、坝身泄洪表孔、右岸引水系统及地下厂房等建筑物组成。电站总装机容量600MW，保证出力166.9MW，多年平均发电量20.11亿千瓦时。大坝由河床溢流坝段和两岸挡水坝段组成，坝顶全长164.58m，其中河床溢流坝段长82m，坝基高程为728m，坝顶高程为843.8m，最大坝高115.8m，坝顶宽8m。大坝及消力池混凝土总量为70万立方米，其中大坝碾压混凝土方量为44万立方米，约占大坝混凝土总方量的80.5%；溢流坝段布置有5孔单孔宽13m、堰顶高程为818.5m的开敞式溢流表孔，溢流水流以"X"型宽尾墩+台阶坝面+消力池的组合方式消能。

坝址区属于亚热带季风气候区，气候温和湿润，多年平均相对湿度在75%以上，夏季湿润多雨，多年平均气温为16.3℃。极端最高、最低气温分别为40.5℃和–5℃。

2.3 材料选配

同本章案例1中材料选配内容。

2.4 施工工艺

2.4.1 大坝碾压混凝土施工配合比

索风营水电站大坝外掺MgO混凝土的施工配合比由业主提供，该混凝土配合比在满足设计及规范要求的前提下充分考虑了现场原材料品质情况、施工过程动态控制的难度和特殊性。在大坝混凝土外掺MgO的目的主要利用MgO微膨胀混凝土的延迟膨胀性调整混凝土的自生体积变形，能补偿一部分温度变形达到防止混凝土温度裂缝的产生。根据设计，索风营水电站大坝外掺MgO混凝土的应用范围是：在基础约束区730~755m高程全断面外掺3%的MgO，在应力过渡区755~760m高程外掺2%的MgO，760m高程以上脱离约束区则不掺MgO。

索风营水电站大坝外掺MgO混凝土的施工配合比，有上游迎水面C_{20-90}二级配（级配1）、内部C_{15-90}三级配（级配2）和下游台阶C_{20-90}二级配（级配3）等几种，由施工单位（索风营水电站工程捌玖联营体试验室）进行了配合比用水量和含气量等室内校正试验，在大坝碾压混凝土浇筑前又进行了碾压混凝土生产性工艺试验以进一步验证业主提供的施工配合比的可行性，同时还进行了原材料质量、施工工艺参数、外掺MgO的均匀性检测等试验，最终确定外掺MgO碾压混凝土的施工配合比。如表4-8所列。

□ 表4-8 索风营水电站大坝碾压混凝土施工配合比校核试验成果

序号	混凝土标号	水灰比	砂率/%	外加剂掺量/%		每立方米混凝土用量/（kg/m³）						VC值/s	应用部位
				QH-R20	DH9	水泥	粉煤灰	MgO	水	砂	石		
1	C_{20-90}	0.50	38	0.80	0.12	0.80	0.12	94	94	815	1365	3~8	坝体上部
2	C_{15-90}	0.55	32	0.80	0.12	0.80	0.12	64	88	680	1526	3~8	坝体内部
3	C_{20-90}	0.50	38	0.80	0.12	0.80	0.12	129	94	822	1372	3~8	坝体下游台阶
4	C_{20-90}	0.47		0.6		0.6			570	536			水泥净浆

2.4.2 外掺MgO施工工艺参数

由于MgO的自身微膨胀作用直接影响坝体内部应力分布，其掺和均匀性就会影响坝体内部应力分布的均匀性，因此大坝碾压混凝土外掺MgO的关键是怎样使其掺和均匀而且操作简单。施工单位考虑了干掺（MgO直接与水泥、粉煤灰、水、砂、石一起加入拌和机内作常规搅拌，只投料1次）和水掺（MgO先与部分水搅拌均匀，然后再注入拌和机中拌制混凝土，投料2次）2种施工工艺。从理论上分析，干掺法较为经济、简单，故采用干掺法进行外掺MgO施工的工艺实验。MgO掺和均匀与否的关键环节是MgO在拌和楼中的投料工艺与拌和工艺，故工艺实验时主要选择这2个环节作为突破点。

（1）外掺MgO投料工艺　拌和楼选用HZ300-2S4000L型双卧轴强制式混凝土拌和楼1座，搅拌机为2台德国BHS公司生产的双卧轴强制变速搅拌机，出料容积为$2×4m^3$，另选用中国水利水电第八工程局自行研制并在沙牌工程使用过的强制式连续拌和楼1座备用。由于基础约束区全断面需外掺MgO，为适应这一要求，对原拌和系统进行了改造，增设了1个MgO拆包间、1个MgO储存罐、1套风送系统和1套自动称量系统；采用气送将MgO送至拌和楼配料层，再由螺旋输送器运至称量料斗内，由控制室计算机控制进行自动称量和机械自动投料。这种自动化投料方式减少了人工投料的人为误差，提高了MgO的称量精度，为大规模的外掺MgO混凝土施工提供了可靠保证。

（2）外掺MgO混凝土拌和　外掺MgO混凝土拌和所使用拌和机与常规混凝土是相同的，所以外掺MgO混凝土的拌和过程与常规混凝土也应没有区别，拌和的工艺关键是混凝土拌和时间的选定。为此，2003年12月26～27日，在索风营电站建设公司2号营地模拟大坝施工工况，进行了第2次碾压混凝土生产性工艺试验。

生产性工艺试验时，根据双卧轴强制变速搅拌机厂家额定拌和时间45s时自落式拌和楼拌制常规混凝土的时间为150s的经验，在拌制外掺MgO混凝土时考虑增加60s的拌和时间，并分别对增加拌和时间60s和75s的2种方案进行试验比较。每种方案进行了5机混凝土拌和试验，分别各取50个样品（每机10个样），经分析2种不同拌和时间所拌制外掺MgO混凝土中MgO的均匀性比较结果如表4-9所列。从表4-9可看出，当拌和时间增加60s时，其级差R和离散系数CV分别为0.25和0.037；当拌和时间增加750s时，其级差R和离散系数CV分别为0.27和0.046，这说明拌和混凝土中外掺MgO的均匀性都是比较好的，但拌和时间增加60s时混凝土中外掺MgO的均匀性比拌和时间增加75s的要好。因此，生产外掺MgO混凝土的拌和时间定为增加60s。

⊡ 表4-9　索风营水电站不同拌和时间所拌制外掺MgO混凝土中MgO的均匀性比较

项目		拌和时间增加60s	拌和时间增加75s
样品数 N		50	50
MgO掺量/%	最大值	1.69	1.66
	最小值	1.44	1.39
	平均值	1.556	1.497
级差 R 平均值		0.25	0.27
离散系数 CV 平均值		0.037	0.046

2.4.3　碾压混凝土生产过程中的MgO均匀性检测分析

MgO均匀性检测试验是委托中国科学院地球化学研究所资源环境测试分析中心进行的，检测仪器采用PE5100型原子吸收分光光度计，试验过程为：首先将样品放进干燥箱中进行烘干；之后放入球磨机内进行磨细、用强酸溶解；然后用原子吸收光光度计进行含量测试。在碾压混凝土生产过程中共进行了3次外掺MgO均匀性论证试验，每次试验均在5机混凝土中分别各抽取10个样进行检测，取样时间及部位分别为：2004年2月18～19日在6号块730～732.5m高程；2004年2月24日～3月3日在右块732.5～738m高程；2004年5月7日在右块735～751m高程。经统计，碾压混凝土中MgO的均匀性如表4-10所列。

⊡ 表4-10 索风营水电站碾压混凝土中MgO的均匀性

项目		第1次	第2次	第3次
样品 N		50	50	50
MgO掺量/%	最大值	1.46	1.42	1.49
	最小值	1.26	1.22	1.32
	平均值	1.35	1.29	1.39
级差 R 平均值		0.20	0.20	0.17
离散系数 CV 平均值		0.039	0.036	0.035

2.4.4 原型观测

本案例仅以2005年12月观测资料为例进行分析。

（1）坝体混凝土实测自身体积变形监测成果 大坝760m高程以下的主体混凝土在浇筑时掺用了MgO，而760m以上高程的主体混凝土未掺用MgO。通过分别埋设在混凝土中各部位的无应力计观测资料分析，可以看出进入冬季极限温度区后混凝土的实测应变、自身体积变形受环境气温的影响相对较大，自身体积均呈收缩变形趋势。两种坝体混凝土自身体积变形的区别在于：760m高程以下主体混凝土自身体积均呈收缩变形趋势，但整个过程仍为微膨胀过程，各测点最大自身体积变形如表4-11所列，平均值约为 26.85×10^{-6}；760m高程以上主体混凝土的自身体积一直呈收缩变形，最大自身体积变形的平均值约为 -25.01×10^{-6}。如表4-12所列。

⊡ 表4-11 索风营水电站大坝760m高程以下（掺用了MgO）混凝土12月自身体积最大变化量

观测日期	仪器编号	埋设位置			自生体积变形/10^{-6}
		高程/m	桩号坝纵/m	桩号坝横/m	
2005-11-22	N6-1	729.00	0-009.25	0+097.32	39.39
2005-11-22	N6-2	732.30	0+076.00	0+097.32	34.90
2005-11-22	N6-3	734.00	0+025.00	0+097.00	21.94
2005-12-20	N6-4	739.00	0+025.00	0+097.32	16.47
2005-12-20	N6-5	745.00	0+025.00	0+097.32	26.10
2005-11-20	N6-6	745.00	0+050.00	0+097.00	29.82
2005-11-22	N6-7	750.00	0.02500	0+09700	19.34

观测日期	仪器编号	埋设位置			自生体积变形/10⁻⁶
		高程/m	桩号坝纵/m	桩号坝横/m	
2005-11-20	N2-1	810.00	0+002.00	0+021.02	−38.50
2005-11-20	N2-2	810.00	0+021.02	0+020.28	−24.60
2005-11-20	N3-1	774.00	0+000.75	0+033.00	−3.81
2005-12-20	N3-2	774.00	0+045.72	0+033.10	−55.88
2005-12-20	N6-8	774.00	0+000.75	0+096.32	−1.31
2005-11-20	N6-9	774.00	0+045.72	0+096.32	−26.52
2005-11-20	N6-9-1	810.00	0+020.00	0+097.32	−10.78
2005-12-20	N8-1	774.00	0+000.75	0+138.32	−33.00
2005-12-20	N8-2	774.00	0+045.72	0+135.54	−20.13
2005-12-20	N9-1	810.00	0+002.20	0+149.62	−37.90
2005-12-20	N9-2	810.00	0+002.28	0+140.62	−22.75

（2）观测结果的对比分析　坝体760m高程以下外掺MgO混凝土的变形规律是：实测应变在混凝土浇筑初期随着混凝土温度的升高，实测应变呈微膨胀变形，当混凝土温度达到最大时实测应变随之达到最大；混凝土随着自身温度升高、混凝土水化加快，混凝土自身体积膨胀曲线升幅明显；但当混凝土温度下降、混凝土水化放慢时，自身体积仍呈缓慢增长趋势，说明MgO的延时膨胀作用是明显的；应力应变随着坝体混凝土的浇筑高程增加，其上部的质量增加、重力加大，应力应变压缩量变形增加。

坝体760m高程以上未掺MgO混凝土的变形规律为：实测应变在混凝土浇筑初期随着混凝土温度的升高，实测应变及自身体积均呈膨胀变形；但当混凝土温度降低时，坝休收缩变形增幅明显；应力应变则随着坝体的升高，应力应变压缩变形量增大。

通过760m高程上下混凝土掺与未掺膨胀剂的对比分析可知，两者的平均最大自身体积变形约相差51.86×10^{-6}，而一般混凝土相应单位微应变产生的补偿应力为$0.004 \sim 0.009$MPa，可知MgO膨胀剂对混凝土的补偿应力为$0.21 \sim 0.47$MPa，应力补偿效果是明显的。

2.5　应用效果

从检测成果看，索风营水电站大坝外掺MgO的施工拌和是均匀的，对波动离差（CV＜0.04）的控制已达到优良水平。同时，通过原型观测数据及分析可知，索风营水电站大坝在全断面外掺MgO区的混凝土，至后期处于温降时也会由于MgO延时微膨胀性能的发挥对混凝土产生$0.21 \sim 0.47$MPa的预压应力，可补偿因温降导致混凝土体积收缩而产生的部分拉应力，使坝体应力分布更趋合理。由此证明，索风营水电站大坝全断面外掺MgO施工工艺是成功的。

2.6　经济分析

利用MgO的延时微膨胀性能以补偿混凝土的降温收缩，可以简化传统的温控措施，突破暑期高温季节混凝土不能大规模施工这一"禁区"，能大大加快大坝混凝土施工的进度，进而节约了工程成本。索风营水电站大坝混凝土浇筑工程正是由于采用了全断面外掺MgO施工工艺（同时辅以预埋冷却水管措施），实现了暑期高温季节坝体混凝土的连续上升，并创下了在主体大坝混凝土浇筑中连续上升31m的记录，至今大坝运行良好，没有发现单独因温度原因产生的危害性裂缝。索风营水电站工程在坝体混凝土浇筑中应用的全断面外掺MgO的施工工艺，把筑坝技术又向前推进了一步，值得借鉴和推广。

参考文献

[1] 李重用，罗明华. 全断面外掺MgO技术在索风营水电站工程中的应用[J]. 贵州水力发电，2006（04）：37-40.

案例3 氧化镁膨胀剂在地下工程防水中的应用

3.1 技术分析

在云南某项目地下工程防水措施中，通过使用氧化镁膨胀剂配制补偿收缩混凝土，同时优化混凝土配合比，并采取预埋监测设备等措施来控制施工过程，以期提高地下工程主体结构的抗裂防水效果。

武汉三源公司生产的氧化镁膨胀剂具有延迟膨胀特性，利用氧化镁水化所释放的化学能转变为机械能，使混凝土产生自身体积膨胀，且膨胀速率与混凝土收缩的速率相匹配，抵消其降温过程中的体积收缩。也就是利用混凝土的限制膨胀补偿混凝土的限制收缩，从而解决混凝土的开裂问题。采用氧化镁膨胀剂配制的防水混凝土的抗渗等级都大于P12，比普通防水混凝土高1～2倍；同时，氧化镁膨胀剂膨胀性能的特性可以有效补偿混凝土收缩，达到有效抗裂防渗的目的。

针对本项目技术难点，具体解决方案：一是采用武汉三源特种建材有限责任公司研发生产的氧化镁膨胀剂（活性110～130s，氧化镁含量≥80%）配制防水混凝土，利用其独特的可控性、延迟性微膨胀变形性能，补偿混凝土的收缩，从而有效防止混凝土开裂，提高混凝土的耐久性保证工程质量；二是依据补偿收缩技术，降低或抵消混凝土在收缩时产生的拉应力，优化混凝土配合比；三是完善施工工艺以控制施工过程，预埋温度计、应变计等监测设备，并实时监测；四是根据监测结果进行混凝土养护。

3.2 工程概况

项目位于云南省弥勒市，该地下室地下一层，防水等级二级，功能为高层住宅建筑配建的地下车库，结构形式为框架剪力墙结构。地下室基础为筏板基础，厚1600mm、长约200m、宽约100m、外墙厚400mm、高5m，顶板厚160mm；防水混凝土均为C40P6。根据本地下工程实际情况，工程特点如下。

① 结合《大体积混凝土施工规范》（GB50496—2009）的规定：混凝土结构物实体最小几

何尺寸不小于1m的大体量混凝土，或预计会因混凝土中胶凝材料水化引起的温度变化和收缩而导致有害裂缝产生的混凝土属于大体积混凝土。本工程筏板基础最小几何尺寸为1600mm，属于大体积混凝土。而大体积混凝土浇筑后，胶凝材料在水化过程中释放大量水化热，由于混凝土的导热性较差，使混凝土内部温度升温快、降温慢，混凝土结构形成温度梯度，较大的温差就可能导致结构表面裂缝，进而发展成贯穿裂缝。同时，在外界约束和混凝土内力的作用下，大体积混凝土也极易产生收缩裂缝。

② 该地下室侧墙不同于传统的工民建项目，侧墙为异型结构，会导致截面变化部位应力集中，容易开裂。

③ 该工程现浇混凝土顶板的厚度为160mm。通常钢筋混凝土构件的受力是由钢筋和混凝土共同承担的，如果现浇混凝土楼板过薄，板的刚度势必会降低，受拉钢筋和受压混凝土之间的应力增大，顶板就会因此开裂。

④ 该工程的施工时间段为2017年10月～2018年1月，期间弥勒市的昼夜温差大，日最高气温与最低气温相差10～15℃，可能会加剧底板结构浇筑后发生塑性收缩和干燥收缩，导致底板开裂；此外，日照时间长，中午气温高，天气干燥，混凝土表面水分蒸发较快，结构易开裂。冬季施工若没有采取必要的保温措施，混凝土结构早期受冻表面也会出现裂纹。

⑤ 防水混凝土施工质量要求较高，因此需要完备的施工工序和专业的施工队伍及技术人员以保证混凝土施工质量，对地下结构防水进行事前控制，以降低混凝土开裂风险。

3.3　材料选配

防水混凝土要求采用泵送商品混凝土，坍落度要求为（180±20）mm，为了保证混凝土的抗裂性和抗渗性，在满足混凝土正常泵送的情况下混凝土的坍落度要尽可能小，混凝土入模坍落度应控制在最低限制范围内。混凝土原材料为：弥勒市河湾水泥制造有限公司的P·O42.5普通硅酸盐水泥；贵州科之杰新材料有限公司的聚羧酸系高性能减水剂；天生桥水泥有限公司的S95级磨细矿渣粉；打碾山石场的自然连续级配（5～31.5mm）碎石；金田胜机制砂的Ⅱ区中砂（细度模数2.8）；武汉三源特种建材有限责任公司的氧化镁膨胀剂。混凝土配合比见表4-13；在混凝土出机状态与留置抗渗试块氧化镁膨胀剂加入混凝土的试配过程中，如图4-1、图4-2所示。

图4-1　混凝土出机状态

图4-2　留置抗渗试块

⊡ 表4-13　混凝土配合比　　　　　　　　　　　单位：kg/m³

部位	强度等级	水	水泥	矿粉	氧化镁膨胀剂	砂	石	减水剂
底板	C40	165	355	40	20	720	1120	8.3
外墙/顶板	C40	165	355	40	25	720	1115	8.8

3.4 施工工艺

3.4.1 浇筑现场控制

混凝土施工严格按照国家现行行业标准《补偿收缩混凝土应用技术规程》（JGJ/T 178—2009）的要求实施。浇筑、振捣、养护是混凝土施工的关键工序，直接影响混凝土的质量。

浇筑过程需要注意的事项如下。

① 在混凝土浇筑前，通过跟甲方和施工方的沟通交流，为了更好地发挥氧化镁膨胀剂产品的抗裂效果，要求施工方在底板收光以后及时铺上塑料薄膜，以防止水分散失过快出现裂缝。同时，在浇筑7d内洒水养护不得小于4次/d，7d以后洒水养护不得小于2次/d，养护时间不得少于14d。

② 由于混凝土强度等级为C40，加上外掺氧化镁膨胀剂，混凝土可能会有点黏稠，在浇筑过程中要严禁给混凝土私自加水的情况。在混凝土浇筑过程中，一定要按规范要求振捣，振捣间距保持20～30cm，不能过振，不能欠振。

③ 在浇筑过程中全程旁站，有问题及时处理，避免冷缝产生。

侧墙、顶板混凝土浇筑如图4-3、图4-4所示。

图4-3 侧墙混凝土浇筑　　　　　　　　　图4-4 顶板混凝土浇筑

3.4.2 养护控制

混凝土浇筑1d后开始拆模，洒水养护如图4-5所示。当地天气比较干燥，冬天中午温度达到26℃，混凝土水分散失较快，对混凝土开裂影响较大；环境温度较高，施工方浇筑后7d内每天浇水至少2h一次，7d后浇水养护4次/d，连续养护至14d。

图4-5 洒水养护

3.4.3 现场数据监测及分析

在侧墙钢筋骨架绑扎完成之后混凝土浇筑之前，需在约束最大、收缩最集中的位置绑扎振弦应变计，本工程的埋设位置为东侧墙体正中心的位置（见图4-6、图4-7）。浇筑完成后监测到的温度曲线与应变曲线分别如图4-8、图4-9所示。从图4-8可以看出，侧墙在0～15h处于快速升温的阶段，15h达到温峰值45.1℃，在90h下降到与环境温度一致。从图4-9可以看出，在0～53h应变增长较快，这是因为混凝土内部胶凝材料水化放热，氧化镁膨胀剂在较高温度环境下反应速率加快，开始发挥膨胀性能，最大应变值为102.9με（$1με = 10^{-6}$，下同）。最大应变值与温峰值间隔了38h，说明在降温阶段，氧化镁膨胀剂仍在发挥作用，产生膨胀能，补偿后期的温降收缩和干燥收缩。

图4-6 侧墙应变计位置示意

图4-7 侧墙应变计绑扎

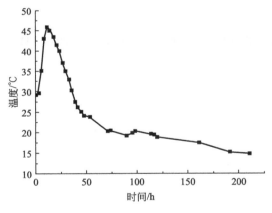

图4-8 时间-温度曲线

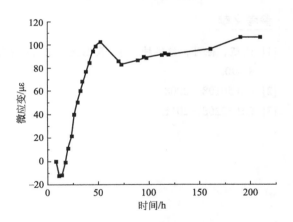

图4-9 时间-微应变曲线

3.5 应用效果

氧化镁膨胀剂能较好地补偿混凝土的温降收缩及干燥收缩，混凝土体积稳定后仍处于微膨胀状态。该项目地下室采用氧化镁膨胀剂配制补偿收缩混凝土结构部位均未发现贯穿性裂缝及渗漏水情况，其抗裂防水效果显著。该项目地下工程自2017年10月中旬开始施工，历时3个月完成主体工程浇筑工作。回填后，各部位均未出现开裂和渗漏现象，应用效果较好（见图4-10、图4-11）。

| 图4-10 底板效果图 | 图4-11 侧墙效果图 |

3.6 经济分析

该项目地下工程采用氧化镁膨胀剂配制的防水混凝土实现结构自防水，使建筑防水寿命与使用寿命同步。同时，此工程也为氧化镁膨胀剂在地下防水工程中的应用提供了借鉴。

（1）氧化镁膨胀剂可以有效地补偿混凝土后期的温降收缩和干燥收缩。

（2）采用氧化镁膨胀剂配制的补偿收缩混凝土结构自防水技术，可以有效起到抗裂防渗的效果。

（3）混凝土结构裂缝控制是一个综合的、系统的工程，需要对每道工序严格控制、系统解决、整体防控。

参考文献

[1] 沈超，徐可，纪宪坤，等.氧化镁膨胀剂在地下工程防水中的应用[J].混凝土世界，2019（11）：87-90.

[2] GB 50108—2008.

[3] GB 50208—2011.

第5章

纤维混凝土

19世纪20年代出现了波特兰水泥，从而形成了一种新型材料混凝土，用混凝土制成的构件易于成型、取材方便，因此混凝土在工程中得到了广泛的应用。

随着社会的进步，工程结构对抗拉强度、抗碱性要求变高，而普通混凝土制作的结构脆性大、抗拉强度低、极限延伸率小等缺点逐渐出现，于是为了克服普通混凝土以上缺点而研制出了纤维混凝土。

纤维混凝土与普通混凝土相比，虽有许多优点，但毕竟代替不了钢筋混凝土。人们开始在配有钢筋的混凝土中掺加纤维，这为纤维混凝土的应用开发了一条新途径。

案例1　甘肃省第一高楼——聚丙烯纤维混凝土调度通讯楼

1.1　技术分析

1.1.1　纤维混凝土的抗裂性分析

在混凝土中乱向分布的纤维可削弱混凝土塑性收缩及冻融时的张力；其次，聚丙烯纤维在混凝土内部形成的乱向撑托体系，可有效防止细骨料的离析，对粗骨料分离也起到一定作用；再次，聚丙烯纤维的存在消除了混凝土早期的泌水性，从而阻碍了沉降裂纹的形成。试验证明，与普通混凝土相比，当纤维体积掺量为0.1%时纤维混凝土抗裂能力可提高近100%。可见，聚丙烯纤维的使用可有效抵抗混凝土因温差而引起的补偿性裂缝。

1.1.2　纤维混凝土的抗渗性分析

混凝土在凝结硬化过程中会不断收缩，在混凝土内部引起微裂缝。由于聚丙烯纤维均匀乱向分布于混凝土内部，故微裂缝在发展过程中会遭遇纤维阻挡，从而阻断裂缝发展达到抗渗作用。

图5-1 通信调度

聚丙烯纤维的掺入可显著减少裂缝数量及其长度和宽度，降低混凝土的渗水量，提高混凝土的抗渗性能，同时收到阻断混凝土内毛细作用的效果。

1.2 工程概况

甘肃省电力公司调度通讯楼，如图5-1所示工程位于兰州市，总建筑面积约9.1万平方米，其中包括地下建筑面积2.5万平方米，主楼地上45层，地下2层，建筑主体高度为176.55m，楼顶设机房层和停机坪，总高度达188m，裙房地下2层，地上4层，建筑檐23.7m。工程建成后将成为甘肃第一高楼，也成为兰州黄河风景线上地标性建筑，是我国西北三省二区国家电网调度控制中心，国家电网以及甘肃省重点工程。

工程设计使用年限50年，结构安全等级一级，人防抗力等级核六级，建筑物火等级一级，地下室防水等级一级，屋面防水等级为二级，防水层耐用年限为15年。工程抗震设防烈度为8度。基础形式为主楼箱形基础，裙房独立基础。其中主楼基础底板厚1.8m，基础埋深为15.2m。因地下水位较高、水压较大，裙房部分区域设置抗拔锚杆。

1.3 材料选配

聚丙烯纤维混凝土的配合比设计如表5-1所列。

⊡ 表5-1 聚丙烯纤维混凝土配合比　　　　　　　　单位：kg/m³

序号	强度等级	水泥	矿渣粉	粉煤灰	膨胀剂	聚丙烯纤维	细骨料	粗骨料	水	外加剂
1	C35P8	320	70	70	26	—	787	1002	165	10.0
2	C40P8	365	80	50	29	—	789	965	170	12.0
3	C35P8	320	70	70	26	0.9	787	1002	165	10.0
4	C40P8	365	80	50	29	0.9	789	965	170	12.0

本工程所用材料包括：42.5级普通硅酸盐水泥；细度模数为2.8，表观密度为2640kg/m³的中砂；粒径为5～25mm的破碎碎石；Ⅰ级粉煤灰；等级为S95的矿渣粉；当量直径为（25±5）μm的聚丙烯纤维。

聚丙烯纤维混凝土生产前，应严格进行普通混凝土配合比设计，当混凝土的各项工作性能指标满足泵送及施工要求时，在普通混凝土配合比设计的基础上每立方米混凝土掺入0.9kg聚丙烯纤维进行搅拌，在生产过程中聚丙烯纤维混凝土搅拌时间延长30s，以确保混凝土出站时各项性能均达标，最终生产出抗裂、防渗以及泵送、施工均达标的纤维混凝土。

1.4　施工工艺——裂缝控制技术

1.4.1　超长结构的裂缝控制技术

该工程体量较大，地下室外墙为超长构件，其裂缝控制是施工技术控制重点。在地下室外墙施工中，选取聚丙烯抗裂防渗纤维混凝土及设置膨胀加强带相结合的施工方式，以减少超长混凝土构件裂缝产生概率。

该工程地下室混凝土内掺聚丙烯纤维及微膨胀剂，掺加量根据相关品种要求确定。聚丙烯纤维是高强中等弹性模量的束状单丝纤维，掺入该纤维可使该混凝土的收缩性能下降11% ～ 14%、抗冲击性能提高约60%。

1.4.2　大体积混凝土裂缝控制技术

该工程基础底板厚度为1.8m，个别部位为2.2m，属大体积混凝土。在主楼大体积混凝土施工中，项目部提前编制专项施工方案，会同混凝土搅拌站从混凝土出入模温度、掺合料及添加剂着手进行控制，现场施工采取分层浇筑及覆盖、蓄水养护等措施，有效防止了大体积混凝土裂缝的产生。在裙房底板混凝土施工中，为缩短工期，经与设计协商，将后浇带改为膨胀加强带，膨胀带内结构钢筋连续通过不断开，在膨胀加强带混凝土内掺入膨胀剂。

对于外墙、底板、顶板等有防水抗渗要求的部位，膨胀带采用掺加10% ～ 12%膨胀剂的膨胀混凝土，膨胀带外掺加6% ～ 8%膨胀剂的补偿收缩混凝土对于无防水抗渗要求的楼板，一般膨胀带内浇筑补偿收缩混凝土（膨胀剂掺量6% ～ 8%），膨胀带外为普通混凝土。混凝土强度提高一个强度等级，以增强膨胀加强带刚性。如图5-2所示。

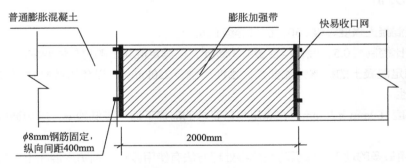

图5-2　膨胀加强带做法

1.5　应用效果

甘肃省调度通讯楼的设计利用了聚丙烯纤维混凝土优异的力学性能，对裂缝的约束机理如图5-3所示。在工程中应用的高强聚丙烯纤维混凝土满足本工程实际结构较为复杂、使用功能较为特殊的各项指标，保证了本工程结构混凝土

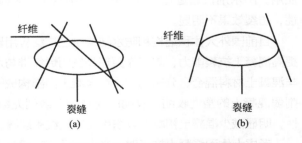

图5-3　纤维对裂缝的约束机理

的强度、抗裂、抗渗、耐久性的要求。与普通混凝土相比，聚丙烯纤维混凝土抑制了混凝土早期塑性裂缝，使结构均匀性得到改善，其抗裂性、抗渗性明显增强。

1.6　经济分析

甘肃省电力公司调度通讯楼总项目投资约8亿元，位于兰州市城关区盐场堡，雁滩大桥西侧，北滨河路以北，占地40亩（1亩≈666.7m²，下同）。工程建设规模约为89485m²。主楼为地上45层（高度187.7m）、地下2层，裙楼为地上3层、地下2层，结构为全钢构加筒中筒。整个建筑物立面以竖线条为主，总体风格简洁大方，建成后的"甘肃省电力公司调度通讯楼"将成为兰州富于纪念性特征的伟大建筑，可极大带动兰州及整个甘肃地区的经济发展。

参考文献

[1] 张传成，马小军，张柯.甘肃省电力公司调度通讯楼结构工程施工技术综述[J].建筑技术，2012，43（11）：1012-1015.

案例2　国家大剧院工程C30P16纤维混凝土的研制与应用

2.1　技术分析

① 底板混凝土强度等级C30，抗渗等级P16。

② 水灰比控制≤0.5，碱骨料含量≤3kg/m³，以满足混凝土的耐久性要求。

③ 为满足混凝土的抗渗性能要求，水泥用量≥250kg/m³，以免因胶凝材料过少而降低混凝土的密实性。

④ 坍落度160mm±20mm，在满足泵送要求的前提下适当降低砂率，以免造成混凝土的收缩过大。

目前应用最多的地下室底板防裂抗渗处理方法有使用微膨胀剂防水混凝土、抗掺防水剂的防水混凝土和聚丙烯纤维混凝土等，其中微膨胀剂防水混凝土的外加剂材料品质较难保障，对使用环境要求高，使用不当可能无膨胀效果，或膨胀过度反而有可能造成裂缝的产生，应谨慎使用。防水剂仅通过化学反应生成微小颗粒，以减小混凝土孔隙率，提高密实度，降低透水性，防裂效果不明显。

目前国外大体积结构和防水结构中已广泛应用聚丙烯纤维作为外加材料，这种材料能有效提高混凝土抗裂能力，其工作原理是聚丙烯纤维与水泥骨料有极强的结合力，可迅速而轻易地与混凝土材料混合，分布均匀，在混凝土内部构成一种乱向无序的支撑体系，这种分布形式可削弱混凝土的塑性收缩，收缩的能量被分散到无数的纤维丝上，从而有效地增强混凝土的韧性，明显减少混凝土初凝时收缩引起的裂纹和裂缝。

考虑大体积混凝土施工时，当大流动度的混凝土水泥用量较多时水化热较高，混凝土内部温度梯度太大，会产生一定数量的温度裂缝，为此在混凝土中掺加一定量的掺合料，以降低混凝土的水化热，延缓水化峰值出现，降低混凝土内部的温度梯度，可减少混凝土的温度裂缝出现，提高混凝土结构的密实度。综合考虑决定采用粉煤灰、复合防冻剂及聚丙烯纤维复合配制混凝土。

2.2 主要原材料

（1）水泥 根据北京地区资源使用情况，决定采用北京水泥厂产京都牌普通32.5级水泥（国家现已取消该型号水泥），进场检验结果表明，完全满足规范要求。根据法定检测机构检定结果，水泥的碱含量低于0.6%，达到低碱水泥的要求，其性能指标如表5-2所列。

⊡ 表5-2 水泥性能指标

细度/%	标准稠度用水量/%	凝结时间		碱含量/%	抗折强度/MPa		抗折强度/MPa	
		初凝	终凝		3d	28d	3d	28d
2.0	27.6	2h18min	3h28min	0.56	4.9	8.6	21.2	43.0

（2）砂 采用潮白河系中粗砂，根据检测结果，该骨料为低碱活性骨料，含泥量、泥块含量等性能指标均高于规范的要求。

（3）石 潮白河系碎卵石，粒径5～25mm。该骨料为低碱活性骨料，各项控制指标均严于规范的要求。

（4）粉煤灰 采用Ⅱ级粉煤灰，产地为高井电厂。根据检测机构及现场抽检试验结果，其质量较稳定，符合Ⅱ级粉煤灰的要求：细度18.4%，烧失量4.1%，需水量比为104，SO_3含量0.61%，碱含量0.91%。

（5）防冻剂 采用北京产TZ1-3防冻剂，该防冻剂经北京市建委备案。

（6）纤维网及纤维丝 ① 美国Fibermesh纤维网，深圳建比特实业发展有限公司代理，推荐掺0.6～0.9kg/m³，简称CF；② 张家港市产纤维丝，推荐掺量0.6～0.9kg/m³，简称PP。

2.3 配合比确定

2.3.1 粉煤灰掺量确定

（1）粉煤灰掺量不同，对混凝土收缩的影响也不同，为满足施工需要，进行了粉煤灰材料对混凝土的收缩影响试验。结果表明当粉煤灰掺量由10%向40%变化时，混凝土的收缩值逐渐由大变小，再由小变大，因此用粉煤灰配制抗渗防裂混凝土时的掺量宜控制在15%～35%；

（2）不同的掺量对混凝土的抗渗影响也不同，为了满足施工需要，进行了粉煤灰材料对混凝土的抗渗影响试验。当粉煤灰掺量从0增至30%，纤维丝混凝土的渗水高度从56mm降低到37mm。由此可见，在纤维丝混凝土中掺加粉煤灰可以明显降低混凝土的渗水高度，如图5-4所示。

（3）综合以上结果，同时为满足《地下工程防水技术规范》（GB 50108—2001）（现行标准为GB 50108—2008）要求，决定将粉煤灰掺量控制在20%左右。经试验及调整，确定C30P16混凝土配合比如表5-3所列。

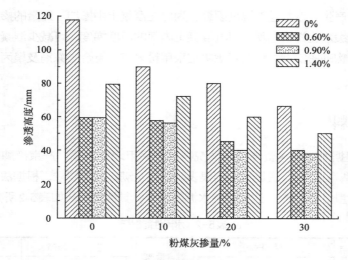

图5-4 不同掺量粉煤灰对抗渗性能影响

⊡ 表5-3 粉煤灰掺量确定后的混凝土配合比   单位：kg/m³

水/胶	砂率	水泥	水	砂	石	粉煤灰	掺合料	防冻剂
0.42	42	340	189	792	1008	90	—	TZ1-3；3.0%

2.3.2 纤维品种及配合比的确定

根据施工要求、设计指标及原材料性能，在本次试验过程中拟使用的3种C30P16混凝土中按不掺纤维材料（1号）、掺纤维网0.9%（2号）和掺纤维丝（3号）分别进行试验，结果如下。

（1）混凝土的出机性能

① 混凝土中掺加纤维网后流动性有所下降，混凝土的出机坍落度比未掺加纤维网的混凝土小20mm左右。

② 掺加纤维丝的混凝土流动性比掺加纤维网的混凝土流动性稍好。

③ 掺加纤维丝或纤维网后对混凝土的和易性均有一定改善，对粗骨料的下沉有一定的抑制作用，改善了混凝土的匀质性。

④ 纤维丝和纤维网的掺入减少了塑性混凝土表面的析水，表现为泌水率下降。

⑤ 纤维丝和纤维网在混凝土中能均匀分散，未出现结团现象，混凝土的坍落度损失情况与未掺加纤维丝（网）的混凝土基本一致。

（2）抗压试验结果 3种配合比的混凝土抗压试验结果如图5-5所示。

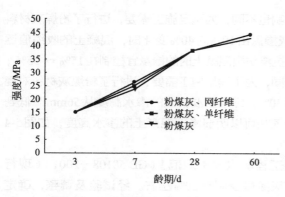

图5-5 C30P16混凝土强度增长曲线

（3）抗渗试验结果 根据28d龄期混凝土抗渗试验结果分析，当水压达到2.1MPa时掺纤维丝（网）的混凝土试件顶面未出现渗水；未掺纤维丝（网）的混凝土试件当水压达到2.0MPa时，2块试件顶面出现渗水。

（4）结果分析

① 掺纤维网或纤维丝后，抗拉、抗折强度有所提高，但抗压强度略有降低，预拌纤维混凝土的和易性好，便于泵送施工。

② 掺纤维丝混凝土与网状纤维混凝土的力学性能基本一致，但单丝纤维成本仅为网状纤维的50%左右，故决定采用单丝纤维，即3号配合比。

2.3.3 碱含量验算

经计算，每立方米混凝土含碱量为2.44kg/m³（＜3.0kg/m³）。

2.4 施工工艺

聚丙烯纤维在混凝土中的掺加工艺有两种，分别如下：

① 砂、石、水泥、水—搅拌+纤维—搅拌—混凝土；

② 砂、石、纤维、水泥—搅拌+水—搅拌—混凝土。

工艺① 为常规工艺，称为后掺法；工艺② 是将纤维与骨料先干拌，然后再加入水泥和水，称为先掺法。先掺法制备的混凝土强度比后掺法高，尤其是早期强度有较大提高。先掺法纤维在与砂、石的干拌过程中被强烈分散，分散性好；后掺法中纤维吸水润湿后为水泥浆包裹，易成团，影响了纤维在混凝土中的均匀分散。

由试验结果决定采用工艺② 。

2.5 应用效果

2.5.1 不同掺量纤维丝混凝土的性能

聚丙烯纤维丝混凝土拌合物的性能如表5-4所列，物理力学性能如表5-5所列。表5-6为纤维丝混凝土与普通混凝土的力学性能对比。

⊡ 表5-4 聚丙烯纤维丝混凝土拌合物性能

纤维掺量/kg	坍落度 T_0/mm	扩展度 D_0/mm	1h坍落度 T_1/mm	1h坍落度 D_1/mm
0	230	520	180	470
0.6	200	510	190	450
0.9	220	500	190	430
1.4	200	500	195	420

⊡ 表5-5 聚丙烯纤维丝混凝土物理力学性能

纤维掺量/（kg/m³）	抗压强度/MPa	抗拉强度/MPa	抗折强度/MPa	弹性模量/10⁴MPa	抗压强度/MPa	抗压强度/MPa
0	47.8	3.39	7.9	2.20	F50	0.047
0.6	45.9	3.72	8.1	2.81	F50	0.047
0.9	44.7	3.95	8.4	3.02	F50	0.045
1.4	43.5	4.10	9.2	3.11	F50	0.044

表5-6 纤维丝混凝土与普通混凝土的力学性能对比

试样	抗压强度/MPa		抗拉强度/MPa		弹性模量/10⁴MPa		极限拉伸/10⁻⁶MPa
	28d	90d	28d	90d	28d	90d	
C30空白	45.8	63.5	3.30	3.68	2.20	3.54	104
C30纤维	43.0	60.0	3.67	3.90	3.02	3.72	107

2.5.2 结果分析

① 聚丙烯纤维丝掺量0.9kg/m³较合适。

② 抗折强度增加10%，抗弯曲性能好，极限变形增大，能有效地抵抗外力引起的裂缝。

③ 抗压强度略有降低，下降幅度一般在10%左右。

2.6 性能复验

混凝土试件在标养28d后进行抗渗试验。保持水压在1.8MPa持续8h，然后劈裂，测量渗透高度，其结果如表5-7所列。

表5-7 混凝土的渗透高度

纤维丝掺量/（kg/m³）	0	0.6	0.9	1.4
渗透高度/mm	75	45	39	58
相对比值	100	60	52	77

纤维丝混凝土与普通混凝土的干缩对比如图5-6所示。复验结果如下。

① 纤维混凝土比空白混凝土的抗拉强度和弹性模量增加10%以上，极限拉伸也有所增加，抗压强度略有下降，表明掺加纤维后，混凝土的力学性能，特别是抗拉防裂性能有了明显增加。

② 掺加聚丙烯纤维丝可明显改善混凝土抗渗能力。随着掺量增加，混凝土的渗水高度由高到低，再由低到高。这是由于纤维均匀分布于混凝土内部，在微裂缝发展过程中受纤维阻挡，而消耗能量，难以进一步发展。纤维的加入如同在混凝土中掺入了大量的微细筋，抑制了混凝土的开裂进程，提高了混凝土的断裂韧性，无数纤维丝在混凝土内形成的乱向支撑体系可有效阻碍骨料的离析和混凝土表面的泌水，使混凝土中直径为50～100nm和大于100nm的孔隙的含量大大降低，提高了混凝土的抗渗能力。纤维丝的过量加入可增加混凝土中的界面，导致混凝土孔隙率提高。

③ 纤维混凝土比空白混凝土的干缩减

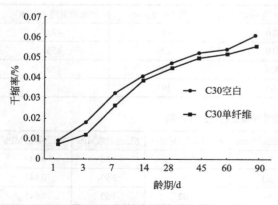

图5-6 混凝土干缩对比图

小10%左右。

④ 纤维混凝土与空白混凝土的耐久性相当。

⑤ 从SEM照片可以看出，纤维在混凝土中呈不规则的乱向分布，这种分布形式在混凝土中形成大量微配筋，吸收了混凝土的应力；纤维与水泥胶体之间的黏结效果好，表现为纤维表面可以明显看到较多的水泥水化产物；纤维表面多发生蠕变变形，破坏时纤维承担较多的剪切应力，提高了混凝土的剪切强度。

2.7 经济分析

在大量试验的基础上，国家大剧院基础底板于2002年1月进行浇筑，2002年3月浇筑地下室外墙。掺加聚丙烯纤维丝和粉煤灰的防裂抗渗混凝土搅拌出机后纤维丝分散均匀，没有絮凝成团现象，拌合物有良好的保水性和黏聚性，泵送性能优良，在整个浇筑过程中未发生堵塞。混凝土强度和抗渗等级均满足设计要求，目前未发现可见裂缝。通过C30P16防裂抗渗纤维混凝土研制及应用，可得出以下结论。

① 采用优化配比的基准混凝土，掺加聚丙烯纤维丝和粉煤灰可以配制出适用于潮湿环境或干燥环境的纤维抗渗混凝土。这种混凝土生产工艺简单，工作性能好，抗拉强度、抗折强度明显提高，具有良好的抗渗漏、防裂作用，有效地改善了混凝土的耐久性，提高了建筑物的使用寿命。

② 采用聚丙烯纤维和粉煤灰复合配制混凝土，在改善水泥胶凝材料的功能方面具有一定的创新性，为混凝土向高性能、多功能发展提供了一条途径。

③ 与国外同种纤维相比，采用国产改性聚丙烯纤维丝在改善混凝土物理力学性能的效果基本一致，其分散性能好，价格低，具有明显的技术性和经济效益。

| 参考文献

[1] 王罡，潘江津，张胜利，等. 国家大剧院工程C30P16纤维混凝土的研制与应用[J]. 建筑技术，2004，35（2）：116-118.

[2] 佚名. 中国国家大剧院工程概况[J]. 矿产勘查，2003，6（9）：6-6.

案例3 聚丙烯纤维混凝土在嘉鱼大桥主墩承台的应用

3.1 技术分析

3.1.1 纤维混凝土的抗裂性分析

在混凝土中乱向分布的纤维可削弱混凝土塑性收缩及冻融时的张力；其次，聚丙烯纤维在混凝土内部形成的乱向撑托体系，可有效防止细骨料的离析，对粗骨料分离也起到一定作用；再次，聚丙烯纤维的存在消除了混凝土早期的泌水性，从而阻碍了沉降裂纹的形成。试验证明，与普通混凝土相比，当纤维体积掺量为0.1%时纤维混凝土抗裂能力可提高近100%。可见，聚丙烯纤维的使用可有效抵抗混凝土因温差而引起的补偿性裂缝。

3.1.2 纤维混凝土的抗渗性分析

混凝土在凝结硬化过程中会不断收缩，在混凝土内部引起微裂缝。由于聚丙烯纤维均匀乱向分布于混凝土内部，故微裂缝在发展过程中会遭遇纤维阻挡，从而阻断裂缝发展达到抗渗作用。

聚丙烯纤维的掺入可显著减少裂缝数量及其长度和宽度，降低混凝土的渗水量，提高混凝土的抗渗性能；同时收到阻断混凝土内毛细作用的效果。

3.2 工程概况

嘉鱼长江大桥如图5-7所示，是武汉城市圈环线高速公路西环孝感—仙桃—咸宁段跨越长江的控制性工程。大桥位于长江中游的嘉鱼—燕窝河段，北岸为洪湖市燕窝镇团结村，南岸为嘉鱼县新街镇，路线全长约4.66km，由南岸滩桥和南岸跨堤桥构成，其中跨江主桥长1650m，江面宽约1300m，为目前世界上最大跨径非对称混合梁斜拉桥。河段上段以主流摆动、洲滩切割为主要演变特征，工程河段总体顺直稳定。桥位处河床呈偏V形复式断面，深泓偏左，历年断面冲淤交替，深泓摆动，但总体变化不大，形态基本稳定。

图5-7 嘉鱼长江大桥

嘉鱼长江大桥设计基本风速27.2m/s。桥址百年一遇洪水位为+30.64m（1985年国家高程，下同），二十年一遇最高通航水位+30.10m，最低通航水位14.47m。桥区处通航净高不低于18m，单孔单向通航净宽不小于220m，单孔双向通航净宽不小于410m。

桥址区工程地质场地稳定，新构造运动较弱。北岸洪湖侧覆盖层厚度为40～59m，南岸嘉鱼侧覆盖层厚度为41～56m，河床覆盖层最厚处约为15m。覆盖层上部为黏性土、粉土、饱和粉细砂、中砂以及老黏土，下伏基岩为白垩—第三系泥质粉砂岩、粉砂质泥岩。桥址区的地震基本烈度为Ⅵ度，按Ⅶ度设防。

其中，主墩承台结构尺寸大，总浇筑方量达13806m³，属于超大体积混凝土。该承台截面结构尺寸大、热阻大，水化热聚集在混凝土内部不易传递和散发，承台内部与顶部极易产生较大温差，由此产生的温度应力一旦超过混凝土的即时抗拉强度则会在混凝土表面产生裂纹。

3.3 材料选配

根据设计与施工要求，确定主墩C40承台采用高性能混凝土，其配合比设计目标为：

① 工作性：初始坍落度（180±20）mm，扩展度（450±30）mm，1h坍损≤20mm，初凝时间30～36h。

② 力学性能：早期强度发展不宜过快，因此采用56d龄期，抗压强度满足C40等级设计要求，28d静力受压弹性模量≥32.5GPa。

③ 耐久性：电通量（56d养护龄期）＜1200C，28d碳化深度≤5mm。

为提升承台顶面混凝土抗裂性能，在标准配合比基础上掺入0.75kg/m³聚丙烯纤维作为承台顶面50cm混凝土配合比如表5-8所列，以期避免顶面混凝土表面浮浆过厚引起后期收缩不一致导致的混凝土开裂。采用天门天江纤维材料有限公司产聚丙烯纤维，其性能要求及试验结果如表5-9所列。

⊡ 表5-8　承台聚丙烯纤维混凝土配合比　　　　　　　　　　　　单位：kg/m³

序号	强度等级	水泥	矿粉	粉煤灰	碎石	砂	聚丙烯纤维	水	减水剂
S1	C40	200	100	117	1123	748	0.75	142	10.0

⊡ 表5-9　性能要求及实验结果

编号	坍落度/mm			实测容重/（kg/m²）	初级/min	抗压强度/MPa			耐久性	
	0h	1h	2h			7d	28d	56d	56d电通量/C	28d碳化深度/mm
S0	200	195	190	2453	1832	45.2	53.1	60.5	509	4.9
S1	195	195	190	2460	1895	42.6	54.5	62.3	453	3.5

本工程所用材料包括：a. 42.5级普通硅酸盐水泥；b.细度模数为2.8，表观密度为2640kg/m³的中砂；c.粒径为5～25mm的破碎碎石；d. Ⅰ级粉煤灰；e.等级为S95的矿渣粉；f.当量直径为（25±5）μm的聚丙烯纤维。

聚丙烯纤维混凝土生产前应严格进行普通混凝土配合比设计，当混凝土的各项工作性能指标满足泵送及施工要求时，在普通混凝土配合比设计的基础上每立方米混凝土掺入0.75kg聚丙烯纤维进行搅拌，在生产过程中聚丙烯纤维混凝土搅拌时间延长30s，以确保混凝土出站时各项性能均达标，最终生产出抗裂、防渗以及泵送、施工均达标的纤维混凝土。

3.4 施工工艺

（1）该工程体量较大，属大体积混凝土，其裂缝控制是施工技术控制重点。在承台施工中，选取聚丙烯抗裂防渗纤维混凝土及设置膨胀加强带相结合的施工方式，以减少混凝土构件裂缝产生概率。在混凝土内掺聚丙烯纤维及微膨胀剂，掺加量根据相关品种要求确定。聚丙烯纤维是高强中等弹性模量的束状单丝纤维，掺入该纤维可使该混凝土的收缩性能下降11%～14%、抗冲击性能提高约60%。

（2）在承台大体积混凝土施工中，项目部提前编制专项施工方案，会同混凝土搅拌站从混凝土出入模温度、掺合料及添加剂着手进行控制，现场施工采取分层浇筑及覆盖、蓄水养护等措施，有效防止了大体积混凝土裂缝的产生。在裙房底板混凝土施工中，为缩短工期，经与设计协商，将后浇带改为膨胀加强带，膨胀带内结构钢筋连续通过不断开，在膨胀加强带混凝土内掺入膨胀剂。

对于外墙、底板、顶板等有防水抗渗要求的部位，膨胀带采用掺加10%～12%膨胀剂的膨胀混凝土，膨胀带外掺加6%～8%膨胀剂的补偿收缩混凝土对于无防水抗渗要求的楼板，一般膨胀带内浇筑补偿收缩混凝土（膨胀剂掺量6%～8%），膨胀带外为普通混凝土。混凝土强度提高一个强度等级，以增强膨胀加强带刚性。

3.5 应用效果

在嘉鱼长江大桥工程建设中，聚丙烯纤维的掺入显著提高了主墩承台等大体积混凝土的抗裂性能。高性能聚丙烯纤维混凝土不仅能保障高性能混凝土原有工作、力学性能，更能够显著提升混凝土的抗裂性能，对裂缝的约束机理如图5-8所示。对其耐久性也有一定提高；在承台顶面50cm高性能混凝土中掺入聚丙烯纤维，能够有效避免顶面混凝土表面浮浆过厚引起的后期收缩不一致所导致的混凝土开裂。与普通混凝土相比，聚丙烯纤维混凝土抑制了混凝土早期塑性裂缝，使结构均匀性得到改善，其抗裂性、抗渗性明显增强。

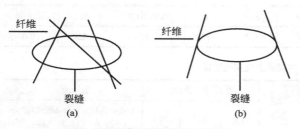

图5-8 纤维对裂缝的约束机理

3.6 经济分析

嘉鱼长江大桥为目前世界上最大跨径非对称混合梁斜拉桥，总投资造价预算30.4亿元人民币，是武汉市富有纪念性特征的伟大建筑，极大地带动了沿途地区的经济发展。从现场施工效果和质量来看，所配制主墩承台高性能聚丙烯纤维混凝土具有良好的综合性能，较好地满足了工程设计和施工，为今后的大体积混凝土高性能及抗裂性研究提供参考，嘉鱼长江大桥施工如图5-9所示。

(a)　　　　　　　　　　　　　　　　　(b)

图5-9 嘉鱼长江大桥施工

参考文献

[1] 刘敬，周利丹，革明海，等. 嘉鱼大桥主墩承台高性能聚丙烯纤维混凝土配合比设计及抗裂性能研究[J]. 工程设备与材料，2008，9：152-153.

案例4　聚丙烯纤维混凝土在三峡工程的应用研究

4.1　原材料

（1）水泥　使用荆门葛洲坝水泥厂生产的中热525号水泥。

（2）粉煤灰　使用平圩I级优质灰。

（3）骨料　粗骨料为古树岭料场加工而成的闪云斜长花岗岩，细骨料为下岸溪料场加工而成的斑状花岗岩人工砂。

（4）外加剂　选用意大利马贝公司生产的X404或浙江龙游外加剂厂生产的ZB-IA缓凝高效减水剂，河北石家庄外加剂生产的引气剂DH9。

4.2　聚丙烯纤维混凝土性能

4.2.1　混凝土坍落度和含气量

聚丙烯纤维混凝土拌合物坍落度和含气量检测结果如表5-10所列。

⊡ 表5-10　聚丙烯纤维混凝土拌合物性能

序号	水胶比	$W/$（kg/m³）	$C/$（kg/m³）	$F/$（kg/m³）	聚丙烯纤维/（kg/m³）	级配	砂率/%	减水剂（ZB-1A）/%	引气剂（DH9）/10⁻⁴	坍落度/cm	含气量/%
JB-1	0.35	125	357	0	0	二	33	0.70	0.90	5.0	4.8
JB-2	0.35	125	357	0	0.90	二	32	0.70	0.90	3.9	4.9
JB-3	0.3	125	333	83	0	二	32	0.80	1.0	5.0	4.3
JB-4	0.3	125	333	83	0.90	二	31	0.80	1.0	3.5	4.2

由表5-10可见：聚丙烯纤维混凝土与基准混凝土相比，拌合物的含气量几乎不变，而坍落度约减小30%，这可能是由于纤维相互交错形成网架结构从而导致混凝土流动性降低的缘故。但和易性、黏聚性均较好，为保持混凝土坍落度不变可适当增加减水剂用量。

4.2.2　混凝土抗压强度和劈拉强度

为论证聚丙烯纤维对混凝土抗压强度和劈拉强度的影响，以掺与不掺聚丙烯纤维以及掺与不掺粉煤灰做比较，试验结果如表5-11所列。

序号	$\frac{W}{C}+F$	F/%	聚丙烯纤维 /（kg/m³）	抗压强度/MPa			抗压强度相对 百分率/%			劈拉强度/MPa			劈拉强度相对 百分率/%		
				3d	7d	28d	3d	7d	28d	3d	7d	28d	3d	7d	28d
JB-1	0.35	0	0	21.1	35.7	45.8	100	100	100	1.62	2.45	2.96	100	100	100
JB-2	0.35	0	0.9	25.6	39.2	49.6	121	110	108	1.79	2.62	3.26	110	107	110
JB-3	0.3	20	0	18.6	32.4	45.1	100	100	100	1.44	2.29	3.18	100	100	100
JB-4	0.3	20	0.9	19.2	33.7	46.7	103	104	104	1.56	2.34	3.26	108	102	103

表5-11结果表明：a.不掺粉煤灰的JB-1和JB-2相比，掺聚丙烯纤维混凝土的3d抗压强度为基准混凝土的121%、7d为110%、28d为108%；其各对应龄期劈拉强度为基准混凝土的110%、107%、110%，可见在不掺粉煤灰的条件下，聚丙烯纤维可明显提高混凝土早期抗压强度和劈拉强度；b.在掺20%粉煤灰条件下，掺聚丙烯纤维混凝土的3d、7d和28d抗压强度增长不明显（3%～4%），其3d、7d和28d劈拉强度增长也不明显（2%～8%）。这是由于粉煤灰对混凝土强度的贡献应在90d龄期之后产生火山灰效应才显示出来，早龄期胶凝材料对聚丙烯纤维的黏结力较低而影响其强度的发挥。

4.2.3　力学变形性能

测定以上述4种方案的极限拉伸值和弹性模量，试验结果如表5-12所列。

序号	$\frac{W}{C}+F$	F/%	聚丙烯纤维 /（kg/m³）	极限拉伸/10⁻⁴			极限拉伸相对 百分率/%			弹性模量/10⁴MPa			弹性模量相对 百分率/%		
				7d	28d	90d	7d	28d	90d	7d	28d	90d	7d	28d	90d
JB-1	0.35	0	0	0.80	1.16		100	100		2.43	2.90		100	100	
JB-2	0.35	0	0.9	0.96	1.12		120	96.6		2.31	2.63		95	91	
JB-3	0.3	20	0	0.77	0.87	0.98	100	100	100	2.67	3.13	3.48	100	100	100
JB-4	0.3	20	0.9	0.87	0.96	1.01	113	110	103	2.50	2.78	3.41	94	89	98

表5-12结果表明：a.不掺粉煤灰时，JB-2的7d龄期极限拉伸比JB-1高20%，28d龄期极限拉伸值两者基本相当；7d和28d龄期的抗压弹模分别降低至95%和91%；b.掺煤灰的JB-3与JB-4相比，JB-4的7d和28d龄期极限拉伸值比JB-3提高10%左右，90d龄期的极限拉伸值基本相当；7d和28d龄期弹性模量分别降低5%～10%，90d龄期的弹性模量也基本相当。这说明掺聚丙烯纤维可降低混凝土早龄期弹性模量，提高早龄期极限拉伸值，其抗裂性优于基准混凝土。

4.2.4　干缩和水分蒸发试验

（1）干缩试验结果如表5-13所列。

⊡ 表5-13 丙烯纤维混凝土的干缩试验结果

序号	$\frac{W}{C}+F$	$F/\%$	聚丙烯纤维/（kg/m³）	干缩/10^{-6}				相对干缩百分率/%			
				3d	7d	14d	28d	3d	7d	14d	28d
JB-1	0.35	0	0	−82	−141	−207	−311	100	100	100	100
JB-2	0.35	0	0.9	−92	−130	−202	−303	112	92	98	97
JB-3	0.3	20	0	−68	−107	−186	−286	100	100	100	100
JB-4	0.3	20	0.9	−60	−92	−176	−272	88	86	95	95

从表5-13试验成果可见：a.掺粉煤灰可明显减少干缩；b.单掺聚丙烯纤维对混凝土干缩影响较小；c.既掺粉煤灰又掺聚丙烯纤维（JB-4与JB-1相比）可减少早龄期干缩27%左右，有减小初期干缩应力、抑制干缩裂缝的趋势。

（2）水分蒸发试验 将JB-1和JB-2拌合料中粗骨料筛除，余下砂浆装入表面积为530cm²、高7cm的试模内，控制温湿条件，进行强制干燥，每小时称其重量，测得历时失水百分率，绘制的砂浆强制干燥过程线如图5-10所示。

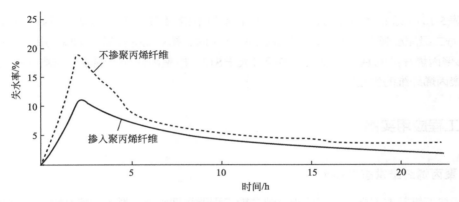

图5-10 浆强制干燥过程线

引起混凝土干缩的主要原因之一是混凝土中自由水分逐渐蒸发，在混凝土内部产生毛细管引力，使水泥胶体孔隙受到压缩，胶体体积随水分的蒸发而不断减缩，表观上呈现暴露面的收缩，当收缩应力大于混凝土抗拉强度时将引发干缩裂缝。

由图5-10可见：由于聚丙烯纤维形成相互交错的网架结构，有效地阻断了毛细管通道，减少了塑性沉降和泌水作用，使砂浆早期水分蒸发速率减缓，对早期塑性裂缝的出现起到抑制作用。

4.2.5 抗冲磨性能

对R28400号二级配混凝土，进行掺与不掺聚丙烯纤维混凝土抗冲磨对比试验。在含砂率为2%、流速为27m/s的水流中，以1h为一循环，连续冲磨10h，测得的试验成果如表5-14所列。

⊡ 表5-14 聚丙烯纤维混凝土抗冲磨试验成果

混凝土标号	聚丙烯纤维掺量/（kg/m³）	抗冲磨强度/[h/（kg/m²）]				相对抗冲磨强度百分率/%			
		7d	28d	90d	180d	7d	28d	90d	180d
R28400（二级配）	0	7.136	17.830	20.800	30.717	100	100	100	100
	1.0	7.078	19.389	21.531	36.349	108	109	104	118

可见：聚丙烯纤维混凝土具有一定的抗冲击韧性，早龄期可提高抗冲磨强度8%左右，长龄期可提高18%。

4.2.6 抗冻、抗渗性能

对R28400号二级配混凝土，进行掺与不掺聚丙烯纤维抗冻、抗渗性能对比试验，检测结果如表5-15所列。

⊡ **表5-15 丙烯纤维混凝土抗冻、抗渗性能**

序号	检测项目	冻融循环次数/次										抗渗	聚丙烯纤维掺量/（kg/m³）
		25	50	100	150	200	250	300	350	400	450	475		
1	相对动弹模/%	95.2	95.3	97.2	96.3	96.0	96.0	95.1	92.6	95.1	95.0	94.9	＞S12	0
2		95.7	95.9	97.1	97.1	97.5	97.6	97.9	96.9	97.1	96.9	96.7	＞S24	1.0
1	重量损失量/%	+0.21	+0.36	+0.47	+0.22	+0.10	+0.24	+0.06	+0.06	+0.08	+0.01	0	—	—
2		+0.30	+0.07	+0.07	0	+0.15	+0.15	−0.09	−0.09	−0.03	−0.15	−0.22	—	—

由表5-15可见：对高标号混凝土，无论掺与不掺聚丙烯纤维都具有良好的抗冻性能。R28400号二级配混凝土，冻融循环次数达到475次时，相对动弹模量＞90%，重量损失几乎为0。不掺聚丙烯纤维的基准混凝土抗渗标号大于S12，掺聚丙烯纤维混凝土抗渗标号大于S24，显示了聚丙烯纤维的优越性。

4.3 工程应用实例

4.3.1 聚丙烯纤维常态混凝土

聚丙烯纤维常态混凝土主要用于三峡二期工程泄洪坝段表孔墩墙和底孔跨缝板等部位表孔墩墙三级配混凝土设计标号为R90400号，底孔跨缝板二级配混凝土设计标号为R28400号，施工配合比如表5-16所列，机口取样抗压强度统计结果如表5-17所列。

⊡ **表5-16 丙烯纤维常态混凝土施工配合比**

混凝土设计标号	水胶比	级配	砂率/%	F/%	聚丙烯纤维掺量/（kg/m³）	每立方米材料用量/kg								
						水	水泥	粉煤灰	砂子	小石	中石	大石	X404	DH9
R28400D2500S10	0.30	一	35	20	1.0	107	286	71	683	588	719		4.28	2.68
R90400D250S10	0.38	三	30	20	1.0	101	213	53	605	447	447	596	3.19	1.60

⊡ **表5-17 混凝土抗压强度统计结果**

浇筑部位	混凝土设计标号	级配	龄期/d	检测次数/次	最大值/MPa	最小值/MPa	平均值/MPa	合格率/%
低空跨缝板	R28400	二	28	7	68.3	42.5	52.8	100
表孔墩墙	R90400	三	90	4	60.0	57.4	59.0	100

4.3.2 聚丙烯纤维喷射混凝土

聚丙烯纤维喷射混凝土用于三峡二期工程泄洪坝段上游面裂缝修补和处理，在高程45m以下钢筋混凝土板两侧各2m喷聚丙烯纤维混凝土，喷护面积共计1272m³。聚丙烯纤维喷射混凝土施工配合比如表5-18所列，钻孔取芯混凝土抗压强度检测结果如表5-19所列。

⊡ 表5-18 聚丙烯纤维喷射混凝土施工配合比

混凝土设计标号	水灰比	砂率/%	聚丙烯纤维掺量/（kg/m³）	每立方米材料用量/kg				
				水	水泥	砂子	石子	JC速凝剂
R28250	0.41	60	2.0	185	450	1042	712	22.5

⊡ 表5-19 聚丙烯纤维喷射混凝土钻孔取芯抗压强度检测结果

序号	混凝土芯样容重/（kg/m³）	抗压强度/MPa		劈拉强度/MPa
		7d	28d	
1	2225	21.2	35.9	2.21
2	2295	18.6	34.0	2.15
3	2210	21.1	36.3	2.20

4.4 结语

① 掺聚丙烯纤维可提高水泥基材的强度，在掺粉煤灰的条件下28d龄期内增强效果不明显。

② 聚丙烯纤维可提高混凝土早期极限拉伸值，降低混凝弹性模量，有利于抗裂能力的提高。

③ 掺聚丙烯纤维可抑制水分的蒸发，有减少干缩的作用。

④ 聚丙烯纤维混凝土具有较高的抗冲磨、抗冻、抗渗性能。

参考文献

[1] 杨松玲，吴丽华，朱冠美. 聚丙烯纤维混凝土在三峡工程的应用研究[C]. 全国纤维混凝土学术会议，上海：2004：498-503.

案例5 玄武岩纤维喷射混凝土在浙江永祥隧道修复加固工程中的应用

5.1 工程概况

永祥隧道如图5-11所示，位于浙中盆地边缘，属低山丘陵地貌。隧道线路段海拔高190～360m，山体自然坡度10°～35°，最高峰位于隧道中部东侧110m，海拔417.30m。隧道

图5-11 永祥隧道

进出口外围山谷坳沟地带分布第四系坡洪积（dl-piQ3）含碎石亚黏土，厚度0.5～5.0m，隧洞山体段分布上侏罗统西山头组（J3x）玻屑凝灰岩，强风化层厚度＜0.5m，弱风化层厚度7～10m。隧道洞身围岩为微风化玻屑凝灰岩为主。隧道内结构类型分布以节理为主，小断层较发育。隧道洞身全长998m，进洞口路面标高189.56m，出洞口路面标高192.89m，路面坡率0.3%。隧道洞身宽度5.5m，洞身高度6m，因当时受各方面条件限制，隧道开挖横断面不规则，且无衬砌，虽经多次整修，仍存在渗漏水严重，局部掉块现象。

永祥隧道始建于1972年5月，由于该隧道大部分地段为毛洞，局部地段采用石块衬砌。随着地方经济的发展，该隧道在运营过程中也不能满足要求且存在安全隐患，急需进行隐患处理。该隧道存在的问题具体如下。

① 该隧道衬砌存在大量不同程度隐患，如拱顶掉块、腐蚀裂损、周边渗漏水等，严重时已影响到隧道的正常运营。

② 隧道断面小，需要扩大断面以满足现有规范要求等情况。同时，该隧道现净空严重不足，大型车辆无法通过。

③ 隧道大部分地段为毛洞，并曾有掉块现象；有的衬砌已有多处裂隙；曾在渗漏水，局部地段雨季时为滴水、涌水，存在一定的安全隐患。

5.2 材料选配

试验采用的水泥是符合GB 175规定的42.5级普通硅酸盐水泥；粗骨料采用5～10mm碎石，其最大粒径不超过10mm，连续粒径，级配合理；细骨料采用河砂，细度模数＞2.5；拌合水采用天然山水；其中的添加剂有JZ-C减水剂、液体TY-3速凝剂；钢纤维采用赣州大业金属纤维有限公司生产（异型YSF0530钢纤维）；玄武岩纤维采用浙江石金玄武岩有限公司生产（短切玄武岩纤维GBFSOIYEI）。

本试验段隧道初期支护喷射混凝土为C30，混凝土配合比情况如下。

玄武岩纤维混凝土配合比如表5-20所列。

⊡ 表5-20 玄武岩纤维混凝土配合比　　　　　　　　　　　单位：kg/m³

批号	水泥	细骨料	粗骨料	水灰比/%	水	减水剂	玄武岩纤维	坍落度/cm
I	480	850	785	42.1	202	4.83	11	12～18

复合纤维混凝土配合比如表5-21所列。

⊡ 表5-21 复合纤维混凝土配合比　　　　　　　　　　　单位：kg/m³

批号	水泥	细骨料	粗骨料	水灰比/%	水	减水剂	钢纤维	玄武岩纤维	坍落度/cm
II	460	893	761	46.1	212	4.83	30	5	12～18

① 在纤维混凝土配合比设计中，随着玄武岩纤维及钢纤维的掺量的增加，纤维混凝土的抗压强度也逐渐增加，尤其是混凝土的早期强度的增加十分明显。此外，纤维混凝土的弯拉强度较素混凝土有较大的提高，提高达20%。

② 水胶比对纤维喷射混凝土的工作性和力学性能影响较为明显，随着水胶比的减小，混凝土拌合物的坍落度减小，黏稠性趋好，力学性能随着水胶比的减小呈现出抛物线线形的变化趋势。这说明在掺入一定量矿渣的情况下，水胶比与矿渣掺量对纤维喷射混凝土性能的影响宜综合考虑。

③ 普通素混凝土的抗压破坏呈脆性，而掺入纤维与之复合后，混凝土的脆性下降，延性和韧性明显提高。极限荷载后，纤维喷射混凝土呈稳定破坏型态。

④ 通过现场喷射试验证明，纤维喷射混凝土配合比设计是合理的，其喷射时回弹率较小，力学性能较好，能够充分提高纤维混凝土的增强、增韧作用，活性掺和矿渣的增加，有利于充分利用工业废料，节约能源，保护环境，制造环保节约型混凝土材料。

⑤ 合理的混凝土配合比，能够使喷射混凝土具有良好的物理力学性能，特别是加入纤维后，其抗压强度与抗拉强度都有较高的极限值，加入速凝剂可使混凝土迅速凝结，获得较高的早期强度，紧跟掘进作业，起到及时支撑围岩、发挥围岩的自承作用，有效地控制围岩的变形和破坏。

5.3 成本分析

通过对单洞每延米的不同喷射混凝土成本分析比较，复合纤维喷射混凝土和玄武岩纤维喷射混凝土造价远低于喷射素混凝土，每延米成本节约20%左右；玄武岩纤维混凝土较复合纤维喷射混凝土每延米节约成本2%左右。故在相同条件下，使用玄武岩纤维喷射混凝土，可以节约一定的施工成本。从长远角度考虑，在长期施工过程中推广使用，节约的工程造价成本非常可观。

结合玄武岩纤维喷射砼和复合纤维喷射混凝土的成本、支护经济性，考虑到玄武岩纤维本身价格经济，作为玄武岩纤维喷射混凝土在隧道施工运用过程中长期推广使用，可以节约相当一部分国家工程建设投资成本。从隧道支护安全角度来看，玄武岩纤维喷射混凝土具有较好的抗渗能力、抗碱性和耐久性。对于渗水性复杂地质结构，玄武岩纤维喷射混凝土能够提高隧道的安全系数，同时提高隧道的耐久性，可以节约隧道运营维护成本，提高隧道的运营使用率，从而相应提高社会的经济价值。

参考文献

[1] 奂光坤. 玄武岩纤维喷射混凝土在既有隧道加固中的应用及研究[D]. 成都：西南交通大学，2013.

第6章

自密实混凝土

自密实混凝土（Self-compacting Concrete，SCC）具有高流动性、不离析、均匀性和稳定性好的特点，浇筑时依靠其自重流动，无需振捣而达到密实的混凝土。其突出特点是拌合物具有良好的工作性能，即使在密集配筋和复杂形状的条件下，只要依靠自重而无需振捣便能均匀密实地填满堆石的空隙，为施工操作带来极大方便。其还可提高混凝土质量、改善施工环境、缩短施工工期、提高劳动生产率、降低工程投资等，具有技术先进性和创新性，自密实混凝土被称为"近几十年混凝土建筑技术最具革命性的发展"。目前自密实混凝土广泛应用于水利工程中，且取得了较好的技术效益、经济效益和社会效益。

案例1 大体积自密实混凝土在上海虹桥地下变电站工程中的应用

1.1 技术分析

自密实混凝土的技术难点在于其既要满足混凝土流动性的要求，也要有一定的黏聚性和保水性；另外，配比设计还要兼顾大体积混凝土的设计要求。最终确定混凝土技术方案为：外围内衬墙混凝土采用C40自密实混凝土，抗渗等级P10，设计龄期45d，扩展度650mm±75mm，粗骨料采用粒径5～20mm碎石。为配制性能优良的大体积自密实混凝土，主要采用以下4种技术措施。

① 通过矿粉和粉煤灰的双掺改善混凝土的流变性能。

② 采用聚羧酸高效外加剂，配制大流动性混凝土。同时外加剂复配了适量的增稠组分，可以有效降低混凝土离析泌水的风险。

③ 确定合适的砂石体积，让骨料在浆体内均匀分布，并完全被浆体包裹，砂石可以通过

浆体润滑层流动，均匀地充满模板的各个角落。

④ 在胶凝材料中使用大掺量的掺合料取代水泥，尽可能减少水泥用量，降低混凝土的绝热温升。

综合应用以上4种技术措施，配制出大体积自密实混凝土，主要着力解决了自密实混凝土大流动性与黏聚性和保水性之间的矛盾、大体积混凝土的温升和裂缝控制两个方面的问题。

1.2　工程概况

上海虹桥500kV输变电及管理用房工程地下室为地下连续墙与钢筋混凝土内衬墙两墙合一的叠合墙，采用全逆作法工艺施工，施工难度大。北侧工井位置内衬结构墙厚1400mm，其余内衬结构墙厚1000mm，为大体积混凝土，支模后需在墙体上层楼板开槽开孔灌注混凝土，对混凝土的石子粒径和工作性要求非常高。针对这一情况，决定采用大体积自密实混凝土的方案。

1.3　材料选配

（1）水泥

采用德清南方水泥有限公司生产的42.5级普通硅酸盐水泥，技术指标为细度1.5%、标准稠度用水量27.2%、初凝时间110min、终凝时间190min、3d抗压强度26.5MPa、28d抗压强度51.2MPa、3d抗折强度5.7MPa、28d抗折强度9.1MPa。并按现行的国家标准《通用硅酸盐水泥》（GB 175—2007）进行验收。

（2）矿粉

采用上海宝田新型建材有限公司生产的S95级矿粉，该矿粉28d活性指数＞95%，并按现行国家标准《用于水泥、砂浆和混凝土中的粒化高炉矿渣粉》（GB/T 18046—2017）进行验收。

（3）粉煤灰

采用上海电桥实业有限公司生产的Ⅱ级磨细粉煤灰，并按现行国家标准《用于水泥和混凝土中的粉煤灰》（GB/T 1596—2017）进行验收。

（4）黄砂

采用安徽芜湖产中砂，细度模数2.3以上，属于Ⅱ区，含泥量不大于3.0%。质量指标按《普通混凝土用砂、石质量及检验方法标准》（JGJ 52—2006）的要求进行验收。黄砂的技术指标为：细度模数2.4、含泥量2.2%、泥块含量0.2%、表观密度2660kg/m³、堆积密度1540kg/m³、孔隙率42%。

（5）碎石

采用福建产5～20mm连续粒级碎石，针片状颗粒含量不大于8%，含泥量不大于1.0%，泥块含量不大于0.5%。质量指标按《普通混凝土用砂、石质量及检验方法标准》（JGJ 52—2006）的要求进行验收。碎石的技术指标为：颗粒粒级5～20mm、含泥量0.3%、泥块含量0.1%、表观密度2720kg/m³、堆积密度1530kg/m³、孔隙率44%、针片状颗粒含量7%、压碎指标6%。

（6）外加剂

采用上海建工材料工程有限公司生产的TX600型聚羧酸高效外加剂，混凝土减水率25%

左右，其质量符合《混凝土外加剂》（GB 8076—2008）的要求。

（7）水

采用自来水。

1.4 施工工艺

1.4.1 大体积自密实混凝土配合比设计

配合比设计计算中依据《自密实混凝土应用技术规程》（JGJ/T 283—2012），采用固定砂石体积法。自密实混凝土胶凝总量一般为 $400 \sim 550 kg/m^3$，要达到C40强度配制要求，基准配合比的胶凝总量取值 $450 kg/m^3$。大体积混凝土中提高掺合料比例可以降低混凝土绝热温升，但是作为墙板，掺合料比例不宜太高，初步确定比例不超过45%。单掺矿粉混凝土容易离析泌水，保水性差，若再掺入一定量的粉煤灰，混凝土的流变性能、和易性都可以得到改善。综合考虑，矿粉掺量取22%，粉煤灰掺量取20%，设计扩展度为 $650 mm \pm 75 mm$，确定每立方米混凝土中粗骨料体积取值为0.33，外加剂掺量取1.2%。混凝土质量配合比为：水：水泥：黄砂：碎石：粉煤灰：外加剂：矿粉=160：260：865：900：90：6.3：100。

将基准配合比的水胶比上下调整0.02，得到另外两组配合比，进行混凝土试拌。对于自密实混凝土与普通混凝土的区别就是要详细考察混凝土的流变性能，本试验主要通过混凝土坍落度、扩展度以及倒锥试验来表征。3组配合比的混凝土性能如表6-1所列。

□ 表6-1 3组配合比的混凝土性能

水胶比	胶凝总量/（kg/m³）	扩展度/mm	表观密度/（kg/m³）	7d强度/MPa	45d强度/MPa
基准	450	700	2390	31.5	52.3
基准+0.02	421	710	2370	27.7	47.9
基准−0.02	470	690	2400	38.2	57.9

石子在浆体中均匀分布，浆体对石子的包裹性良好，边缘没有泌浆，无离析泌水现象。将坍落度筒翻转做倒锥试验，将混凝土一次性装满坍落度筒，缓慢提起，用秒表计时，混凝土均在10s以内自由下落排空。3次试拌的混凝土中，基准配合比满足试配强度要求且符合经济性原则，故确定为最终配比。

1.4.2 大体积自密实混凝土绝热温升计算

混凝土绝热温升会产生温度应力引发温度裂缝，计算混凝土绝热温升对控制温度裂缝很有指导意义。依据《大体积混凝土施工标准》（GB 50496—2018）计算大体积自密实混凝土的最大绝热温升为49.6K。混凝土内部最高温度预计在 $56.9 \sim 61.9℃$ 之间，施工现场实测最高温度为55℃。

1.4.3 混凝土质量控制技术措施

大体积自密实混凝土要取得好的效果，主要遵循材料优选、配合比精心设计、小试反复验证、生产过程严格控制的原则。

① 优选混凝土原材料，选用普通硅酸盐水泥，黄砂用细度模数2.3以上的中砂，采用

5～20mm连续粒级石子，并严格控制砂石含泥量。

② 生产过程中采用电脑控制计量，其具备的计量超标报警功能，能有效保证计量的准确性。

③ 大体积自密实混凝土生产采用专料专用、定机生产的措施。按照混凝土计划要求，提前做好各种材料的备料、专用材料的翻仓、上料等准备工作。

④ 试验室强化生产过程质量跟踪。首车取样检测扩展度指标，出厂扩展度控制在700mm左右，对混凝土的工作性指标进行评价，如砂、石发生质量波动；再根据实际情况进行砂石料的计量复配、砂率调整、外加剂的掺量调整等，并在调整后继续取样跟踪验证实施效果，确保出厂混凝土各项性能指标满足设计要求。

⑤ 生产过程中结合视频监控系统，对混凝土出料状态进行全过程监控，并适时调整砂石含水率，确保出厂混凝土的稳定性。

⑥ 工地现场派专职人员进行跟踪，信息及时反馈。

1.5 应用效果

虹桥500kV工程内衬墙C40P10R45大体积自密实混凝土，累计完成混凝土供应近4000m³，共成型60组试块，45d强度平均值49.5MPa，最大值57.1MPa，最小值46.3MPa，标准差3.62MPa。拆模后，墙体表面光滑，颜色均匀发亮，无蜂窝麻面、露石、露筋现象，没有出现温度收缩裂缝。混凝土总体质量稳定，实施效果良好。

1.6 经济分析

自密实混凝土不需要振捣，因此避免了施工过程中漏振、过振等因素以及配筋密集、结构形式复杂等不利因素的影响。同时也保证了钢筋、埋件及预留孔道灯的位置不会因振捣的影响而产生移动，保证了施工质量。提高了结构的可靠性，延长了结构的使用寿命，从而降低工程的综合成本。

| 参考文献

[1] 焦贺军.大体积自密实混凝土在地下变电站工程中的应用[J].建筑施工，2018，40（06）：953-954.

案例2 自密实堆石混凝土技术在永宁水库工程中的应用

2.1 技术分析

首先，配制自密实混凝土的技术途径要从原材料方面入手，在水泥的使用中没有特殊的要求，普通的水泥就可以。对骨料的要求非常高，要特别注意混凝土的和易性和离析性等因素的制约。骨料的级配直接影响自密实混凝土的黏性，导致离析或是泌水多的现象。在自密实混凝土中添加粉煤灰，可以改善混凝土的和易性能。配制自密实混凝土的重要材料离不开外加剂。在混凝土使用中，高效减水剂存在一个非常普遍的问题，就是自密实混凝土的坍落度经时损失严重。

其次，配制自密实混凝土的技术途径要选择好配合比。配合比在设计中的准则是：拌合物要具有很强的坍落度，可以自己进行密实活动，并且不会发生离析；要具有超强的强度与耐久性能。自密实混凝土的水灰比与普通的混凝土水灰比是相同的，只要依据强度与耐久性能决定就可以了。在用水量的问题上，要采用有效的防范措施在确保自密实混凝土坍落度的基础上，最大限度地减少单位用水量。砂率的使用是为了更好地保证自密实混凝土在进行泵送的过程中与浇筑以后不会发生离析现象。

2.2 工程概况

永宁水库位于诸暨市城关镇东部，行政区属枫桥镇永宁村，坝址距诸暨市城关镇26km，距枫桥镇9km，有公路直通，交通极为便利。

坝址位于诸暨市枫桥镇石砩自然村，水库功能以防洪为主，结合供水，兼顾灌溉等综合利用。坝址以上集水面积73.6km²，水库总库容2388万立方米，正常蓄水位44m，正常蓄水位以下库容1332万立方米，坝顶高程51.0m。根据规划要求，永宁水库建成后流域年均供水量为1159万立方米，灌溉农田820hm²。工程主要建筑物由主坝（含泄水、供水和放水建筑物）、副坝及管理生活区等组成。主坝坝型为混凝土重力坝，1#副坝坝型采用自密实堆石混凝土重力坝，2#副坝坝型为常态混凝土重力坝。

2.3 材料选配

① 水泥：采用德清南方水泥有限公司生产的42.5级普通硅酸盐水泥，技术指标为细度1.5%、标准稠度用水量27.2%。

② 矿粉：采用上海宝田新型建材有限公司生产的S95级矿粉，该矿粉28d活性指数＞95%。

③ 粉煤灰：采用上海电桥实业有限公司生产的Ⅱ级磨细粉煤灰。

④ 黄砂：采用安徽芜湖产中砂，细度模数2.3以上，属于Ⅱ区，含泥量不大于3.0%。

⑤ 碎石：采用福建产5～20mm连续粒级碎石，针片状颗粒含量不大于8%，含泥量不大于1.0%，泥块含量不大于0.5%。

⑥ 外加剂：采用上海建工材料工程有限公司生产的TX600型聚羧酸高效外加剂，混凝土减水率25%左右，其质量符合《混凝土外加剂》（GB 8076—2008）的要求。

⑦ 水：采用自来水。

2.4 施工工艺

2.4.1 地基处理

根据坝基地质条件，1#副坝至主坝左岸坝肩高程40m一线山脊上部基岩岩性为橄榄玄武岩，岩石风化剧烈，工程地质条件较差，接触带为强透水通道，存在坝基渗漏问题。

通过地质资料分析，坝基采用防渗帷幕，防渗帷幕孔布置于上游基础面，1#副坝坝基及两侧岸坡帷幕灌浆孔设1排，孔距1.0m。要求伸入相对隔水层($q \leqslant 5Lu$)以下5m。左岸帷幕与山体相连，右岸帷幕与主坝左岸帷幕相连，形成封闭的防渗体系。

防渗处理的同时采用固结灌浆处理，范围为整个坝基。固结灌浆孔的方向应根据现场裂隙形状，使钻孔方向尽量垂直于节理裂隙面。灌浆孔应呈梅花形布置，孔距及排距均为3.0m，遇横缝位置可做适当调整。

2.4.2 构造设计

1#副坝共设置4道横缝，每道间距20m。迎水侧横缝内设止水铜片一道，止水铜片鼻子内填SR填料，缝宽2cm，内嵌聚乙烯闭孔低发泡塑料板。止水铜片底板伸入基岩内的止水坑内，采用C25W4细骨料微膨胀混凝土回填。止水处理断面如图6-1所示。

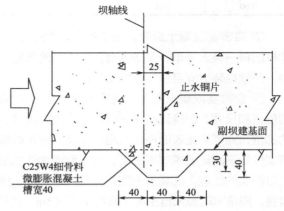

图6-1 止水处理断面（单位：cm）

2.4.3 质量控制

① 基础准备，建基面清理：岩石基础建基面在破碎锤开挖清理后再用人工清理，高压水泵冲洗，混凝土建基面用高压水冲毛机冲毛，局部用人工手风镐凿毛。

② 砂石料系统，施工用粗骨料按二级配轧制，最大粒径40mm。在石料场开采加工，施工用砂在沙滩挖取后，经破碎、筛分和清洗后运到料场。

③ 混凝土拌和系统，在1#副坝下游侧空地布置强制式拌和站一座，配2台拌和机，供自密实性混凝土拌制用。

④ 垂直运输，配置履带式吊机一台，混凝土装入吊罐后用履带吊入仓。

⑤ 堆石料入仓，考虑模板的配套，堆石混凝土分层厚度为2.0m，在堆石入仓前根据防渗体厚度先在底板上放出堆石范围的样线，以保证混凝土防渗层的厚度。堆石入仓是制约堆石混凝土施工速度和控制成本的关键环节，而采用自卸汽车直接将堆石运至仓面是最为经济的方式。施工第一层堆石采用修通施工道路以自卸车倒车入仓，要求尽量堆高，同时采用挖掘机平仓。第二层堆石由挖掘机进行入仓、平仓，靠近模板部位的堆石用人工堆放。堆石高度自下游向上游倾斜，将粒径大的堆石布置在仓面的中下部，粒径小的堆石布置在仓面的中上部。在堆石混凝土的施工过程中，堆石体部分的外露面其所含的粒径＜200mm的石块量不能超过10块/m²，同时不能集中。对于堆积在仓面的堆石块粒径＜200mm的应将其清除。堆石面高度有适量块石高出混凝土浇筑面50～150mm。

⑥ 拌制，自密实混凝土采用强制式搅拌机拌制，混凝土的级配须严格按照试验室的实验数据（见表6-2）进行施工，并通过调整骨料粒径、含水率以达到数据要求。生产过程中每个台班应不小于二次测定含水率，当含水率发生变化时需增加测定的次数，同时根据检测的结果及时调整原来数据中的用水量及骨料用量，切不可毫无根据地调整配合比。与生产常规混凝土相比适当延长搅拌时间（一般为90s左右，低温时延长至120s，高温时可降低至60s）。出

机的自密实混凝土的坍落度一般控制在26～28cm，扩散度在65～75cm，V形漏斗通过时间7～25s，泌水率≤1%，自密实性能稳定性≥1h。保证各项性能指标均达到设计要求。

表6-2 混凝土实验材料用量表

水胶比	砂率/%	单位混凝土材料用量/（kg/m³）			
		水泥	砂	碎石（5～20mm）	水
0.60	38.0	308	706	1096	185

⑦ 自密实混凝土运输，由于拌和站就布置在1#副坝边，因此自密实混凝土的运输采用拌和机出料→装入泵车→泵送入仓。料斗中的自密实混凝土采用挖掘机挖装入混凝土汽车泵泵斗中，严禁挖装时向自密实混凝土加水。

⑧ 自密实混凝土浇筑，浇筑顺序：自密实混凝土浇筑之前需检查模板、支架及预埋件等的位置和尺寸，在确认正确无误后才可进行浇筑。对于浇筑成型的堆石混凝土表面外观有要求的部位，为了防止表面产生气泡，浇筑时应在模板的外侧进行辅助敲击。运抵现场的混凝土自密实性能不满足要求时不施工，需采取添加外加剂搅拌等已经试验确认的可行方法来调整混凝土自密实的性能。混凝土的浇筑应保持连续性，浇筑速度保证在初凝前完成相邻浇筑点混凝土覆盖，浇筑时的最大自由落下高度不超过5m。浇筑点应呈规则的均匀布置，浇筑点的间距需不超过3m，其浇筑过程中需遵循单向逐点浇筑的原则，在每个浇筑点浇满后方可移动至下一浇筑点浇筑，浇筑点的位置不可重复使用。施工现场的仓面浇筑原则为两个：浇筑点距离不超过3m；沿仓面短边或从上游往下游进行"S"形路线浇筑。浇筑时防止模板、定位装置等的移动和变形。

2.5 应用效果

为检测堆石混凝土的施工质量，分别进行了试块抗压强度、抗渗性能、抗冻性能的检测。按照《水工混凝土实验规程》（SL 352—2006）中的相关实验方法进行检测，其检测结果如表6-3～表6-5所列。所检测内容均取得了良好的效果。

表6-3 混凝土试块抗压强度检测成果汇总

单位工程	分布工程（单位工程）	混凝土设计标号	组数	5≤N＜30				评定结果
				Rn	Rn～0.7SN	Rn～1.6SN	0.83 R标	
1#副坝	坝体混凝土	C25W4F50	7	27.57	26.17	24.37	20.75	合格
		C20W4F50	18	24.76	23.36	21.56	16.60	合格
		C20F50	14	24.75	23.35	21.55	16.60	合格

注：N为一个检验批次的样本数。

表6-4 混凝土试块抗渗性能检测成果汇总

单位工程	分部工程	混凝土设计标号	性能指标	组数	检测结果	计测结果
1#副坝	坝体混凝土	C25W4F50	W4	1	＞W4	合格
		C20W4F50	W4	1	＞W4	合格

表6-5 混凝土试块抗冻性能检测成果汇总

单位工程	分部工程	混凝土设计标号	性能指标	组数	检测结果	计测结果
1#副坝	坝体混凝土	C20W4F50	F50	1	＞F50	合格

采用常态混凝土作为坝体填筑材料的施工技术成熟，工程实例较多，且无需开采大量的块石，但其施工过程水泥用量很大，特别是本工程大体积混凝土的浇筑，有着水化热影响显著、施工过程中温控措施要求高、施工质量控制难度较大等不利因素，从而加大了工程总投资的缺点。采用堆石混凝土作为坝体材料，能较好地解决常态混凝土施工过程中的问题。因堆石混凝土是利用高流动性、抗分离性能好、穿透能力强的高自密性能混凝土充填堆石空隙形成密实的混凝土，具有低水化热、施工质量控制简便有效、浇筑过程速度相对较快、节能低碳等特点，从而节约工程总投资。近几年国内众多水利工程都采用堆石混凝土作为建筑物材料，工程完工后均运行良好。

2.6　经济分析

自密实混凝土不需要振捣，因此避免了施工过程中漏振、过振等因素以及配筋密集、结构形式复杂等不利因素的影响。同时也保证了钢筋、埋件及预留孔道灯的位置不会因振捣的影响而产生移动，保证了施工质量。从而提高了结构的可靠性，延长了结构的使用寿命，从而降低工程的综合成本。

参考文献

[1]　傅志达，王浩军，郑永锋，等. 自密实堆石混凝土技术在永宁水库工程中的应用 [J]. 水利与建筑工程学报，2018，16（03）：224-227，234.

案例3　自密实混凝土在成灌铁路工程中的研究与应用

3.1　技术分析

成灌铁路首次研究采用自密实混凝土填充层，通过大量研究试验，确定了满足填充层技术要求的自密实混凝土配合比，解决了自密实混凝土流动性、抗离析性、填充饱满度和低收缩率等关键技术指标，通过创新，培育形成了自己的核心技术与自主知识产权，促进中国铁路快速进入世界先进国家行列。

3.2　工程概况

成灌铁路是全国第一条市域城际铁路和西南地区第一条客运专线铁路，线路全长65.5km，设计时速为200km/h。在已建的客运专线中CRTSⅠ型、CRTSⅡ型轨道板与底座混凝土之间的填充层均采用传统的水泥乳化沥青砂浆（CA砂浆），而成灌铁路项目采用自主创新的新型轨道板（CRTSⅢ型轨道板），该新型轨道板结构主要特点是将原轨道板与底座混凝土之间的填充层由CA砂浆改为自密实混凝土（每块轨道板下自密实混凝土尺寸5.350m×2.5m×0.10m），使轨道板结构整体性、耐久性更好，结构更加稳固。成灌铁路首次研究采用自密实混凝土填充层，通过大量研究试验，确定了满足填充层技术要求的自密实混凝土配合比，解决了自密实混凝土流动性、抗离析性、填充饱满度和低收缩率等关键技术指标，通过创新，培育形成了自己的核心技术与自主知识产权，促进中国铁路快速进入世界先进国家行列。

3.3 材料选配

客运专线铁路主体结构混凝土设计使用寿命是100年，因而选择的混凝土原材料不仅应符合国家现行标准和行业规范的要求，其部分指标应高于国家现行标准和行业规范的要求，主要是水泥中的氯离子含量应不大于0.10%、碱含量不大于0.60%、熟料中的C_3A含量不大于8%。

水泥：选用42.5级普通硅酸盐水泥。

粉煤灰：选用金堂电厂Ⅰ级粉煤灰。

矿粉：选用成都混凝土新建材有限公司S95级矿粉。

细骨料：选用广汉连山镇绵远河河砂，属于Ⅱ区中砂，细度模数μ_f=2.6～3.0。

减水剂：选取3家聚羧酸高性能减水剂按同一配合比进行试验比较，从中选用性能好、价格适中的减水剂。

3.4 施工工艺

3.4.1 研究路线

经过前期试验，确定自密实混凝土配合比初步方案，再通过从矿物掺合料（矿粉、粉煤灰）双掺方案到单掺矿粉方案，以及黏聚性调整测试几十次的反复比对试验，最终确定符合要求的自密实混凝土配合比。施工前进行场地平整，清除建造桥址周围的障碍物，腾出工作面以便施工。与以往的桥梁施工一样，首先完成拱座基础与桥台的浇筑。接着，完成系杆的浇筑。

由于自密实混凝土流动性大，混凝土硬化后会产生一定的收缩，因而在设计配合比时加入一定量的膨胀剂，补偿混凝土产生的收缩，从而提高自密实混凝土与轨道板的整体性。

3.4.2 矿物掺合料（矿粉、粉煤灰）双掺方案

① 试验中采用固定胶凝材料总量、砂率、减水剂及用水量，通过调整矿粉、粉煤灰用量的方式研究测试混凝土的性能，发现混凝土流动性好，浆体丰富，且浆体对骨料的包裹性好，但混凝土表面有浮浆、泡沫现象，详见表6-6。

⊡ 表6-6 胶材用量一定时（矿粉、粉煤灰）双掺方案试验情况统计表

试验编号	材料用量/（kg/m³）								坍落扩展度/mm		含气量/%	混凝土拌合物状态
	胶凝材料（固定550kg/m³）			砂	碎石	水	减水剂	膨胀剂	出机	1h以后		
	水泥	粉煤灰	矿粉									
1-1	300	125	125	790	790	185	6.0	33	700	680	＞6	浆体丰富，浆体对骨料的包裹性好
1-2	350	100	100	790	790	185	6.0	33	710	670	＞6	
1-3	380	85	85	790	790	185	6.0	33	680	650	＞6	

② 试验中采用固定胶凝材料总量、水泥用量及减水剂用量，适当调整用水量及矿粉、粉煤灰搭配比例的方式研究测试混凝土的性能，发现混凝土流动性好，浆体适宜，且浆体对骨料的包裹性较好，但混凝土表面有黑色物质。

3.4.3 矿粉单掺方案

经对粉煤灰进行试验分析，发现粉煤灰中含有部分油性物质，造成混凝土表面形成黑色物质，因而决定采用单掺矿粉方案。

试验中，采用固定胶凝材料总量、砂率、减水剂掺量，通过调整水泥与矿粉掺配比例、用水量的方式研究测试混凝土的性能，发现矿粉掺量在210kg/m³±10kg/m³，混凝土流动性好，浆体含量适宜、浆体对骨料的包裹性好，混凝土有轻微泌水、抓底。如表6-7所列。

⊡ 表6-7　矿粉单掺方案试验情况统计表

试验编号	材料用量/（kg/m³）							坍落扩展度/mm		含气量/%	混凝土拌合物状态
	胶凝材料		砂	碎石	水	减水剂	膨胀剂	出机	1h后		
	水泥	矿粉									
3-1	277	240	820	820	185	5.5	33	670	610	5.5	轻微泌水
3-2	297	220	815	815	180	5.5	33	680	630	4.3	
3-3	307	210	815	815	180	5.5	33	690	660	4.5	状态较好
3-4	317	200	815	815	175	5.5	33	660	620	3.9	
3-5	327	190	815	815	175	5.5	33	640	590	3.6	轻微泌水

3.4.4 黏聚性调整

为进一步改善混凝土的性能，提高混凝土的黏性，试验中加入了中国铁道科学研究院生产的专用增黏剂，通过调整增黏剂的掺量，检验混凝土的性能，试验情况如表6-8所列。

⊡ 表6-8　掺增黏剂后试验情况统计表

试验编号	材料用量/（kg/m³）								坍落扩展度/mm		含气量/%	混凝土拌合物状态
	水泥	矿粉	砂	碎石	水	减水剂	膨胀剂	增黏剂	出机	1h后		
4-1	315	210	812	812	178	5.5	33	1.5	720	710	4.6	轻微泌水
4-2	315	210	812	812	178	5.5	33	2.0	710	700	4.4	
4-3	315	210	812	812	178	5.5	33	3.0	700	680	3.8	无泌水，浆体适宜
4-4	315	210	812	812	178	5.5	33	4.0	700	670	3.2	轻微泌水
4-5	315	210	812	812	178	5.5	33	5.0	685	660	2.4	黏聚性高，流动性稍差
4-6	315	210	812	812	178	5.5	33	6.0	665	630	2.1	—

试验发现，混凝土加入增黏剂后，性能得到明显改善，泌水现象大为减少。表6-8中编号为4-3的配合比，混凝土的和易性好，无泌水、抓底现象，浆体适宜，并按此配合比进行多次重复试验，进一步确认该配合比结果可作为初选自密实混凝土配合比。

3.5　应用效果

成灌铁路Ⅱ标，全标段共有轨道16350块，轨道板与底座混凝土（支承层）之间的填充层采用自主研发的自密实混凝土，由于工期短，项目部科学组织，周密安排，全线组织11个作业面同时施工，采用"人停机不停"的方法，创造了日灌注轨道板自密实混凝土577块的惊人成绩；同时在自密实混凝土灌注后，待混凝土初凝立即采用土工布+厚性塑料薄膜的方式将轨道板与自密实混凝土四周进行包裹养护，保温保湿养护至少14d，不仅保证了施工质量，且实现了成灌铁路正线在规定工期顺利通车的目标。目前成灌铁路通车运营近5年，自密实混凝土填充层质量稳定、可靠，未发现有任何质量问题。

3.6　经济分析

成灌铁路采用自密实混凝土取代水泥乳化沥青砂浆作填充层，不仅在技术上是可行的，并通过实际工程证实取得成功应用，且在经济上大大降低了工程成本，经核算，自密实混凝土单价为703元/m³，而水泥乳化沥青砂浆单价为2751元/m³，经济效益十分显著。成灌铁路作为四川灾后重建的第一个铁路项目而备受世人瞩目，首次采用自密实混凝土作无砟轨道调整层取得成功，与Ⅲ型轨道板形成的配套技术成为我国高速铁路自主的知识产权，这一成果为中国高速铁路建设提供了强有力的技术保障，有良好的应用前景。

│ **参考文献**

[1] 杨育红.自密实混凝土在成灌铁路工程中的研究与应用[J].四川建材，2018，44（03）：1-3.

案例4　自密实混凝土在西甘池隧洞工程中的应用

4.1　技术分析

根据地质勘查成果，按《水利水电地下工程围岩综合分类》，洞身穿过Ⅱ、Ⅲ、Ⅳ、Ⅴ各类围岩。岩性主要为云石大理岩和滑石片岩，且围岩较为破碎。隧洞埋深10～30m，大部分属浅埋隧洞。隧洞进出口位置主要从地形地质成洞条件进行分析，选择岩石较为坚硬完整，利于洞脸永久稳定的地段，以覆盖层下的岩石强风化下限作为隧洞的有效围岩厚度，保证洞顶以上有效围岩厚度不小于1倍洞径，确定隧洞进口桩号为HD12+300，出口桩号为HD14+100。洞身段全长1800m；根据规范建议的双洞间岩体厚度，同时参考《水利水电工程地下建筑物设计手册》中的公式，以相邻两隧洞的破坏拱互不重叠为条件。计算双洞间岩体厚度，并对双洞组成的洞群进行整体围岩稳定计算，确定双洞间距20m。在初拟支护参数的基础上，采用边界元和有限元对围岩稳定进行分析；对钢筋混凝土衬砌、钢板衬砌和洞穿PCCP管多种断面型式进行了定性和定量的方案比选，最终确定采用洞穿PCCP管的方案，即隧洞开挖进行初期支护后在洞内安装PCCP管，隧洞与管道间填充混凝土。

4.2 工程概况

西甘池隧洞位于南水北调中线（北京段）惠南庄泵站—大宁调压池输水干线范围内，距房山镇约14km。桩号为HD12+300 ～ HD14+100，双洞平行布置，单洞长1800m。隧洞结构形式为PCCP管道和钢筋混凝土复合衬砌结构。开挖洞径为5.3 ～ 6.36m，城门洞形，初期支护为厚100 ～ 180mm的喷锚支护，特殊地质洞段采用型钢钢架加强支护。该工程原设计方案为隧洞贯通后每12m为一段，进行厚40 ～ 50cm的钢筋混凝土衬砌施工，衬砌全部完成后进行洞内管道安装和厚20cm的管外填充混凝土回填。但在建设过程中，由于拆迁占地滞后等原因，导致隧洞开挖贯通日期大大延后，仅剩下4个月的工期预留给后续3项工作（3600m长的隧洞衬砌、洞内管道安装、管外混凝土回填），工期远远不够，必须进行方案调整。

通过进行反复的方案论证和对比，并与业主、监理、设计单位研究决定，用PCCP管做内模的方案，即隧洞开挖完成后，先安装PCCP管道，然后采用PCCP管子做混凝土内模，将隧洞衬砌和管道混凝土同时浇筑完成。由于PCCP管不允许开浇筑仓口，管与洞壁之间处于基本封闭状态，且浇筑空间狭小，采用常规混凝土施工很难确保浇筑质量。经过认真分析，并咨询相关专家，最终决定，除垭口下游1005m段中围岩较好的无筋洞段采用自流平砂浆回填外，其余围岩地质条件较差的洞段，采用双层配筋+自密实混凝土浇筑，利用自密实混凝土无需振捣而依靠自重均匀填充浇筑空间的优势，实现既保工期又保质量的目标。方案调整示意如图6-2所示。

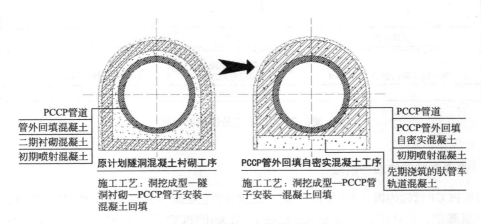

图6-2 衬砌方案调整示意

配合衬砌方案调整，隧洞固结灌浆、回填灌浆的施工顺序和工艺也进行了相应的调整。固结灌浆在初期支护的强度达到设计要求后即进行，提前对地质条件较差的围岩进行固结加强。

4.3 材料选配

自密实混凝土是一种具有较高流动性、高填充性、高抗离析性、高间隙通过性和良好均质性的拌合物，有良好的施工性能，在硬化后具有适当的强度、较小的收缩、良好的耐久性，它能够在自重的作用下，不采取任何密实成型措施即能充满整个模腔而形成匀质的混凝土，达到自密实的效果。工程选用二级自密实混凝土，主要技术参数为：坍落扩展度为（650±

50）mm、T50 为 3 ～ 20s、V 形漏斗通过的时间为 7 ～ 25s、U 形箱试验填充高度在 320mm 以上。细骨料选用细度模数为 2.7 的中砂，粗骨料选用粒径为 5 ～ 20mm 的碎卵石；粉体为 P·O 425 水泥、一级粉煤灰、Ⅲ 级矿渣粉；外加剂为 HJY-828 型高效减水剂。

4.4 施工工艺

4.4.1 施工段划分

西甘池隧洞在开挖过程中，为加快施工进度，已将中间垭口位置（桩号 HD13+000 ～ HD13+095），长 95m 的洞段明挖成槽，两条隧洞形成四条短洞，其中，进口两条长 700m、出口两条长 1005m。即单条隧洞有进口、垭口、出口 3 个工作面。具体施工部署如图 6-3 所示。

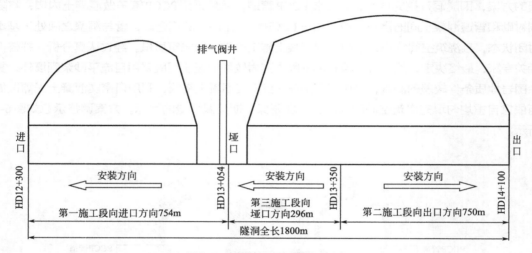

图 6-3　衬砌施工分段部署示意

4.4.2 管道安装前的准备阶段

采用 PCCP 管做内模的隧洞衬砌方案，主要内容包括洞内管道安装、浇筑自密实混凝土衬砌、回填灌浆，设计浇筑仓段为 40m 左右（8 节 5m 的 PCCP 管，或者加上一个 1.24 ～ 1.59m 长的钢制管件）。由于洞内 PCCP 管安装采用专用设备——驮管车，所以必须要将衬砌施工分两期进行，第一期主要为驮管车进洞安装进行的准备工作，即浇筑底板混凝土后铺设驮管车轨道。

主要工序包括：测量放线→清基→垫层混凝土浇筑→外圈钢筋制安→驮管车轨道埋件安装→底板混凝土浇筑→凿毛处理→驮管车轨道安装。按每清理 100m 左右浇筑一次垫层混凝土，每完成 60m 钢筋绑制安筑一段底板混凝土考虑，形成流水作业。

4.4.3 管道安装和混凝土衬砌阶段

主要施工工序包括：卸管子至钢筋绑扎工作平台→内圈钢筋绑扎在 PCCP 管上→将钢筋绑扎成型的管子吊至轨道→驮管车将 PCCP 管架起、钢筋局部调整→管子进洞安装→混凝土浇筑前的准备工作（混凝土管、混凝土泵就位，堵头模板安装）→混凝土浇筑→混凝土泵撤出、拆除堵头模板→下一段管子安装→进入下一循环。回填灌浆在每一仓段混凝土强度达到70%后进行。

4.5 应用效果

实际施工时由于泵管过长和混凝土堵塞管箍等因素影响混凝土泵送管无法移动，为此，工程采用价格较便宜的ϕ125无缝钢管作为泵送管，钢筋弯曲成U形驮住钢管焊接在钢架或外层钢筋上，无缝钢管不拔出仓内与混凝土埋设在一起。采取改进措施后，西甘池隧洞洞穿PCCP管与管后混凝土衬砌施工日均进尺达13.3m，月进尺达400m，在不计洞穿PCCP管工期的情况下，该方案比原衬砌计划4.0m的日均进尺提高了2倍，且混凝土浇筑过程中未发生漂管现象。现场制作的614组抗压试块，抗压强度为31.6～52.2MPa，强度满足设计要求。后装车效率高；采用正铲可有效控制底部砾料的掺拌厚度及质量控制；料场可利用空间大，同时在雨季施工时，可达到边掺拌边上坝，避免完全掺拌后易被雨水浸泡、冬季上部土易受冻等问题。

缺点：需加强现场质量控制，监督掺拌遍数达到工艺要求，目前此问题可以通过数字化监控系统，达到质控效果。

参考文献

[1] 何琛，孙丽曼. 自密实混凝土在西甘池隧洞工程中的应用[J]. 水利建设与管理，2018，38（09）：20-24，10.

案例5 李子沟特大桥超百米高墩自流态混凝土施工试验控制

5.1 技术分析

快速养护强度在严格的试验条件下，能在短时间内准确判定28d混凝土强度是否合格。但由于受试验仪器条件的限制和人为因素影响，有时产生的数据误差很大，无法判定混凝土的质量。但现场的混凝土施工不能停止。所以需要建立16h强度关系式，以进一步验证和判断混凝土的质量。此关系式操作简便，误差概率小。但由于原材料的变化或人为的因素，有时造成标养的试件强度偏低。在这种情况下，很难判定混凝土合格与否。针对这一问题，根据混凝土的水化热在混凝土内部产生温度的机理，以温度为纽带，建立混凝土标养与本体强度关系式。

5.2 工程概况

内昆铁路李子沟特大桥地处贵州、威宁、观风海镇内。全桥墩身均为矩形截面空心和实心，主跨墩墩身是横向弧端型、内外收坡、变截面空心墩。壁厚1.1～8.8m，墩底最大截面为

28.98m×8.1m，最高墩达107m。该桥主跨墩墩身混凝土强度等级C28，采用液压自升平台式翻模施工。全桥混凝土总量9万立方米，采用大型拌和站集中生产，全自动电脑计量。

5.3 材料选配

① 采用42.5级乌蒙山普通硅酸盐水泥。经检测，胶砂强度R3d、R28d分别达24.6MPa、58.1MPa，凝结时间3h20min，其他指标符合现行标准要求。

② 外加剂选用HE2缓凝高效减水剂和UZF2B早强高效减水剂。性能指标如表6-9所列。

⊡ 表6-9 外加剂性能指标

型号	减水率/%	泌水率/%	流动度/mm	凝结时间差/min
HE-2	8～12	≤95	140～150	≤210
UZF-2B	10～15	≤95	150～160	-60～+90

③ 砂、石料粗骨料用得胜坡石场生产粒径为5～40mm的石子，级配合格，含泥量1%；细骨料用牛街机制砂厂，级配合格，石粉含量≤10%、细度模数3.15。

5.4 施工工艺

5.4.1 施工要求

① 根据工程情况，为加快施工进度和便于施工人员操作，要求墩身实现混凝土流态化施工，混凝土坍落度控制在160～200mm。

② 在6～10月李子沟环境气温为20～39.5℃，温度高混凝土凝固快，要求混凝土终凝时间控制在6～8h；在1～5月和10～12月李子沟环境气温在-10～15℃之间，温度低、混凝土凝固慢，要求混凝土的终凝时间在4～5h。

③ 由于液压自升平台的负载及墩身快速施工等原因，要求墩身早期强度在16h达6～8MPa。墩身施工推行流态混凝土，其优点：混凝土能自动摊平，降低劳动强度，大大加快施工进度，能消除混凝土层次之间的冷缝色差，促进混凝土外观颜色一致。缺点：早期强度低，混凝土不能及时脱膜，施工人员不能及时在液压平台上操作。为确保施工进度，保证混凝土质量，在施工现场进行了试验与混凝土质量的控制工作。

5.4.2 混凝土坍落度控制

混凝土施工时的坍落度，一定要符合配合比的要求。若坍落度偏大，混凝土泌水增大，凝结时间延长，强度降低；若坍落度偏小，混凝土不能自动流动，增加施工困难，影响施工进度。除此，还要根据气候温度与每板混凝土浇筑量适时调整。

① 环境温度在20℃以上，坍落度控制在180～200mm。在混凝土浇筑到每一板的3/4时坍落度控制在140mm，以缩短混凝土的凝结时间，提高模板的周转率，加快施工进度。

② 环境气温在5～20℃，坍落度控制在140～170mm。在混凝土浇筑到每一板的2/3时坍落度控制在100～140mm，减少拌合水量，缩短凝固时间，增加混凝土的早期强度。

③ 坍落度的调整应根据试验结果的极差分析，针对影响混凝土流动性的主要因素进行。

5.4.3　混凝土的早期强度控制

为了消除因早期强度低带来的混凝土弊端，应及时准确掌握早期强度数据。在混凝土的施工中，3个强度关系式全部起用。如9号墩身混凝土施工46m处，环境温度15℃、混凝土浇筑量198m³，仅用4h10min就浇筑完毕。现场抽样检查试验数据如表6-10所列。

表6-10　现场抽检查试验数据

混凝土坍落度/mm	170	凝结时间	5h5min
混凝土入模温度/℃	19.6	16h混凝土内部温度/℃	30.5
快速养护强度/MPa	9.8	推算标养28d混凝土强度/MPa	34.1
16h标养强度/MPa	6.5	推算标养28d混凝土强度/MPa	34.6
		推算混凝土结构本体强度/MPa	7.3
		推算标养7d混凝土强度/MPa	26.9

5.5　应用效果

① 混凝土实行流态化，降低了劳动强度，加快了施工进度。但早期强度低，试验控制工作风险大。若有快速施工和规定期限强度的要求，必须建立一套系统的早期强度控制手段，以及时、准确地掌握混凝土的早期强度数据，发现问题随时修正施工配合比，杜绝混凝土强度质量事故。

② 墩身混凝土流态化，要根据气候、温度随时调整。尤其每板的最后2层混凝土要减少拌合水量，以加速混凝土凝固，提高早期强度与模板使用周转率。

③ 由于掌握了混凝土强度增长规律，建立了比较实用的早期强度关系式，混凝土不仅达到了自流平、好施工的目的，而且保证了混凝土的早期强度，使施工单位创造了两天三模的施工记录。墩身外观杜绝了色差、冷缝、蜂窝、麻面，达到了光洁，颜色一致，内实外美的标准。

参考文献

[1] 刘治德. 李子沟特大桥超百米高墩自流态混凝土施工试验控制[J]. 铁道标准设计，2002（12）：36-38，59.

案例6　哈利法塔的混凝土结构材料与施工工艺

6.1　技术分析

该建筑从2004年9月24日开始施工，2009年10月1日完工，2010年1月4日正式开放，建筑由芝加哥的一家名为斯基德摩尔·奥斯因梅林建筑工程公司设计，首席建筑设计师为艾德里安·史密斯，首席结构工程师为比尔·贝克，大厦由韩国三星公司营造。建筑设计采用了一种具有挑战性的单式结构，由连为一体的管状多塔组成，具有太空时代风格的外形，基座周围采用了富有伊斯兰尖塔建筑风格，设计灵感源于六瓣的沙漠之花蜘蛛兰。其独特的结构和先进的施工技术是当之无愧的建筑奇迹。当前全球87%以上的摩天大厦工地都在中国（见表6-11），深入研究该建筑的设计、材料与施工技术与装备对我国摩天大厦的建设具有重要借鉴意义。本案例收集了迪拜大厦混凝土建筑的结构设计，混凝土配合比设计以及施工等方面的技术资料，以供参考学习。

表6-11　世界上最高的建筑

排名	年份	建筑名称	城市	国家/地区	楼顶高/m	楼层
1	2010	哈利法塔	迪拜	阿联酋	828	160
2	2015	上海中心大厦	上海	中国	632	128
3	2012	麦加皇家钟塔饭店	麦加	沙特阿拉伯	601	120
4	2017	平安金融中心	深圳	中国	599.1	115
5	2017	乐天世界大厦	首尔	韩国	554.5	123
6	2014	世贸中心一号大楼	纽约	美国	541.3	94
7	2016	广州周大福金融中心	广州	中国	530	111
8	2004	台北101	台湾	中国	508	101
9	2008	上海环球金融中心	上海	中国	492	101
10	2010	环球贸易广场	香港	中国	484	108

材料哈利法塔设计承袭了伊斯兰建筑特有风格，蜘蛛兰形设计最大限度保证了结构的整体性，沙漠之花蜘蛛兰（Hymenocallis）的花瓣、花茎结构是设计哈利法塔的支翼与中心核心筒之间的组织结构的灵感来源。

为了使哈利法塔的楼板和承重墙的尺寸尽可能的小，并且具有足够的能力来承受随高度的增加而上升的荷载，在哈利法塔的建设过程中使用了具有低渗透系数和高耐久性的高性能自密实混凝土；制备混凝土采用的原材料均来自迪拜周边地区，胶凝材料采用水泥、粉煤灰或矿粉、硅灰复合使用，通过掺加粉煤灰或矿粉利用其火山灰效应及微珠效应，减少水泥用量降低水化热从而减少温度裂缝，提高新拌混凝土的工作性；哈利法塔采用了自密实混凝土泵送施工，模板采用自攀升技术，经过严密的施工组织，保证了施工质量与进度的统一，并创下了混凝土泵送的高度记录611m。

迪拜哈利法塔（见图6-4）高度达828m，是目前世界最高的建筑。这个高度已超越了纯钢结构高层建筑的使用范围，但又不同于内部混凝土外围钢结构的传统模式，在体系上有所突破。由于超高，设计上着重解决抗风设计和竖向压缩、徐变收缩等竖向变形问题。施工上将

图6-4　迪拜哈利法塔

C80混凝土一次泵送到601m的高度，创造了一个新的奇迹。

6.2 工程概况

总建筑面积为526700m²；塔楼建筑面积为344000m²；塔楼建筑重量为50万吨；可容纳居住和工作人数为12000人；有效租售楼层为162层。哈利法塔是一座综合性建筑，37层以下是阿玛尼高级酒店；45～108层是高级公寓，共700套，78层是世界最高楼层的游泳池；108～162层为写字楼；124层为世界最高的观光层，透过幕墙的玻璃可看到80km外的伊朗；158层是世界最高的清真寺；162层以上为传播、电信、设备用楼层，一直到206层；顶部70m是钢桅杆（见图6-5）。

为保持世界最高建筑的地位，钢结构顶部设置了直径为1200mm的可活动的中心钢桅杆，可由底部不断加长，用油压设备不断顶升，其预留高度为200m。为此哈利法塔始终不宣布建筑高度，直到2009年年底，确认5年内世界各国都不可能建成更高的建筑，才最后确定828m的最终高度。2010年1月4日，哈利法塔举行了开幕式，正式宣布建成（见图6-6）。

图6-5 哈利法塔立面

图6-6 开幕式的灯光

6.3 材料选配

为了使哈利法塔的楼板和承重墙的尺寸尽可能的小，并且具有足够的能力来承受随高度的增加而上升的荷载，在哈利法塔的建设过程中使用了具有低渗透系数和高耐久性的高性能自密实混凝土。

制备混凝土采用的原材料均来自迪拜周边地区，胶凝材料采用水泥、粉煤灰或矿粉、硅灰复合使用，通过掺加粉煤灰或矿粉利用其火山灰效应及微珠效应，减少水泥用量降低水化热从而减少温度裂缝，提高新拌混凝土的工作性。采用20mm、14mm和10mm 3种不同粒径的碎石，根据建筑的不同浇筑部位搭配使用。采用RAK和Alain两个地区的砂搭配使用，并且在混凝土中掺加了黏度改性剂，以提高其工作性能。具体配合比如表6-12和表6-13所列。

⊡ 表6-12　塔身混凝土配合比

项目	胶凝材料/kg			碎石/kg			水/kg	砂		外加剂掺量/%	水胶比	外加剂种类	设计坍落扩展度/mm	设计弹性模量/（N/mm²）	应用部位
	水泥	粉煤灰	硅灰	20 mm	14 mm	10 mm		RAK	Alain						
L109-L154（C50）	338	112	25	—	554	298	171	511	341	6.13+3.25	0.38	SP—491+ SP—430	600±50	—	梁楼板
B2-L108（C50）	328	82	25	599	—	309	155	549	339	2.5～3.0	0.38	Glenium110UM	500±75	—	梁楼板
L127-L154（C60）	376	94	25	—	—	838	169	524	350	2.5～3.0	0.36	Glenium SKY 504	650±50	37600（28d）	柱墙
L109-L126（C80）	400	100	50	—	—	847	160	498	332	3.0～3.5	0.32	Glenium SKY 504	650±50	41000（56d）	柱墙
L41-L108（C80）	384	96	48	—	562	303	155	525	350	3.0～3.5	0.32	Glenium SKY 504	600±75	41000（56d）	柱墙
B2-L40（C80）	380	60	44	581	—	327	132	573	337	4.2～5.0	0.3	Glenium SKY 504	550±75	43800（90d）	柱墙

⊡ 表6-13　地基墩座混凝土配合比

项目	胶凝材料/kg				碎石/kg		水/kg	砂		外加剂掺量/%	水胶比	外加剂种类	设计坍落扩展度/mm	设计坍落度/mm	应用部位
	水泥	粉煤灰	矿粉	硅灰	20 mm	10 mm		RAK	Alain						
C60	315	105	—	30	427	426	144	456	469	5.6+1.6	0.32	Structuro 530+480	600～750	—	管桩
C50	160	—	240	20	647	308	143	597	297	7.5～8.5	0.34	SP-491	—	150±25	桩帽档土墙基础
C50	160	—	240	20	647	308	143	597	297	8.5～9.5	0.34	SP-491	—	150±25	内部柱、墙板
C35	300	—	—	15	673	335	142	629	294	4.9～6.0	0.45	SP-491	—	125±25	填充

　　B2-L40楼层的墙采用C80（56d）自密实混凝土，粗骨料最大粒径为20mm，其90d弹性模量为43800N/mm²。L41-L108的墙和柱采用粗骨料最大粒径为14mm的C80自密实混凝土，其56d弹性模量为41000N/mm²，而L109-L126的墙和柱采用粗骨料最大粒径为10mm的C80自密实混凝土。由于L127-L154层结构需求相对较低，因此127层以上的墙和柱采用粗骨料最大粒径为10mm的C60自密实混凝土，其28d弹性模量为37600N/mm²。在不同混凝土应用高度选用不同粒径的碎石不仅可以降低混凝土泵送至300m以上的难度，还能够降低混凝土材料成本。因为相对于最大粒径为14mm的混凝土来说，最大粒径为20mm的混凝土需要的水泥和细砂要少得多。

　　哈利法塔的楼板混凝土均采用C50自密实混凝土，为了降低泵送难度，在108层以上的楼板混凝土所用的最大碎石粒径14mm，并且采用相对低楼层楼板混凝土更大的坍落扩展度。

　　哈利法塔的地基基础采用桩筏结构。由于迪拜地下水有一定的腐蚀性，氯离子浓度4.5%，硫化物为0.6%，因此其地下桩采用具有高抗渗性和高抗盐渍的C60混凝土，并且在基层底板铺设了一层由钛丝编制的阴极保护网。筏板基础采用C50自密实混凝土。

6.4 施工工艺

6.4.1 混凝土质量的控制

在混凝土的生产过程中都有监控并且做了记录。在混凝土运输和泵送之前，都进行混凝土的温度和工作性检测（坍落度扩展度、L形箱、V形漏斗）（见图6-7）并且制作了混凝土强度试件检查混凝土强度。在现场工作人员为了确定和控制混凝土凝固和收缩指标，进行了取芯留样。为了研究浇灌工艺和控制温升的措施，在现场制作了边长为3.75m的立方体（见图6-8）。为确保194根灌注桩承载力足以达到设计要求的3000t，工作人员在现场进行了压桩试验，测得最大承载力为6000t（见图6-9）。

由于迪拜环境温度较高，混凝土一般在晚上浇筑。为了控制混凝土正常的浇筑温度（35℃），首先进行骨料的冷却，其次一部分拌合水被换成碎片冰（见图6-10）。

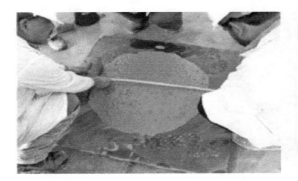

图6-7　坍落度试验

图6-8　试验制备的边长为3.75m的立方体

图6-9　现场压桩试验（6000t）

图6-10　部分拌合水为碎片冰

6.4.2 泵送设备及测试

哈利法塔的混凝土供应商和泵送服务商Unimix通过对Putzmeister公司的技术水平和可靠性的考察，最终委托Putzmeister公司供应和安装拖泵和布料杆系统。Putzmeister公司根据哈利法塔的施工条件决定采用BSA 14000 SHP-D超高压混凝土泵（见图6-11），其出口排量为30m³/h，可将混凝土泵送至570m以上的高度。

为了使BSA 14000 SHP-D超高压混凝土泵能够承受巨大的压力，Putzmeister的工程师将框架和料斗等组件都加强，并且还调整了s阀和s阀轴承的预期压强。BSA 14000 SHP-D本身就具备特别高效的过滤系统，以避免液压油和外部灰尘对混凝土的污染，普茨迈斯特的工程师又改进了混凝土泵的液压驱动系统，无杆腔运行时混凝土压强和液压系统的油压比小于$i=1$。此传动比例使高性能的泵机可实现超过400bar（1bar = 1×10^5Pa，下同）的混凝土压强。

在施工前期，Putzmeister在德国总部和迪拜的施工现场对拖泵和输送管线进行了一系列的水平泵送测试（见图6-12），测试所用的拖泵为BSA 14000HP-D超高层建筑用拖泵和DN125 ZX输送管线，通过测试确定了泵送至600m以上的高度所需的压强和混凝土与输送管之间摩擦。

图6-11　泵送使用的3台BSA 14000 SHP-D
　　　　 混凝土泵

图6-12　水平泵送测试铺设

在混凝土泵送过程中，只有最上面的10层安装了DN125 ZX输送管，这种管道可以承受13MPa的压强，其他的楼层均使用内径为150mm的输送管。与DN125 ZX输送管相比，150mm输送管具有更大的横截面积，这使得泵送所需的压强下降约25%，并且混凝土在泵送过程中对输送管的磨损也会下降。为了尽量减少输送管的磨损，Putzmeister采用更加耐用的壁厚为11mm的混凝土输送管，并且通过超声测量定期监测输送管的壁厚。

6.4.3　模板和混凝土浇筑

为方便施工，管理人员将整个基础筏板分为中心和3个翼板4个部分进行浇筑，每部分浇筑间隔24h（见图6-13）。

上部结构的墙体采用Doka的SKE 100自升式模板系统（见图6-14）；端柱采用钢模板；无梁楼板采用压型钢板作为混凝土模板。混凝土浇筑首先浇筑中心筒和周边的楼板，然后再浇筑墙体和相关楼板，最后进行浇筑的是端柱和附近的楼板（见图6-15、图6-16）。

由于哈利法塔的施工高度高达828m，因此在施工过程中采用了全球卫星定位系统（GPS）来控制施工过程中的精度，以确保施工质量。

图6-13　基础筏板浇筑

图6-14　SKE 100自升式模板系统

图6-15　墙体混凝土浇筑

图6-16　楼板混凝土浇筑

6.5　应用效果

　　哈利法塔以其828m的超高度创造了世界建筑的高度记录，其设计材料与施工等称为摩天大厦建筑的标杆。

　　① 哈利法塔设计承袭了伊斯兰建筑特有风格，蜘蛛兰形设计最大限度保证了结构的整体性，沙漠之花蜘蛛兰（Hymenocallis）的花瓣、花茎结构是设计哈利法塔的支翼与中心核心筒之间的组织结构的灵感来源。

　　② 为抵抗沙漠的风暴，大厦结构设计者通过严密的风洞试验对大楼的几何形状与有关建筑结构设计进行调整以尽量降低风的影响，以"扰乱"风向的方式，使施加在塔楼上的风力大大减少。

　　③ 为了使哈利法塔的楼板和承重墙的尺寸尽可能的小，并且具有足够的能力来承受随高度的增加而上升的荷载，在哈利法塔的建设过程中使用了具有低渗透系数和高耐久性的高性能自密实混凝土。

　　④ 制备混凝土采用的原材料均来自迪拜周边地区，胶凝材料采用水泥、粉煤灰或矿粉、硅灰复合使用，通过掺加粉煤灰或矿粉利用其火山灰效应及微珠效应，减少水泥用量降低水化热从而减少温度裂缝，提高新拌混凝土的工作性。

⑤ 哈利法塔采用了自密实混凝土泵送施工，模板采用自攀升技术，经过严密的施工组织，保证了施工质量与进度的统一，并创下了混凝土泵送的高度记录611m。

6.6 经济分析

迪拜哈利法塔高度达828m，是目前世界最高的建筑。这个高度已超越了纯钢结构高层建筑的使用范围，但又不同于内部混凝土外围钢结构的传统模式，在体系上有所突破。由于超高，设计上着重解决抗风设计和竖向压缩、徐变收缩等竖向变形问题。施工上将C80混凝土一次泵送到601m的高度，创造了一个新的奇迹。

| 参考文献

[1] 霍旭佳，龚秀美，李雅俊，等.哈利法塔的混凝土结构材料与施工工艺[J].新世纪水泥导报，2018，2：15-21.
[2] 赵西安.世界最高建筑迪拜哈利法塔结构设计和施工[J].建筑技术，2010，41（7）：625-629.

案例7 高自密实性能混凝土在九九坑水库堆石混凝土工程中的应用

7.1 技术分析

堆石混凝土是一种新型的大体积混凝土技术，利用高自密实性能混凝土填筑堆石体空隙，形成完整、密实、具有设计强度的大体积混凝土。用于堆石混凝土的高自密实性能混凝土能依靠自重在堆石体空隙等狭小曲折空间内长距离流动充填，可充填细小孔隙尖端，对流动性、抗离析性和稳定性的要求均高于常规自密实混凝土。

7.2 工程概况

福建省九九坑水库坝址位于九九坑溪干流中游，九九坑农场下游约800m的狭窄河谷，距河口约13km，距龙海市约13km。坝址以上流域面积61.3km²，水库总库容1256万立方米。正常蓄水位26.00m，设计洪水位31.00m，校核洪水位31.54m。工程任务为防洪、供水，建成后，通过水库调蓄控泄，结合下游河道整治措施，提高九九坑溪下游防洪标准；作为应急备用水源，保障龙海市供水安全；满足海澄、东园等乡镇农村生活用水需求。

7.3 材料选配

7.3.1 原材料

水泥采用漳州市芗城石亭民政水泥有限公司生产的深宝牌普通硅酸盐P·O 42.5R水泥。

粉煤灰采用龙海市美利材粉煤灰有限公司生产的Ⅱ级F类粉煤灰。砂选用九龙江天然砂，细度模数3.0。碎石选用榜山田边碎石，公称粒径5～20mm，针片状颗粒含量不超过8%。外加剂采用北京华石纳固科技有限公司生产的HSNG-T自密实混凝土专用外加剂，性能除了要满足《混凝土外加剂》（GB 8076—2008）相关规定以外，掺用外加剂的标准自密实砂浆性能也要满足《胶结颗粒料筑坝技术导则》（SL 678—2014）相关规定。

7.3.2　配合比

根据九九坑水库工程堆石混凝土重力坝设计要求，高自密实性能混凝土指标为$C_{90}15W4F50$。经试验，用于工程的高自密实性能混凝土基准配合比如表6-14所列。

⊡ 表6-14　高自密实性能混凝土基准配合比　　　　　　　　　　　　单位：kg/m³

水泥	粉煤灰	砂	石子	水	外加剂	备注
239	255	904	616	211	6.3	理论值
239	236	920	623	207	6.3	实际值

该配合比为试验室基准配合比，配合比实际值根据实际使用砂石的含量、超逊径率由理论值换算而来。因自密实混凝土自密实性能与原材料性能关系密切，特别是原材料中粉体含量及砂细度模数变化影响较大，现场必须根据原材料实际情况转换为施工配合比并进行试配试验，性能满足要求后才能进行施工作业。

7.4　施工工艺

7.4.1　高自密实性能混凝土施技术

堆石混凝土施工技术如下：将一定粒径的毛石直接堆放入仓，然后在堆石体表面浇筑高自密实性能混凝土充填堆石体内部空隙。主要工艺流程包括层间处理、模板支立、堆石入仓、高自密实性能混凝土浇筑、养护等工序。

该技术除对浇筑的混凝土有较高要求外，对堆石体石料也有一定要求。堆石料应新鲜、完整、质地坚硬，粒径不宜＜300mm，最大粒径不应超过结构断面最小边长的1/4，含泥量应≤0.5%，不允许含泥块。

7.4.2　混凝土泵送过程堵管处理

混凝土泵送过程出现"堵管"现象。逐一检查复核混凝土用原材料、配合比和生产过程各个环节：混凝土用原材料未有明显变化，相应配合比的拌合物各项性能满足要求，混凝土搅拌生产过程中的水、水泥和粉煤灰下料称量存在误差。因现场用水量添加方式为读秒计量，实际加入量因出水孔口堵塞导致减少。粉煤灰及水泥称量系统下料口不能完全下料干净，下料口因长时间未及时清理，壁沿黏附粉体，造成称量误差。由于水量、水泥和粉煤灰的粉体量对混凝土拌合物的性能状态影响明显，不准确称量计量直接导致了混凝土泵送过程出现"堵管"现象。

该问题解决措施如下：每月定期校核设备称量系统，保证称量准确，发现称量误差超标及时采取处理措施。发现下料口存在粉体黏附现象时应及时清理干净，保证粉体顺畅下料。现场每一仓浇筑前，检测第一盘混凝土性能，满足要求后方可入泵浇筑；不满足要求的混凝土不允许进入泵机。

7.4.3 高自密实性能混凝土浇筑过程异常处理

浇筑过程中，混凝土表面出现黑色泡沫；浇筑完成后，表面浮浆多，无强度软弱层较厚，外侧面出现多处麻面和较多气孔。经检查，认为出现这种现象的原因在于：现场砂石级配发生较明显变化，且粉煤灰不满足Ⅱ级灰的品质要求，造成原配合比拌和出的混凝土和易性较差，工作性能不满足要求。

针对这一问题，更换使用满足要求的粉煤灰，通过试拌相应调整配合比，增加水泥、粉煤灰等粉体材料用量，调整前后混凝土配合比。采用调整后的配合比，混凝土各项性能满足要求，存在的问题得到较好解决。

7.5 应用效果

龙海市九九坑水库工程大坝采用堆石混凝土重力坝，通过试验确定配合比，获得各项性能满足规范要求的高自密实性能混凝土。工程施工中，混凝土浇筑仓面出现黑色泡沫，外侧面出现多处麻面、气泡；混凝土泵送过程出现"堵管"。通过检测分析，采取相应措施解决了这些问题，保证工程建设进展顺利。

实践证明，只要加强管理，可以保持高自密实性能混凝土的生产稳定。采用高自密实性能混凝土筑坝具有技术先进性和经济可行性，是一项可广泛推广应用的新技术新工艺。

7.6 经济分析

自密实混凝土不需要振捣，因此避免了施工过程中漏振、过振等因素以及配筋密集、结构形式复杂等不利因素的影响，同时也保证了钢筋、埋件及预留孔道灯的位置不会因振捣的影响而产生移动，保证了施工质量，提高了结构的可靠性，延长了结构的使用寿命，从而降低工程的综合成本。

参考文献

[1] 李明忠.高自密实性能混凝土在九九坑水库堆石混凝土工程中的应用[J].水利科技，2017（03）：26-29.

案例8 自密实混凝土在三门核电工程中的应用

8.1 技术分析

技术分析主要内容：a. AP1000核电技术由美国西屋公司设计，混凝土原材料、配合比、新拌混凝土试验等均参照美国标准执行，国内无相关借鉴经验；b.结构模块高度较高，最高达20.955m，给混凝土浇筑时下料带来很大困难，为防止混凝土离析，必须将混凝土的下料口伸入模块内部；c.结构模块形式复杂，墙体上分布有大量的洞口，且墙体内部有较多隔板，混凝土流动路径不通畅而容易产生空鼓；d.结构模块形状不规则，墙体内分布有大量的锚钉、贯穿件、预埋管道、加劲板等，人员无法正常进入，模块内部清理、施工过程质量监控非常困难；e.根据设计要求，结构模块墙体钢板测压力不得超过50kPa，未凝混凝土高度不得大于2134mm，极大地限制了混凝土的浇筑速度；f.结构模块混凝土浇筑完成后，混凝土质量缺陷的检查非常困难，且无法补救，因此必须保证一次浇筑成功。

针对上述施工难点，三门AP1000核电项目参与各方积极探索，制订了一系列切实有效的施工方法，积累了宝贵的施工经验。

8.2　工程概况

相比常规核电工程，AP1000核电站的最大特点是采用模块化施工，其主要特点是在车间将钢板拼装成完整的结构模块，整体吊装就位后进行内部混凝土浇筑。由于结构模块形状不规则，且高度较高（最高达20多米），同时内部分布大量的锚固钢筋、锚固钉、贯穿件、预埋管道等，普通混凝土很难或根本无法保证结构的密实。基于上述情况，使得自密实混凝土在三门AP1000核电站中的大量应用成为必然。

8.3　材料选配

8.3.1　自密实混凝土试验要求

根据设计要求，自密实混凝土主要检测填充能力、间隙通过能力、抗离析能力、含气量、容重、圆柱体抗压强度等。试验室通过无障碍条件下自密实混凝土在水平面上的自由流动能力来测定自密实混凝土的坍落扩展度，以评价自密实混凝土的流动性和填充能力，也可以用来判断抗离析能力。另外，通过测定T500（即从试验开始到坍落扩展度到平均为500mm时的时间）来评价自密实混凝土的填充能力和黏稠度，T500越小，填充能力越好。

8.3.2　自密实混凝土配合比的选用

经过试验数据的对比，试验室确定了一系列满足规范和技术规格书要求的自密实混凝土配合比，常用的C35自密实混凝土配合比如表6-15所列。

☐ 表6-15　自密实混凝土配合比

材料	砂	小碎石	中碎石	大碎石	水泥	粉煤灰	外加剂	水
规格	中砂	4.75～9.5mm	9.5～19mm	19～37.5mm	42.5级普通硅酸盐水泥	Ⅱ级	ZWL-A-LX高效减水剂	饮水机
用料/（kg/m³）	845	293	586	—	293	158	4.06	185

8.4 施工工艺

8.4.1 施工前的准备工作

施工前认真熟悉施工图纸以及技术规格书等设计文件，并验证设计文件的有效性。技术部门应对各部门以及施工班组做好安全和技术交底工作，并编制材料、机械设备、劳动力及周转工具的需用计划以及本次浇筑活动的施工方案。同时，应根据不同结构模块的结构形式制订专项措施，如在特殊部位采用辅助外侧敲击法来保证自密实混凝土的填充性。

8.4.2 自密实混凝土浇筑模拟试验

由于自密实混凝土施工存在前述较多难点和不确定因素，在正式浇筑前三门核电工程进行了一系列浇筑模拟试验，对自密实混凝土的性能、自密实混凝土施工缝的设置方法、自密实混凝土浇筑的可靠性、浇筑过程中钢板的变形控制等方面做出了有效的模拟，从而形成了经各方认可的操作流程。

8.4.3 混凝土下料点的设置

如前文所述，由于结构模块高度较高从而给自密实混凝土下料带来困难，在本工程中下料点采用钢制漏斗下接橡胶软管的方式进行布料，并确保软管下口距离浇筑面的高度满足设计要求的下料高度＜1829mm。由于自密实混凝土的最大水平流动距离不能大于10m，因此要根据不同结构模块的结构形式，确定下料点的布置数量和位置，确保下料点的设置覆盖整个浇筑范围。

8.4.4 混凝土回旋连续浇筑方法

为避免混凝土侧压力过大而造成模块变形，应控制墙体内未凝混凝土高度不超过2134mm，并通过利用自密实混凝土的初凝时间，达到连续浇筑的目的。浇筑原理如下（以自密实混凝土初凝时间为15h考虑）：第一步，将墙体分层，每层厚度为300mm，一次连续浇筑6层（1.8m），第一层浇筑开始时间设为t；第二步，$t+14.5$h后开始浇筑第7层混凝土，此时未初凝的混凝土为1～7层，总厚度为2.1m；第三步，$t+15$h后开始连续浇筑8～12层混凝土，此时未初凝的混凝土为7～12层，总厚度为1.8m；第四步，按照第二、第三步的方法循环往复，直至浇筑到预定标高。在浇筑的全阶段，未凝混凝土高度始终低于2.1m。根据上述施工原理，在现场实际浇筑过程中，混凝土初凝时间以实际测得数据为准。在每一阶段混凝土浇筑开始时做一同条件试块，并测定其初凝时间，根据初凝时间实测值对自密实混凝土浇筑间隔时间进行动态调整，从而达到一次性整体浇筑的目的。

8.4.5 自密实混凝土的养护

自密实混凝土应进行保湿保温养护，在混凝土抹压和压光后，在表面进行浇水，并覆盖一层塑料薄膜，并根据温度情况在薄膜上部覆盖麻袋进行保温养护，养护时间不得少于14d。

8.5 应用效果

三门核电工程自密实混凝土的成功运用,在施工进度、工程质量、成本控制、环境保护等方面均达到了预期的效果,尤其是在施工过程中,自密实混凝土的应用将质量控制中人为因素的影响降到了最低,保证了AP1000核电模块化施工的施工质量,也为后续核电厂模块化施工的推广积累了宝贵的经验。

8.6 经济分析

自密实混凝土不需要振捣,因此避免了施工过程中漏振、过振等因素以及配筋密集、结构形式复杂等不利因素的影响。同时也保证了钢筋、埋件及预留孔道灯的位置不会因振捣的影响而产生移动,保证了施工质量。从而提高了结构的可靠性,延长了结构的使用寿命,降低工程的综合成本。

参考文献

[1] 徐林虎.自密实混凝土在三门核电工程中的应用[J].科技风,2013(08):91.

案例9 自密实混凝土在国家体育场的研究和应用

9.1 技术分析

自密实混凝土拌合物具有很高的流动性且不离析、不泌水,能不经振捣或仅插捣而穿过密集钢筋并充满模型。不仅可大大降低施工噪声,减少能源消耗,而且可减轻施工强度、加快施工速度、保证和提高施工质量,是高性能钢筋混凝土发展的热门课题之一。

国家体育场是北京2008年奥运会的主会场,奥运会期间可容纳观众9.1万人。工程占地面积20.4hm², 总建筑面积约25.8万平方米,檐高68.5m,东西长297m,南北长333m。建筑类别为一类建筑,设计使用年限为100年。国家体育场建筑呈椭圆的马鞍形,外壳是由约4.8万吨钢结构有序编织成"鸟巢"状的独特建筑造型;"鸟巢"的外罩由不规则的钢结构构件编织而成,里面的混凝土结构与钢结构相互独立,建筑师在混凝土看台和钢结构外罩之间的空间里,设计了很多倾斜的混凝土柱子来支撑建筑,124根钢管柱、228根斜梁、600多根斜柱、112根Y形柱子与空间曲形环梁相互交织。按照传统做法,通过振捣棒振捣密实混凝土是很困难的。施工方和混凝土供应方经过研究,提出了一个新方案:采用高流态自密实混凝土,采取高压顶升、从钢管底部注入混凝土,由底向上顶升逐步填充。

9.2 工程概况

国家体育场基础工程为筏板-桩基组合式基础,设计等级为甲级,筏基埋深–1.66m,现况地面标高为+2m。桩基础工程分为混凝土看台、基座结构抗压桩、24个钢结构组合柱承台下抗压抗水平力组合桩。地下水池设计预应力抗拔桩，共约2160根，其中钢结构组合柱承台下工程桩为群桩，桩径为1.0m，桩长31～37m（桩端持力层为卵石、圆砾层），桩顶埋深在现况地面以下10～13m，属于深基础桩。桩身混凝土强度等级为C40，单桩竖向抗压承载力设计值为1m桩10500kN。地质条件：地表以下2m左右为人工堆积土，2.00～12.00m为第四纪黏性土、粉土层，层间夹有粉砂层；12.00～16.00m为细砂层；16.00～36.00m为黏性土、粉土层，层间夹有不连续分布的砂层透镜体；36.00～60.00m为卵石层、砂层，且在47.00～52.00m分布1层黏性土层。地下水（60m以内）从上到下分布如下。

① 台地潜水：水位埋深4.79～8.33m，标高37.86～40.63m。
② 层间水：水位埋深10.54～11.65，标高34.54～35.01m。
③ 潜水：水位埋深28.28～30.20m，标高15.21～17.48m。
④ 第1承压水：水位埋深30.15～33.06m，标高12.12～15.20m。
⑤ 第2承压水：水位埋深32.40～34.28m。

9.3 材料选配

通过大量的试验，从自密实混凝土的制备原理入手，针对自密实混凝土的流动性与抗离析性间的矛盾，重点对影响自密实混凝土工作性的3个主要因素（胶凝材料、外加剂、掺合料）进行了系统试验、分析，对自密实混凝土工作性的评价方法做了探讨。采用大砂率和提高胶凝材料用量方式提高混凝土的流动性，采用增大掺合料用量以调节混凝土的黏度，采用高效减水剂以减小混凝土拌合物的屈服应力，减少混凝土的后期自收缩。利用三者的叠加效应来控制混凝土拌合物高流动性与高抗离析性之间的匹配性，达到制备自密实、免振捣、高流态混凝土的目的。这也就是吴中伟教授称之为"超叠加效应"的一种表现。

对于自密实混凝土水泥的选择主要是考虑其和外加剂的适应性问题，一般来说，C_3A含量低、碱含量低和标准稠度用量低的水泥更适宜配制自密实混凝土。选用北水42.5级普通硅酸盐水泥，C_3A为7.42%，水泥质量稳定、活性高，属于低碱水泥。

自密实混凝土所要具备的流动性、抗分离性、间隙通过性实用技术PRACTICAL TECHNOLOGY107和填充性都需要以外加剂为主要手段来实现，因此对外加剂的主要要求为：一是与水泥的适应性好；二是减水率大；三是缓凝、保塑等作用。选用北京科峰建材厂生产的QJ-5高效减水剂。此产品高效减水，可提高混凝土防水抗渗能力，大大减少了混凝土后期自收缩。低氯、低碱降低了传统外加剂带来的碱骨料反应、钢筋锈蚀等不利因素。由于其分子中含有大量的聚醚和聚醇单元，对水泥及粉煤灰等有极强的亲和和分散能力。减少了孔溶液的表面张力，使生成的混凝土结构致密，且表面光滑。所应用的混凝土的收缩率比可＜100%（北京市建筑材料质量监督检测站检测28d收缩率为96%。报告编号：企抽WJ 2006—0042）。

9.4 施工工艺

① 采用强制式搅拌机搅拌，搅拌时间为120～140s。
② 混凝土罐车在装料之前应反转，清除罐内积水，严禁中途加水。

③ 罐车在运输途中保持旋转状态，在浇筑混凝土前高速旋转，以保证混凝土均匀。

④ 混凝土要及时浇筑，应该在自密实混凝土的自流平状态未消失之前完成，并且保持泵送的连续性。

⑤ 混凝土的拆模时间应该不低于2倍的混凝土初凝时间，保证混凝土外观。

⑥ 由于自密实混凝土使用了大量掺合料，必须更加注意早期养护。混凝土拆模后、表面包裹之前，必须将混凝土面全部用水浇透。混凝土的养护期不能低于14d。

9.5 应用效果

"鸟巢"工程中自密实、免振捣、高流态混凝土不仅具有高工作性，而且具有高强、高耐久性。工期提高1倍多，比预定的工期缩短了2个月零2天。拆模后，混凝土表面光滑、平整、无气泡、色泽均匀一致。具有良好的外观，达到清水混凝土的水平如图6-17所示。经过权威部门用超声波的检测，"鸟巢"工程中Y形柱子、斜柱、钢管柱、承台钢柱脚箱体和核心筒楼梯间隔墙混凝土内部达到了密实、饱满。无任何质量缺陷，检测结论合格。

(a)　　　　　　　　　　　(b)

图6-17　柱子拆模时的外观

对硬化后混凝土的性能进行的全面试验结果表明如下。

① 自密实混凝土采用振捣和不振捣成型试块，与实体回弹强度基本一致。

② 自密实混凝土采用不振捣成型对钢筋握裹力无不利影响。混凝土收缩较小，不会产生裂缝。

③ 经过200次冻融循环，重量和强度损失率都低于同等级的普通混凝土，因此耐久性好。因其优良的质量，有利的工期，在"鸟巢"工程中共计使用50多根钢管柱（共124根）、300多根斜柱（共600根）、50多根Y形柱子（共112根）。累计供应给"鸟巢"混凝土量大约75000m³。

| 参考文献

[1] 刘霞，吴冬，王兴辉.自密实混凝土在国家体育场的研究和应用[J].混凝土，2008（01）：107-108，111.

第7章

轻质混凝土

用轻粗骨料、普通砂（或轻砂）、水泥和水配制而成的干表观密度≤1950kg/m³的混凝土称为轻质混凝土（LWC）。一般强度等级在LC40以上的轻质混凝土被称为高强轻质混凝土（HSLC）。

我国从20世纪50～60年代开始使用轻骨料混凝土，但由于技术水平的限制，拌制标号LC30以上的轻质混凝土非常困难。所以我国的轻质混凝土大多用于墙体、保温隔热层等非承重结构中。

轻质混凝土适用于高层和大跨度结构、软基和地震地区。天津塘沽地区属于软基地区，地震设防烈度为8度，永定新河大桥工程非常适合使用轻质混凝土。

为推广新技术新材料，在有关单位领导的关注下对永定新桥进行了优化设计。优化设计将引桥修改为跨度35m的连续箱梁结构，北引桥跨径布置为3×（4×35m）+5×35m，主梁共4联，南引桥跨径布置为3×35m+3×（4×35m）+（30m+3×35m），主梁共5联。经优化设计后的永定新河引桥上部结构全部采用高强轻质混凝土。

案例1　永定新河大桥工程

1.1　技术分析

（1）强度等级　高强轻骨料混凝土强度不低于LC40级。

（2）密度　密度是高强轻骨料混凝土的重要特征值之一，它与强度成正比关系。经过对国内轻骨料技术指标及轻骨料混凝土施工技术的综合考虑，参照"轻骨料混凝土结构设计规程"中的有关规定，确定其密度等级为1900级，密度标准值为1950kg/m³，钢筋轻骨料混凝土为2050kg/m³。

（3）弹性模量　该值与轻骨料混凝土强度及密度有关，根据"轻骨料混凝土结构设计规程"中的规定，其值为2.05×10^4MPa。

（4）徐变终极值为2.2，收缩系数为3×10^{-4}。

（5）线膨胀系数为1.0×10^{-5}。

1.2 工程概况

永定新河大桥是唐津（唐山—天津）高速公路二期工程中的一座特大桥，全长1.5km。全桥横向分为上下行两座桥，各宽12m，其中车行道11m，两侧各设0.5m防撞护栏，上下行桥相距2.0m。其主桥设计为3跨连续梁桥，南北引桥原设计为跨度26m大孔板简支梁。该桥南北引桥最初设计为普通混凝土板梁结构，后经有关专家极力推动，最终采用了轻骨料混凝土预应力箱梁结构。通过对设计、施工、质量控制方案反复研究论证，于2000年对该桥引桥进行了施工，并在竣工后进行了全桥动静载测试，结果表明该桥的承载力完全满足设计要求，并显示出轻质结构的独有特性。永定新河大桥引桥中墩断面如图7-1所示。

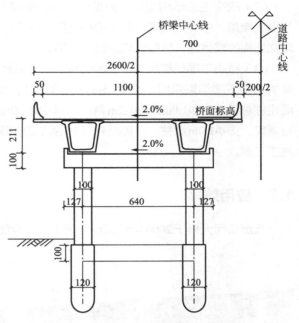

图7-1 永定新河大桥引桥中墩断面图（单位：cm）

1.3 材料选配

优化方案比原设计方案共节省混凝土13509m³，普通钢筋254.4t，预应力钢筋165.4t。据统计永定新河大桥优化后较原设计节省工程造价10%。如表7-1所列。

⊡ 表7-1 永定新河大桥原设计和优化设计全桥工程量及指标的对比

项目		单位	原方案		优化方案	
			指标	全桥工程量	指标	全桥工程量
上部结构	混凝土	m³	0.4	12134.9	0.43	13087
	普通钢筋	kg	70.2	2132781.1	76	2287912
	预应力钢筋	kg	17.2	521320.8	11.8	355960
	锚具	套	0.23	6880	0.08	2288
	沥青混凝土	m³	0.07	2228.2	0.07	2228.2
	铺装混凝土	m³	0.07	2228.2	0.07	2228.2
下部结构	混凝土	m³	0.54	16358.2	0.21	6353.9
	普通钢筋	kg	26.5	805820.9	13.2	396310.2

1.4 施工工艺

（1）加大桥梁跨度　由于采用轻质混凝土，桥梁上部结构的自重可以减轻20%，在考虑施工起吊重量的情况下可以将桥梁跨度加大，在软基地区加大桥梁跨度可明显节省工程造价。本次优化设计将原设计的主梁跨度从26m加大到35m。

（2）改变主梁结构型式　原设计主梁为每幅车道4片简支大孔板梁，优化设计改为每幅2片预制箱梁，中间用现浇混凝土板相连接，并采用3～5跨不等的连续结构，节省预应力钢筋，增加结构的整体性，增强结构的抗震性能。

（3）减小下部结构尺寸　上部结构自重的减轻，对于下部结构的尺寸可以相应减小。原设计中引桥下部结构采用的是Φ1.5m钻孔灌注柱，Φ1.35m的墩柱，桩顶设系梁。优化后，钻孔灌注桩桩径分为Φ1.0m和Φ1.2m两种，其中Φ1.0m桩为通天柱形式，不设系梁；Φ1.2m桩桩顶设系梁，接Φ1.0m墩柱。下部结构尺寸的改变使得整个工程的圬工量大大减少，节省了造价和施工工期。

1.5 应用效果

永定新河大桥于2000年年底建成通车，至今使用状态良好。如图7-2所示。

(a)　　　　　　　　　　　　　　　　(b)

图7-2　永定新河大桥应用效果

永定新河大桥的成功建造开辟了我国在大型桥梁的主体受力结构中使用轻混凝土的先河，由于设计方案合理，材料应用水平高，且经济效益显著，在我国桥梁工程界以及结构轻混凝土领域产生了巨大影响，受到业内人士的高度关注。

1.6 经济分析

结构工程中使用轻质混凝土往往可以节省大量的工程量，因工程量的节省使得材料费、人工费及各种工程附加费相应节省，并且还可以缩短工期。虽然轻质混凝土的单位价格要高于普通混凝土，但综合工程各方面的因素，工程总造价会有相当幅度的节省。

参考文献

[1] 吴旗，罗保恒，张恺. 轻质混凝土在桥梁工程中的应用实践[A]. 中国公路学会桥梁和结构工程学2002年全国桥梁学术会议论文集[C]. 2002：6.

案例2　轻骨料混凝土在世博会中国馆大型屋面保温工程中的应用效果

2.1　技术分析

2.1.1　试验方法

配合比设计按照标准《轻骨料混凝土技术规程》（JGJ 51—2002）中配合比设计要求，轻骨料混凝土的试配强度和普通混凝土一样应具有95%的保证率，试配强度公式如下：

$$f_{cu,0} \geqslant f_{cu,k} + 1.645\sigma$$

式中　　$f_{cu,0}$——陶粒混凝土的试配强度，MPa；

　　　　$f_{cu,k}$——陶粒混凝土立方体抗压强度标准值（即强度等级），MPa；

　　　　　σ——陶粒混凝土强度标准差，MPa，按统计资料或按JGJ 51—2002规程选取，在设计时取$\sigma = 2$MPa。

2.1.2　工作性测试

陶粒混凝土拌合物坍落度、扩展度试验分别按《轻集料混凝土技术规程》（JGJ 51—2002）、《普通混凝土拌合物性能测试方法标准》（GB/T 50080—2002，现行为GB/T 50080—2016）进行。

2.1.3　力学性能测试

抗压强度试验按《普通混凝土力学性能试验方法标准》（GB/T 50081—2002，现行为GB/T 50081—2019）进行。

2.2　工程概况

中国馆建筑外观以"东方之冠，鼎盛中华，天下粮仓，富庶百姓"的构思主题来表达中国文化的精神与气质。中国馆主要由国家馆、地区馆和港澳台馆3个部分组成。其中，国家馆高63m，架空层高33m、架空平台高9m，上部最大边长为138m×138m，下部4个立柱外边距离为70.2m，建筑面积约为2.7万平方米。本工程的总目标是完成技术指标为容重≤1400kg/m³、强度等级为LC15、水平泵送距离200m、垂直泵送距离为80m、施工层厚度约350mm的轻骨料混凝土的研究。

2.3　材料选配

（1）陶粒　试验结果见表7-2。

表观密度/（kg/m³）	堆积密度/（kg/m³）	孔隙率/%	吸水率/%	烧矢量/%	减压强度/MPa
1050	800	48	3.6	3	8.7

（2）砂　本试验采用了陶砂和黄砂2种筛孔，均为中粗砂，产地上海，细度模数2.6，含泥量≤3%，其中通过0.315mm颗粒含量≥15%。

（3）水泥　选用安徽海螺水泥厂的42.5级普通硅酸盐水泥。

（4）减水剂　选用城建物资ZK-9011高效减水剂，减水率为20%。

（5）粉煤灰　选用上海石洞口发电厂Ⅱ级粉煤灰。

2.4　施工工艺

（1）水灰比　陶粒混凝土配合比中的水灰比一般用有效水灰比表示，选用范围为0.35～0.45。由于水灰比对陶粒混凝土的技术性能特别是耐久性能有显著影响，水灰比太大将使混凝土的密实度大大降低，在周围介质长期作用下会导致混凝土或钢筋混凝土内部结构的破坏，最终使整个结构遭受破坏。所以，对最大水灰比必须加以限制。最大水用量应不超过210kg/m³。

（2）水泥用量　对于某一强度等级轻骨料混凝土，其水泥用量和水用量都有一定限度。考虑混凝土水化热、收缩、徐变等影响，陶粒混凝土最大水泥用量应不超过550kg/m³。

（3）砂率　采用密实状态的体积砂率，选用范围为35%～45%。由于砂率是影响混凝土密度的最主要因素，也是影响强度的重要因素，砂率的取值既不能取太小，否则强度太小；也不能取太大，否则容重太大。经综合考虑，把混凝土限制在1400～1600kg/m³来定砂率，初步计算，取砂率为0.4、0.45较为合适。

2.5　应用效果

水灰比对28d抗压强度的影响较大，是主要因素，其次是水泥用量、砂率和陶粒用量，即影响混凝土28d强度的因素由大到小顺序为：水灰比＞水泥用量＞砂率＞陶粒用量。陶粒用量对干表观密度的影响较大，是主要因素，其次是水泥用量、水灰比和砂率，即影响混凝土干表观密度的因素由大到小顺序为：陶粒用量＞水泥用量＞水灰比＞砂率。

通过以上试验，综合考虑各因素对轻骨料混凝土性能的影响，确定该工程用轻骨料混凝土的配合比为：水泥300kg/m³，砂625kg/m³，粉煤灰200kg/m³，陶粒400kg/m³，W/C=0.35。

2.6　经济分析

① 应大力支持高强轻骨料生产的发展，以满足工程建设发展的需要。近几年，有些地区由于高强轻骨料不能连续大量供货，需要从外地购入，增加造价；有些由于质量不能满足使用要求，而无法采用轻质高强的人造轻骨料。

② 加速轻骨料混凝土工程技术应用规程的编制。对于轻骨料混凝土在工程中的应用，有关国家都有自己的设计、施工规范。为推广轻骨料混凝土在工程中的应用，我国应进一步建立健全的有关标准和规程规范。

参考文献

[1] 吴小琴，陈柯柯，袁俊发. 轻骨料混凝土在世博会中国馆大型屋面保温工程中的应用效果[J]. 上海建设科技，2012（06）：63-65.

案例 3　天津中央大道项目

3.1　技术分析

在台背回填应用中泡沫轻质土的优势主要包括以下几个方面。

（1）轻质性　泡沫轻质土最基本的特性就是轻质性，该材料属于气泡状绝热材料，主要特点是在混凝土内部形成封闭的泡沫孔，造成轻质性特性的主要原因是在配置该材料时可以适当增加泡沫量，使其重量比普通气泡状绝热材料低20%左右，在软弱地层上填筑土工结构施工中具有广泛的应用前景。在超大体积底板混凝土浇筑上，对混凝土配合比进行优化，将混凝土的最高温控制在63℃，并研究了混凝土浇筑体系，通过采用汽车泵送、直径500mm钢管溜桶、塔吊吊大容量灰斗3种输送方式相结合，发挥了溜桶输送快、汽车泵送范围广、塔吊吊灰斗灵活的优势，避免了汽车泵堵管、结构产生冷缝、重型塔闲滞的劣势，50h完成了1.95万立方米混凝土浇筑。

（2）重度和强度可调节性　为满足更多工程的需求，泡沫轻质土的重度和强度都能够通过改变其组成成分的比例进行调节，但该材料的可调节性并不是无限的，在一定范围内可以调节，通常无侧限抗压强度可控制在0.3～13MPa；泡沫轻质土的重度可控制在5～12kN/m。

（3）良好的施工件　该材料还在未定型前具有较高的流动性，使得其易于移动，且对施工空间要求不高。不仅如此，其能够替代台背回填材料，且施工方便高效，无需其他机械的支持。此外，该材料良好的施工性还体现在施工期间几乎不需要进行特殊的养护，可实现持续性浇筑施工。

（4）良好的环保特性　泡沫轻质土对原材料的要求不高，粉煤灰等工业废煤都可以制成泡沫轻质土，不仅降低了能源的使用率，促进了资源的循环利用，也有效保护了自然环境，具有良好的社会效益。

（5）其他特性　该材料还与水泥混凝土相似，具有良好的耐久性，例如耐水损害、耐油污、耐热等。

3.2　工程概况

中央大道二期工程津晋高速互通立交段，北起物流中心段，南接塘沽盐场段，路线全长1176m。本工程位于中央大道与津晋高速的交叉处，工程范围内为塘沽盐场的大面积盐池。路基多处于潮湿、过湿状态，属于软弱地基。该处的软基深度近10m。桥头处软基处理原设计采用薄壁管桩结合碎石垫层及超载预压后，8%石灰土回填。而由于主线桥164台、B道桥台分别上有高压线经过及下有输油管道经过原因，无法采用薄壁管桩施工，结合本工程工期要求，跟设计院业主沟通，改为泡沫轻质土回填施。

3.3 材料选配

采用10cm×10cm×10cm试块。其抗压强度试验方法与普通混凝土强度试验方法几乎一致，不同点在于其要求压力机采用小量程砂浆压力机，且保持强度结果不变。试验以6块试块为一组，共做2组分别测定7d和28d龄期抗压强度。7d抗压强度为20.3MPa时说明该配合比符合施工要求。

3.4 施工工艺

（1）施工准备　设备的安装与调试将拌和机和水泥罐的基础用山皮土和混凝土进行处理，然后安装拌和机，检查线路和各元件是否正常，调试完毕后，聘请专业机构进行标定。

水电、管件安装：在正式开始安装前应先了解和掌握需安装配件的性能，然后依据水电的需求情况，选择合适的配件，要求安装过程严格遵守相关操作规范。

设备调试：通过手动加负荷试验，检查各电机、空压机工作是否异常通过砝码标定各计量器，检查其是否异常；通过采用手动按钮起动各电机，检查电机是否异常。

对地基进行整平夯实、加固，防止发生松垮崩溃。必须采取有效措施整平夯实地基，使泡沫轻质土与地面充分融合，必要的情况下应设置防止滑溜的加固柱。为防止水对施工造成不利影响，应在泡沫轻质土的上下底面铺设土工布。

此外，若施工停止时，应用遮水板或是柏油乳剂遮挡气泡混合轻质土，从而实现防水的目的。背面填土处的涌水较多时，在水容易汇集之处采取地下排水。

（2）施工重点　正式施工前应先在碎石垫层表面浇筑一层30cm左右厚的泡沫轻质土。应分层浇筑泡沫轻质土，确保其浇筑厚度为0.5～1.0m。只有上层浇筑层终凝后才能开始进行下一层浇筑施工；要求单个浇筑又浇筑层的施工时间不能超过水泥（砂）架初凝时间。应尽可能沿浇筑区长轴方向自一端向另一端浇筑。浇筑过程中，当需要移动浇筑管时最好不要左右移动浇筑管，尽量前后移动。

当进行扫平表面操作时最好保持浇筑口水平，同时尽量缩短浇筑轻质土表面和浇筑口之间的距离。最好不要在已浇完尚未因化的轻质土里移动。应在泡沫轻质土填筑体顶部0.5～1.0m的位置设置2层准2mm不锈钢丝网，网眼规格不得超过10cm，为防止雨水对泡沫轻质土造成不利影响，当遇到暴雨等恶劣天气时应采取必要的遮雨措施。

3.5 应用效果

为了检验采用泡沫轻质土的效果，对16#及B0#桥台进行了监测，并与普通填土桥台（其他桥台）进行了比较，结果如下：

a.普通填土桥台下的土体沉降量明显大于轻质填土桥台下土体沉降量；b.前期现场经过对比普通填土桥台下的土体沉降要比泡沫轻质土沉降大7～10cm；c.泡沫轻质土力学型能比普通士更稳定。

泡沫轻质土与普通填土在对桥台的土压力方面存在很大差距，具体表现在普通填土与深度之间存在一定的线性关系，也就是说土压力会随着深度的增加而逐渐增加，且土压力也会随着时间的增加而增大；但泡沫轻质土不同，该材料对桥台的土压力更加稳定，随着深度的增加和时间的累计，土压力并不出现明显的增加。泡沫轻质土填筑比普通填土施工更方便。

3.6 经济分析

普通填土台背，需要每15～30cm分层碾压，每一层往往需要碾压3～4遍才能满足压实度，而靠近台背的地方，机械往往不能靠近，需要人工用夯机一遍又一遍地夯实，还需要现场试验人员每层测压实度，大大浪费了时间和劳动力。泡沫轻质土就不需要如此烦琐的工序，只需浇筑完毕等待凝固即可。

实践证明，泡沫轻质土在桥台普填筑中，可大大的减轻路堤自重，降低地基应力，抑制软基的沉降，从根本上消除了桥头跳车问题。天津中央大道项目采用泡沫轻质土施工完成后，经固化后的试验检测得出，泡沫轻质土竣工质量良好，满足设计及施工要求，取得了显著的经济效益。由此不难看出，泡沫轻质土回填必然是以后台背回填施工方法的一种趋势。

参考文献

[1] 赵辉.泡沫轻质土在天津中央大道立交桥台背填筑中的应用[J].价值工程，2017，36（03）：160-161.

案例4 新型轻质节能墙体的应用与施工技术

4.1 工程概况

新疆医科大学第一附属医院门诊楼扩建工程，建设地点位于乌鲁木齐市新市区鲤鱼山南路137号新疆医科大学第一附属医院，所在场区北侧为新医路，东面为鲤鱼山路。建筑北面42m为干部病房楼，东面与老门诊楼贴建，西面间距15m为急救中心。建筑层数为地上16层，地下2层，总建筑面积为29337.86m²，其中地上部分建筑面积26177.98m²，地下部分建筑面积3159.88m²，建筑高度65.9m，结构形式为框架-剪力墙结构。本工程为框架-剪力墙结构，建筑墙体外墙除200mm厚钢筋混凝土墙外，均为200mm厚陶粒混凝土砌块墙；内墙采用200mm厚、100mm厚陶粒混凝土砌块墙，大量采用陶粒混凝土砌体，减轻了自重，遵循了绿色施工原则。根据该工程的实践，总结了陶粒混凝土用于室内非承重填充墙时的施工方法。

4.2 技术分析

① 按照蒸压砂加气混凝土砌块砌筑，按照预期的效果在设置墙体拉结钢筋的时候要与钢筋混凝土柱和墙进行紧密连接，假如墙长超过了3m，就要在墙内设置相应的构造柱，用来进行约束砌块墙体与混凝土墙柱的接触界，同时也降低了墙长方向的变形概率，最终形成了共同受力体，以防止在砌块墙体中形成结构性的裂缝。

② 将钢丝网片放置在砌块墙体和混凝土结构的接触界面和开槽开孔处，乃至洞口周边，

用来防止在墙体粉刷层形成龟裂纹。

③ 在构造方面实施必要的措施，例如增加构造柱，在配置通长钢筋时考虑适量，用来提高墙体的整体性能和降低温度的收缩应力水平。

4.3 材料选配

制配砂浆：砌筑砂浆均采用M5混合砂浆。配合比应由试验室确定后，按设计要求的砂浆品种、强度购买袋装成品砂浆，要注意利用机械将砌筑的砂浆进行合理配备。砂浆应该做到随时用随时更换，一般在2h内要用完，坚决不能使用过夜砂浆。砂浆稠度控制在70～100mm范围内。

4.4 施工工艺

墙体定位、放线→构造柱、过梁、系梁、墙体拉结筋植筋→构造柱钢筋绑扎→灰砖砌筑→砌块排列→铺砂浆→砌块就位→校正→勒缝→混凝土配筋带施工→砌块砌筑→构造柱施工→墙顶处理。

① 在构造柱、过梁、系梁和墙体拉结筋方面利用焊接措施进行施工。

② 墙体放线　砌体施工前，依据施工图定出墙体位置线20控制线，放出砌块的边线和洞口线，再放出建筑1m线。

③ 依据放线的位置确定构造柱的设置，过程中注重要避开配电箱和消防箱的地方。放置钢筋混凝土构造柱、过梁和墙体拉结筋的地方在结构施工的时候进行预埋处理，附于混凝土墙且长度＜200mm的砌体门垛改用同剪力墙标号的素混凝土和剪力墙一起浇筑。

④ 砌块的排列处理　在墙体线内进行分块定尺和划线时依照砌块的排列图进行处理。在砌筑工程之前，应该按照工程设计的施工图进行砌体，制出砌体砌块的排列图，经过审核无误，按图进行排列砌块。

⑤ 制配砂浆　砌筑砂浆均采用M5混合砂浆。配合比应由试验室确定后，按设计要求的砂浆品种、强度购买袋装成品砂浆，要注意利用机械将砌筑的砂浆进行合理配备。砂浆应该做到随时用随时更换，一般在2h内要用完，坚决不能使用过夜砂浆。砂浆稠度控制在70～100mm范围内。

⑥ 在砌筑工程开始前要设置皮数杆，设置的位置应该在房屋的四角及内外墙的交接处，利用皮数杆进行拉线砌筑。陶粒混凝土砌块墙的转角处，应隔皮纵、横墙砌块相互搭砌，即隔皮纵、横墙砌块端面露头。并且应同交接处同时砌起。若不能同时砌起，则应留斜槎，斜槎的长度不小于斜槎高度。图7-3为皮数杆设置的BIM图。

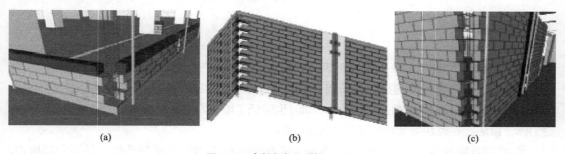

(a)　　　　　　　　　　(b)　　　　　　　　　　(c)

图7-3　皮数杆设置的BIM图

4.5 应用效果

陶粒混凝土砌块在多层乃至高层建筑中广泛用作隔墙材料，与传统隔墙材料的黏土砖相比，其在经济效益和社会效益上都拥有极大的优势。因此，大力发展节约土地、节约能源、利用废弃材料，着力注重环境保护，利用各种措施来改善建筑功能，代替传统建筑中成本高、节能差的黏土实心砖具有很好的效果，可以真正有效地实现节能环保。

4.6 经济分析

从经济效益分析，由于采用了陶粒混凝土砌体，大大地降低了楼层的荷载，在墙、柱、梁、板以及其他构件的截面尺寸及配筋方面达到了节约的效果，依照设计单位的结构方案进行对比计算，达到的效果可以节约原来工程投资的3%。根据对陶粒混凝土砌块行业的分析和长远发展，此技术大大降低了资源的浪费，而且减少了可耕地的占用，在环保方面有很大的效用。陶粒混凝土砌块的制作可工厂化，在施工过程中去繁从简，而且在模板和周转材料的使用上大有裨益，其施工操作简单。和传统的用砖上有很多可比性，尤其是在房间的设计上具有很大的灵活空间，而且改进了很多实地操作细节，避免通常发生的一些质量毛病，加快了施工进度，可缩短工期约10%。

参考文献

[1] 杜金华. 新型节能墙体的应用与施工技术——以新疆医科大学第一附属医院门诊楼扩建工程为例 [J]. 建筑安全，2018，33（1）：48-50.

案例5 浙江S75省道地基处理

5.1 技术分析

① 在满足路基最小填土高度（路面厚度 + 80cm = 1.4m）和设计洪水位要求的前提下，考虑路基横坡高差及软土路基临界高度（1.8m），结合沿线台州滨海工业区和温岭东部产业区的路基边缘最低控与工业区周边路网的顺畅衔接。

② 非通航桥梁设计高程均按百年一遇洪水频率设计，不考虑0.5m富余量；桥梁结构选用建筑高度小的空心板和小箱梁等桥型，在满足经济性条件下尽可能"小跨多孔"。

③ 对于一些断头河流或者排水净空高度不高的河流，采用以箱涵代替桥梁方案。

④ 尽量减少通道设置，只在通航等级高、桥下净空大的路段充分利用桥跨净空设置通道。

⑤ 在路幅布置上考虑目前非机动车及行人的安全出行需要，适当加宽硬路肩宽度，使其兼具辅助车道功能，为便于后期接，暂不考虑设置港湾式停靠站。

⑥ 在路基排水设计时尽可能减少浆砌工程，采用便于拆装U形预制排水沟，以便于后期城市主干道拼宽。

⑦ 与相关道路交叉处理：在满足交通需求情况下，首先考虑平交方案。通过上述措施，在施工图设计阶段有效地降低了路基填筑高度和实现了城市主干道的衔接。该解决方案的总体效果较为理想，基本达到了相关部门的预先要求。

5.2　工程概况

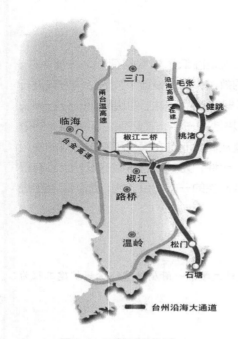

图7-4　工程平面位置

75省道南延椒江二桥至温岭松门段一级公路位于浙江省台州市海滨水网平原地带，距甬台温复线（沿海高速）约3km。公路总体呈南北走向，起点接椒江二桥，自北向南，在椒江境内沿四条河西侧经海门和三甲两个街道，进入路桥后转入五条河西侧，经蓬街和金清两镇跨金清港进入温岭，经滨海、箬横两镇后，终点在松门镇与81省道相接。工程平面位置如图7-4所示。路线全长约40.1km，设计速度80km/h，双向6车道布置。该公路作为台州市实施"沿海开发"主战略的一项基础性、先导性工程，对优化台州沿海交通路网、完善港1：1集疏运体系、推进区域协调发展都具有十分重要的意义。

75省道南延工程施工图设计于2009年11月由台州市交通勘察设计院完成。本案例主要针对该公路位于海滨水网平原地带、城市化发展进程较快及兼具城市道路功能等特点，存在"四多"现象（桥梁多、交叉道路多、软基路段多、借方多），将设计过程中遇到的主要技术问题进行分析、总结，并提出相应的解决方案。

5.3　施工工艺

5.3.1　平面线位的确定

由于75省道南延椒江二桥至温岭松门段一级公路项目在《台州市公路水路交通建设规划（2003—2020）》、《台州市城市总体规划（2004—2020）》没有很明确，而是作为2007年启动台州市干线公路布局规划调整提出的重点项目，所以75省道南延工程按照"边规划，边积极汇报争取，边启动前期工作"这一总体思路来开展的。在工可方案推荐及初步设计线位确定的过程中，根据项目功能定位分析认为：本项目功能虽然定位为"75省道南延段"，实际上具有省道干线、城市主干道及台州港联络线等多种功能。要实现该项目功能要求，必须结合温台沿海产业带发展规划、台州市城市总体规划、沿线镇区规划中的路网及用地性质来进行布设，合理利用规划路网条件。同时，结合起点接椒江二桥的位置，经综合研究后认为：在台州东部有4条规划主干道线位可作为本项目设计线，从西到东分别为规划台东大道线位、规划2条公路线位、规划中心大道线位、规划7条公路线位。

5.3.2 路基高程控制及城市主干道的衔接

75省道南延工程软基路段多、借方多，但是沿线料源缺乏，取土不易，土地资源稀缺，提高填土高度明显导致占地多和投资增加，而且影响软基处理的方式和处理路段长度，同时要充分考虑预留城市主干道（规划50m宽）设计条件，因此路基高程控制和城市主干道的衔接是本项目设计的重要研究内容之一。

5.3.3 软地基段处理

本项目软基总长度约32.7km，占全线约82%。软土层厚度达18.0～36.8m，其间还有很多池塘分布。软土路段处理的好坏是75省道南延工程设计上做得成功与否的关键，其中河塘段处理是一个难点。经计算，不采取任何措施，稳定性计算软基极限填高约1.8m（总应力法）。在遵循"不处理是软土路段最佳的处理方案"设计理念的指导下，做到能不处理尽量不处理，以节约工程造价。根据计算结果并借鉴以往软基工程处理成功经验，采取以下设计方案。

① 填土高度 $H \leqslant 2m$ 的范围的软土路段，本次不做处理。

② 填土高度 $2m < H \leqslant 2.5m$ 的范围内，且软土层薄、沉降量小的路段，采用天然地基+土工格栅（8050型）+等载预压处理（路基顶面高程+90cm）。

③ 填土高度 $2.5m < H \leqslant 3.0m$ 范围内，且软土层薄、沉降量小的路段，采用天然地基+土工格栅（8050型）+超载预压处理（路基顶面高程+150cm）。

④ 填土高度在 $3.0m < H \leqslant 3.5m$ 范围内，且软土层较厚、沉降量较大的一般路段，采用塑料排水板+土工格栅（8050型）+等载预压处理（路基顶面高程+90cm）。

⑤ 填土高度 $H < 3.5m$ 的桥头路段采用水泥搅拌桩处理。

⑥ 填土高度 $H > 3.5m$ 的桥头路段和一般路段采用水泥搅拌桩+泡沫珠混凝土填料处理（作为新技术推广考虑）。

⑦ 对于金清港大桥（主跨100m连续箱梁）两侧采用预应力管桩处理。

5.4 经济分析

74、75省道南延和椒江二桥工程是贯穿全市东部地区的沿海大通道，是主攻沿海、加快沿海开发的重要基础性工程。沿海大通道项目北起三门毛张，南经临海、椒江、台州经济开发区、路桥，终于温岭松门，路线主线全长92.2km，概算总投资约73亿元。

参考文献

[1] 龚中平，翁越美. 75省道南延椒江二桥至温岭松门段一级公路设计主要问题及解决方案[A]. 浙江省公路学会2011年论文集[C]. 杭州：中国公路学会浙江省公路学会，2011：176-180.

第8章

泵送混凝土

泵送混凝土是用混凝土泵或泵车沿输送管运输和浇筑混凝土拌合物，是一种有效的混凝土拌合物运输方式，其速度快、劳动力少，尤其适合于大体积混凝土和高层建筑混凝土的运输和浇筑。

从1907年开始就有人研究混凝土泵，1932年荷兰人J.C.库依曼制造出卧式混凝土缸的混凝土泵，有了实用价值，第二次世界大战后在欧美得到推广。20世纪50年代中叶联邦德国研制了液压操纵的混凝土泵，工作性能大大改善。60年代中叶又研制了混凝土泵车，机动性更好。中国在20世纪50年代就应用混凝土泵，但大规模应用是从1979年在上海宝山钢铁总厂工程上开始，此后在中国的高层建筑上得到推广。1986年上海的商品混凝土已有86%是泵送的。混凝土泵分挤压式泵和活塞式泵，多用后者。根据混凝土泵能否自己行驶又分固定式、拖式和混凝土泵车。后者能自己行驶，便于转移工地，车上还装有3节能伸缩或屈折的布料杆，能将混凝土拌合物直接运至浇筑地点，施工十分方便。活塞式泵主要由料斗、液压缸和活塞、混凝土缸、分配阀、Y形管、冲洗设备、动力和液压系统等组成。其中分配阀是重要部件，有各种型式，其中闸板式、管式性能较好，应用较多。输送管可为钢管、橡胶管和塑料软管。钢管每段长3m，常用者为ϕ100mm、ϕ125mm和ϕ150mm，还配有45°、90°等弯管和变截面的锥形管。布管时应尽量减小混凝土拌合物在管中的流动阻力。

案例1 中洋豪生大酒店C60泵送混凝土工程

1.1 技术分析

中洋豪生大酒店工程的框架柱、剪力墙核心筒混凝土等级为C60，强度等级在海安区域最高，加上冬季施工，甲方要求能达到70MPa，每7d、14d、28d专人负责实体回弹；框架柱采用型钢混凝土柱，内有型钢，不利浇筑和振捣；施工作业面大，5～14层以上全部采用固定泵施工，C60混凝土固定泵泵送要求高，与C40梁板面混凝土等级悬殊，现场施工调度要求高；施工柱、墙与梁板搭接部位钢筋绑扎密，要求混凝土坍落度不小于200mm，扩展度不低于600mm；固定泵输送距离长，弯管多，阻力大，要求混凝土有良好的和易性和可泵性，中途拆管多，在停泵状态下混凝土性能要稳定。

1.2 工程概况

中洋豪生大酒店工程是南通海安标志性建筑（见图8-1），创鲁班奖工程。建筑面积98398m²，框架筒体结构，酒店建筑高度200m，酒店标准层平面尺寸为37m×38.4m，酒店塔楼45层（含3个避难层），裙房部位4层，酒店塔楼地下2层，其余均为地下1层。超高层酒店办公楼采用钢筋混凝土框架-核心筒结构体系，属于B级高度的超限高层建筑。框架柱采用型钢混凝土柱，钢筋混凝土框架和筒体的抗震等级均为一级。地下室两层剪力墙及地上1～14层框架柱、剪力墙混凝土强度等级均为C60。

图8-1 中洋豪生大酒店工程

1.3 材料选择

（1）水泥 采用磊达水泥厂生产的P·Ⅱ 52.5级水泥，其部分性能如表8-1所列。

表8-1 磊达水泥厂水泥部分性能指标

比表面积/（m²/kg）	初凝时间/min	终凝时间/min	安定性（雷氏法）	抗压强度/MPa	
				3d	28d
370	130	181	合格	33.3	57.5

（2）粉煤灰 采用南通华锦粉煤灰开发有限公司生产的Ⅱ粉煤灰，其品质如表8-2所列。

表8-2 粉煤灰各项性能指标

细度（45μm方孔筛筛余）	需水量比	烧失量	活性指标/%	
			7d	28d
13.8	100	2.2	47	58.2

（3）矿粉 采用南钢嘉华生产的S95粒化高炉矿渣粉（简称S95矿粉），其品质如表8-3所列。

表8-3 矿粉各项性能指标

密度/（g/cm³）	比表面积/（m²/kg）	烧失量/%	活性指标/%	
			7d	28d
2.88	450	1.3	78	102

（4）碎石　采用宜兴产碎石5～25mm连续级配，其他性能指标如表8-4所列。

⊡ 表8-4　粗骨料各项性能指标

表观密度/（kg/m³）	压碎值/%	针片状含量/%	含泥量/%
2670	2.9	0.2	0.5

（5）砂　采用洞庭湖产湖砂，细度模数为2.7～2.9，含泥量为＜1.0%。其他性能指标如表8-5所列。

⊡ 表8-5　细骨料各项性能指标

类别	表观密度/（kg/m³）	细度模数	泥块含量/%	含泥量/%
中粗砂	2630	2.9	0.2	0.5

（6）减水剂　江苏公司生产的JM-PCA聚羧酸高性能减水剂，性能指标如表8-6所列。

⊡ 表8-6　JM-PCA聚羧酸高性能减水剂各项性能指标

密度/（g/cm³）	含固量/%	减水率/%	掺量/%
1.052	20.64	28.5	1.2～1.5

1.4　施工工艺

（1）原材料　水泥、粉煤灰、矿粉等粉料提前进库，控制使用时温度＜50℃，砂子细度模数不得低于2.8，碎石到厂后一律重新过水清洗并在专门场地堆放，外加剂到厂后做混凝土适应性试验合格后方可入库。

（2）搅拌　专线生产，每次供料前一天必须校秤，确保计量误差合理，延长搅拌时间到120s，生产过程坍落度每盘察看，每车放料检查坍落度，合格后方能出厂。

（3）运输　每次供料采用专车供料，几辆车装C60与几辆车装C40严格区分，搅拌楼与调度共同把关，装料前必须放清余水，中途匀速搅拌，到现场后快速搅拌60s后方可卸料，严禁任意加水，卸完后不得将冲洗罐筒料槽水放入泵斗内。

（4）工地现场　每次供料时，技术部派专职试验员到现场，严格按操作规程看料，观察混凝土和易性和可泵性，有问题及时处理，浇筑现场要求施工单位规范操作，柱、梁接口处要加强振捣。

（5）施工保养　冬季浇筑施工完毕后，楼面及时覆盖进行保温保湿养护，柱墙拆模后立即包裹薄膜补水养护。

1.5　应用效果

通过加强原材料的控制，生产过程控制和施工现场施工单位的配合，配合比需在实际应用过程中不断优化，使C60混凝土的强度得到充分保证，混凝土和易性、可泵性及耐久性大大改善。在实际施工过程中，完全满足了施工要求，后期混凝土表面光滑平整，试块强度及实体回弹检测均满足设计、施工要求。

1.6 经济分析

白金五星级的中洋豪生大酒店总投资超过15亿元，总面积12万平方米，地上40层，地下2层，总高度200m，主楼顶层设有直升机停机坪。酒店除设有500多个客床位、5万平方米的餐饮裙楼，兼具音乐厅、歌剧院及大型国际会议中心、全功能体育健身中心、精英俱乐部、高端的娱乐休闲中心、国际高端品牌的精品购物中心等配套功能。

中洋豪生大酒店位于江苏省海安县，2012年1月14日，中洋豪生大酒店主体结构正式封顶，标志着海安新地标、新高度正式诞生。

参考文献

[1] 范建锋，耿长圣，殷银峰. C60泵送混凝土在中洋豪生大酒店的工程应用[J]. 商品混凝土，2014（01）：60-66.

案例2 天津高银117大厦泵送混凝土工程

2.1 技术分析

天津高银117大厦超高泵送混凝土采用混凝土扩展度（K）、倒坍流空时间（D）、含气量、压力泌水率及扩展度经时损失表征混凝土泵送性能。

天津高银117大厦超高泵送混凝土性能要求如表8-7所列。

⊡ 表8-7 天津高银117大厦超高泵送混凝土性能指标

混凝土强度等级	含气量/%	压力泌水率/%	初始		4h	
			K/mm	D/s	K/mm	D/s
剪力墙C60	3±1	≤10	680～750	3±1	660～730	4±1
组合板C30	3±1	≤20	650～700	3±1	630～680	4±1

结合混凝土宾汉姆模型，采用自主研制混凝土流变仪检测混凝土流变性能（黏度τ及屈服应力η），通过配合比及外加剂调整改善混凝土流变性从而优化其施工性能。采用德国普茨迈斯特公司发明的滑管式流变仪模拟真实泵送的状态测得混凝土的压力与流速，评价并优化混凝土泵送性能。

建造混凝土km级水平盘管试验基地，管道总长1000m，90°弯头40余处，如图8-2所示。通过混凝土泵送模拟验证低温条件下混凝土泵送施工性能，为实际施工提供依据，试验采用三一HBT90CH2150D型高压泵，泵管为直径150mm高压泵管。

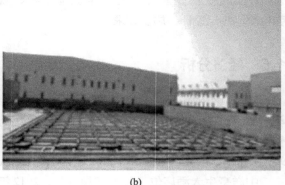

(a)   (b)

图8-2 混凝土km级盘管水平模拟泵送试验

2.2 工程概况

天津高银117大厦位于滨海高新区，地下3层，地上117层，总设计高度为597m，占地83万平方米，规划建筑面积183万平方米，预计投资270多亿元。天津高银117大厦集高档商场、写字楼、商务公寓和六星级酒店于一身，建成后将是高新区乃至天津市极具代表性的标志性建筑。

天津高银117大厦主体结构由钢筋混凝土核心筒+巨型柱框架支撑组成，其混凝土强度等级、楼层及泵送高度分布情况如表8-8所列。

⊡ **表8-8 天津高银117大厦混凝土强度等级、楼层及泵送高度分布情况**

楼层	混凝土泵送高度/m	混凝土强度等级		
		标准层	核心筒剪力墙	巨形柱
F1～F34	183.96	C30/C40	C60	C70
F35～F66	322.88	C30/C40	C60	C70
F67～F117	596.2	C30/C40	C60	C70

2.3 材料选配

（1）水泥 选用冀东42.5级普通硅酸盐水泥，应具有较低的需水性，与外加剂适应性良好，其他指标需符合《通用硅酸盐水泥》（GB 175—2007）。

（2）矿物掺合料 选用优质矿物掺合料改善混凝土工作性能、力学性能及耐久性能。S95矿粉主要控制其需水量比及活性指数指标；选用优质I级粉煤灰，主要控制其烧失量、细度及需水量比指标；硅灰主要控制 SiO_2 含量、需水量比及烧失量指标。掺合料种类及用量根据混凝土强度等级、混凝土施工高度及施工要求选择。

（3）骨料 超高泵送混凝土所用骨料应具有连续级配，粒形圆润饱满，针片状及含泥量少。不得采用活性骨料或在骨料中混有此类物质的材料。细骨料选用天然Ⅱ区河砂，含泥量≤1%，泥块含量≤0.5%，细度模数应控制在2.4～2.8，其他技术指标符合《建设用砂》（GB/T 14684—2011）；粗骨料采用2种粒径石子，其中大石子为5～25mm连续级配碎石，最大粒径≤25mm，小石子为5～16mm连续级配碎石，最大粒径≤16mm，2种石子含泥量均≤0.5%，针片状含量≤5%；其他技术指标应符合《建设用碎石、卵石》（GB/T 14685—2011）。

（4）外加剂　使用聚羧酸高性能减水剂，外加剂的性能要求为：具有良好的水泥适应性，使得混凝土具有优质的工作性，可合理调整混凝土黏度，具有良好的混凝土坍落度保持能力，能够调整混凝土凝结时间及含气量至适宜范围，降低混凝土压力泌水率，对钢筋无腐蚀作用，其他技术指标应满足《混凝土外加剂》（GB 8076—2008）。

（5）拌合水　使用自来水，应满足《混凝土用水标准》（JGJ 63—2006）。

2.4　施工工艺

（1）泵送设备选择　天津高银117大厦混凝土泵送高度达597m，超高的泵送高度对混凝土泵、泵管的抗压性能要求较高；同时，该工程混凝土施工周期长达数年，对于设备的磨损等也是需要重点考虑的问题。综合多重因素进行混凝土泵及泵管的选择。

混凝土泵送高度由出口压力决定，在理论计算的基础上，赋予泵更多的压力储备来应对施工中混凝土异常、堵管等特殊情况，因此，天津高银117大厦采用三一重工HBT90CH2150D型高压泵；同时，选用三一重工特殊淬火处理的耐磨合金超高压管道，既保障了混凝土管道的抗压抗爆能力，又提高了耐磨损寿命。

（2）混凝土布管、固定及清洗　混凝土输送泵送阻力随输送管径的减小而增大，输送管直径越小，输送阻力越大，因此天津高银117大厦混凝土施工选用150mm超高压泵管。超高压管道布管时，通过合理设置水平管缓冲混凝土垂直方向的压力，天津高银117大厦泵管在底部设有约120m水平管道，混凝土泵送高度每提高200m，设置水平管道抵消垂直自重压力。天津高银117大厦主要布置3套混凝土泵送管道其中2套为主要泵送使用管道，1套为备用管道。此外，定期对混凝土泵管进行检查，主要检测泵管管壁厚度及连接处密封性，形成检查记录，对于不符合施工要求的泵管及时保养及更换。

天津高银117大厦混凝土泵送高度高，泵管如固定不牢，则在泵送过程中很容易导致泵管松动漏浆甚至堵管。该工程泵管通过水泥墩浇筑固定。先将泵管铺设后，在泵管下面安置钢筋模板，浇筑混凝土墩，水泥墩硬化后采用U形卡固定泵管。水平管与竖直管连接处也采用相同方式。垂直管则直接采用U形卡将泵管固定在墙壁上，如图8-3所示。

(a)　　　　　　　　　　　　　　(b)

图8-3　天津高银117大厦混凝土泵管固定

天津高银117大厦在300m以下混凝土洗泵时，由于混凝土压力相对较小，故采用传统水洗方式进行洗泵，在300m以上混凝土施工时，采用水洗因压力太大很容易导致渗透性极强的水穿透泵管连接处的密闭胶圈，导致漏水、漏浆从而洗泵失败；此外，高压下水容易破坏泵的眼镜板及切割环，导致设备损坏影响使用寿命。因此，天津高银117大厦300m以上混凝土施工时，采用气洗方式对混凝土管道进行清洗，混凝土气洗原理及总布置如图8-3所示。混凝土泵管气洗流程为：关闭截止阀，更改管道至回收管，回收罐车停靠到位→拆布料机软管，连接气洗接头→连接空压机并开始打压→打压10min后，打开楼下截止阀，混凝土流出→海绵球从回收管喷出，气洗结束。

2.5 应用效果

天津117大厦，规划占地面积约196万平方米，建筑面积约233万平方米，结构高度达到596.5m，仅次于828m的阿联酋哈利法塔，成为世界结构第二高楼、中国在建结构第一高楼。单体开挖面积相当于18个标准足球场。

2.6 经济分析

天津高银117大厦核心筒剪力墙厚度大、内部构造复杂、混凝土强度等级高，冬期施工时混凝土质量受大风、低温等恶劣养护环境影响巨大。项目技术人员通过科技攻关，研发了一系列冬期混凝土施工技术措施，保证了核心筒剪力墙7d/层的施工进度。根据现场回弹检测统计结果，剪力墙混凝土7d强度可达50%以上，满足现场施工要求，且结构表观质量良好，受到业主、监理等单位的一致好评。

参考文献

[1] 罗作球，陈全滨，袁启涛，等.天津高银117大厦混凝土施工关键技术[J].施工技术，2017，46（07）：61-64.

案例3 阿克苏绿洲水利工程泵送混凝土

3.1 技术分析

（1）人员控制 水利工程泵送混凝土的施工人员需要把控施工的各个环节，科学规划施工步骤，保障施工质量。泵送混凝土的管理人员应该加强施工各个步骤的管理，对那些不合理的施工方式进行改革与协调。泵送混凝土的质量控制员应对完工的建筑设施，进行不定时的检测与抽查。针对泵送混凝土所具有的特性，对施工用料、施工方式进行调整，最终保证施工符合国家规定。从事特殊种类作业的人员必须具备特种作业资格证，具备熟练技能的操作人员，才能符合水利工程泵送混凝土施工的要求。

（2）搅拌系统　泵送混凝土在施工的过程中，需要连续地进行混凝土的供应，以防止泵送管道堵塞情况的发生。所以泵送的混凝土疏松速率，应该按照施工的实际需要进行调整，以保证原料的持续不断供应。搅拌系统对混凝土的搅拌要均匀，要保证混凝土具有统一的特性；同时要控制混凝土的搅拌时长，在混凝土硬度、黏结性最好的阶段停止搅拌。混凝土在放入搅拌机进行搅拌的过程中，要将其含量控制在搅拌机的承载限度以内。

3.2　工程概况

新疆阿克苏绿洲水利工程建设监理站的水利工程泵送混凝土施工，其施工的距离长、高度高，传输通道的传输长度为150m、高度为80m，传输的坡度倾斜达到12°以上，因此使用泵送混凝土的方式进行施工比较合理。浇筑手段少，通过将混凝土泵放置自最上端的方式，进行混凝土传输工作的开展。混凝土向下传输的斜坡距离为80m、平坡距离为70m。在混凝土和易性坍落距离较大的情况下，需要将混凝土泵放置在水平区域进行混凝土物料传输，混凝土泵连接占用5m的传输距离。

3.3　材料选配

（1）水泥　通过挑选吸水性良好的硅酸盐水泥材料，进行水利工程泵送混凝土的施工。水泥混合材料的使用量应该控制在280kg/m³左右。那些体积较大的混凝土施工，时常会随着空气温度、湿度的变化，出现墙体缩水、裂缝的现象。因此在体积较大的混凝土施工过程中，要选取水泥与水化合时放出热量小的水泥种类，并减小水泥在整个施工中的用量。同时在施工中也可选用放出热量适中的水泥、粉煤灰水泥，加大水泥的用量以保证墙体强度。

（2）用水量　水泥、水之间的用量比例协调，是保证水利工程泵送混凝土施工的重要环节。泵送混凝土的水泥、水之间的用量控制比例应为10∶4，若水泥、水之间的用量比例大于10∶4则会出现泵送传出压力增大的情况；若水泥、水之间的用量比例小于10∶4，则会出现混凝土黏结度不够、较为稀释的情况。

（3）骨料　混凝土骨料使用各级粒径颗粒分配较为细腻的中砂骨料，作为混凝土的原材料。通过选用水泥含量较小、砂石含量较大的混凝土用料，同时要保证混凝土的流动性、强度、泵送抽取难度等符合国家的要求。还要准确测算水利工程施工的混凝土截面大小、泵送管道的内径宽度等，运用能够通过泵送管道的最大粒径混凝土，进行泵送混凝土的施工工作。

3.4　施工工艺

根据新疆阿克苏绿洲水利工程建设监理站水利工程泵送混凝土的特征，制订出泵送混凝土的质量控制办法。施工过程中要严格按照质量控制办法的要求，进行各个施工环节的监督检查，以保障水利工程泵送混凝土施工的效果。

首先，水利工程泵送混凝土施工在进行混凝土传送前，需要对传送的通道进行润滑。其次，混凝土的和易性坍落距离、高度都要控制在一定的范围内，在发生混凝土和易性较低的情况时，不能直接在输送管道里加水搅拌。而应该将那些和易性较低的混凝土放入搅拌机中，在搅拌机中搅拌均匀后放入料斗内进行传送。还有不能将混凝土全部堆放在料斗中，要按照施工的需要进行混凝土物料的供应，也要不定时清理料斗中的大颗粒和杂物。若混凝土在放入料斗的过程中，存在物料相互分离的情况。那么需要对混凝土进行重新搅拌，搅拌均匀后再放入料斗进行传输。对于那些不符合要求的混凝土物料，需要重新加入缺少的物料进行搅拌。

在进行混凝土浇筑的过程中要均匀地进行浇筑工作，防止物料堆积情况的发生。放置混凝土的区域需要与浇筑模型存在一定的间距，不能够在模板内直接浇筑物料，也不能够在钢筋骨架内直接浇筑物料。由于泵送混凝土骨料使用各级粒径颗粒分配较为细腻的中砂骨料，因此需要在骨料中投入粒径粗糙的骨料进行融合，以达到增强混凝土强度的作用。同时还要对浇筑后的混凝土进行震动处理，以挤压出存在于骨料中的水分、空气，以及与混凝土不相黏结的物质，最终提高混凝土的强度、黏结度与韧性，保证混凝土符合施工要求。

混凝土浇筑完成后，建筑表面会由于风力、阳光、雨水等外来物质的侵蚀，造成表面的开裂与收缩现象。混凝土内部也会发生互相挤压，各种压力的互相作用会导致建筑表面的开裂。对于水利工程泵送混凝土而言，水泥在混凝土施工中的用量很大，因此建筑会产生过度的放热现象，导致混凝土本身的砂石颗粒增多。所以对泵送混凝土进行不定时的养护，能够有效防止混凝土表面开裂与收缩现象的发生。

3.5 应用效果

新疆阿克苏绿洲水利工程建设监理站的水利工程泵送混凝土施工，需要根据当地的地域环境、土层土质，进行施工方式与施工材料的选择。通过施工人员、材料、机械、方法、环境的控制，保证水利工程的施工质量。

参考文献

[1] 张新平. 阿克苏绿洲水利工程泵送混凝土质量控制[J]. 河南水利与南水北调, 2016 (09): 39-40.

案例4 西安·绿地中心双子塔泵送混凝土工程

4.1 技术分析

（1）超高泵送混凝土的技术原理 超高层泵送混凝土的技术是通过泵送设备一次顺利送到建筑指定高度，并使混凝土必须具备较好的流动性、高黏聚性、保水性和抗离析、泌水的能力。然而，混凝土从搅拌厂运送到施工地点需要一段时间，或混凝土在运输过程中若发生意外事件，如在运输路途中遇到交通事故障，工程应用现场突然停电、下大暴雨或超过6级大风等气候变化情况，泵送混凝土运输搅拌车停放时间过长，由于泵送混凝土坍落度损失较大，达不到入泵要求，严重影响泵送混凝土的泵送；同时，高强混凝土泵送一定高度要求不出现堵管问题。因此，超高泵送混凝土技术在保证满足混凝土满足结构设计的前提下，还必须保证其坍落度、强塑性，以此来保证良好的工作性能。

（2）超高泵送混凝土技术的重点难点研究 重要构件混凝土的耐久性要达100年，次要构件达50年；混凝土泵送一泵送高度200m以上；混凝土标号为C60自密实及以上高强混凝土；厚度超过1m及以上高强度大尺寸的大体积混凝土施工；最高高度8m高抛式施工的钢管柱混凝土浇筑需要达到自密实效果；施工周期长，混凝土配合比需要根据气候条件实施调整。

4.2　工程概况

西安绿地中心双子塔由A、B座两栋楼组成，地下3层，地上57层，是西安及西北地区在建第一高楼，总高度270m，建筑面积约17万平方米，总投资达35亿元，抗震设防烈度8度，主楼钢管柱混凝土、钢板剪力墙为C60自密实混凝土，其主楼钢管柱混凝土最大高抛高度达到8m。各项设计和施工要求在西安地区均属首例。

4.3　材料选配

（1）在材料性能上　根据西安绿地中心双子塔核心筒和钢管柱的混凝土强度C60，本案例在材料试验性能上采用表8-9所列的方案。

⊡ 表8-9　代表性混凝土所需原材料

序号	项目	原材料
1	水泥	42.5级普通硅酸盐水泥，各项性能指标良好
2	粗骨料	碎石，分5～16mm和10～25mm两种级配
3	细骨料	中砂，细度模数为2.6
4	掺合料	选用Ⅰ级粉煤灰、普通石墨粉（325目）和天然沸石粉（200目）
5	外加剂	选用AN4000聚羧酸系高性能减水剂
6	水	普通自来水

（2）在混凝土配比上　本案例中混凝土可泵性实验的配合比方案是参考西安绿地中心采用C60自密实钢管混凝土配合比（见表8-10），通过改变掺合料的种类和用量来达到提高混凝土可泵性的目的，进而避免泵送过程中因混凝土可泵性不好导致的堵管和维修等问题，并减少超高层泵送混凝土的成本、维修费用和工人工资，还能使超高层泵送混凝土工程的工期得以节约、增加经济效益。

⊡ 表8-10　西安绿地中心采用C60自密实钢管混凝土配合比　　　　单位：kg/m³

类别	胶体总量	粉煤灰/硅灰	河砂	瓜米石	碎石	外加剂	水
硅灰体系	520	20	785	200	800	16.64	135
Ⅰ级粉煤灰体系	500	100	808	197	790	10.00	145
Ⅱ级粉煤灰体系	560	100	733	194	778	11.20	165

此配合比各项性能指标均满足要求，试验确定的配合比于2013年7～11月成功浇筑到西安绿地中心项目地下室至上层钢管柱中，施工现场浇筑顺利，后期混凝土结构回弹强度值检测

结果满足要求，但是具体选用配合比综合考虑混凝土工作性能及成本预算不是最优选方案。本案例通过加入石墨粉和沸石粉来配合C60自密实混凝土的各项性能，试验配合比方案如表8-11和表8-12所列。

⊡ 表8-11　混凝土试验配合比方案A　　　　　　　　　　　单位：kg/m³

编号	胶体总量	粉煤灰	石墨粉	沸石粉	河砂	瓜米石	碎石	外加剂	水
A1	500	50（10%）	50（10%）	100（20%）	808	197	790	10.0	145
A2	500	50（10%）	75（15%）	75（15%）	808	197	790	10.0	145
A3	500	50（10%）	100（20%）	50（10%）	808	197	790	10.0	145
A4	500	75（15%）	50（10%）	100（20%）	808	197	790	10.0	145
A5	500	75（15%）	75（15%）	75（15%）	808	197	790	10.0	145
A6	500	75（15%）	100（20%）	50（10%）	808	197	790	10.0	145
A7	500	100（20%）	50（10%）	100（20%）	808	197	790	10.0	145
A8	500	100（20%）	75（15%）	75（15%）	808	197	790	10.0	145
A9	500	100（20%）	100（20%）	50（10%）	808	197	790	10.0	145

注：括号里百分比是材料占胶体总量的比值。

⊡ 表8-12　混凝土试验配合比方案B　　　　　　　　　　　单位：kg/m³

编号	胶体总量	粉煤灰	石墨粉	沸石粉	河砂	瓜米石	碎石	外加剂	水
B1	500	50（10%）	50（10%）	100（20%）	808	197	790	12.0	145
B2	500	50（10%）	75（15%）	75（15%）	808	197	790	12.0	145
B3	500	50（10%）	100（20%）	50（10%）	808	197	790	12.0	145
B4	500	75（15%）	50（10%）	100（20%）	808	197	790	12.0	145
B5	500	75（15%）	75（15%）	75（15%）	808	197	790	12.0	145
B6	500	75（15%）	100（20%）	50（10%）	808	197	790	12.0	145
B7	500	100（20%）	50（10%）	100（20%）	808	197	790	12.0	145
B8	500	100（20%）	75（15%）	75（15%）	808	197	790	12.0	145
B9	500	100（20%）	100（20%）	50（10%）	808	197	790	12.0	145

注：括号里百分比是材料占胶体总量的比值。

（3）坍落度、抗压强度试验研究　通过坍落度试验，得到的相关数值如表8-13所列。

⊡ 表8-13　坍落度28d抗压强度实验数据

编号	坍落度/mm	抗压强度（28d）/MPa	编号	坍落度/mm	抗压强度（28d）/MPa
A1	125	72	B1	149	75
A2	146	67	B2	161	70
A3	167	65	B3	179	67
A4	239	69	B4	249	71
A5	251	66	B5	256	69
A6	257	65	B6	261	68
A7	234	74	B7	239	76
A8	242	71	B8	251	74
A9	256	71	B9	263	72

4.4　试验结果分析

通过表8-11配合比和表8-13的试验数据可以看出，在粉煤灰比例不变（占胶体总量的10%），而石墨粉的量逐渐增多，沸石粉的量逐渐减少，结果混凝土的坍落度逐渐增大，28d抗压强度值逐渐变小；随着粉煤灰的比例增大（占胶体总量15%），而石墨粉的量逐渐增多，沸石粉的量逐渐减少，结果混凝土塌落度增大，28d抗压强度值逐渐变小；最后粉煤灰用量增大到占胶体总量20%时，混凝土坍落度反而变小（小于占胶体总量15%时），28d抗压强度增大。

通过表8-12配合比和表8-13的试验数据可以看出，如果增加外加剂（AN4000聚羧酸系高性能减水剂）的用量，随着粉煤灰、石墨粉和沸石粉的用量变化，混凝土的抗压强度都增大。

由此可见，粉煤灰的用量在15%以下时，提高石墨粉比例，混凝土的和易性不好，但是当粉煤灰含量达到15%以上时，混凝土拌合物的和易性就会随石墨粉的比例有显著的提高，混凝土的坍落度增长较快，流动性增强；当石墨粉比例含量超过20%时，即便有增强黏聚性的沸石粉，如果粉煤灰的含量不高也会造成离析的现象，这会导致浆体与骨料分离，进而造成堵管情况的发生。由此可推断，当粉煤灰含量在15%～20%时，比石墨粉含量在10%的情况下混凝土拌合物的具备较强的可泵性，并和易性较好。

4.5　结论

① 石墨粉具有润滑性且不溶于水，掺和在混凝土中可以增加拌合物的流动性，同时可以减少拌合物的需水量，但是过量的石墨粉会使混凝土产生离析，造成骨料和浆体分离现象，从而造成堵管现象；但是石墨粉可以使沸石粉与粉煤灰更好地结合，从而提高混凝土的可泵性，增强工作性能。

② 沸石粉是由天然沸石经过磨细成的火山灰质硅铝酸盐矿物掺合料，可以改善混凝土的耐久性和力学性能，相比粉煤灰更适合掺和在超高泵送混凝土中，可以填充混凝土骨料间空隙，便于泵送，同时有较好的黏聚性和保水性，在泵送过程中，降低发生离析现象的概率，还能减少混凝土的成本费用，是一种适用于泵送混凝土的理想胶凝材料掺合料。

参考文献

[1]　李秀英.超高泵送混凝土技术的研究与运用[J].居舍，2019（03）：59-60.

案例5　上海中心大厦600m级超高泵送混凝土技术

5.1　技术分析

上海中心大厦建筑结构极其复杂，垂直高度高，混凝土泵送高度大于600m，混凝土超高泵送施工控制和浇筑难度极大：a.采用一次连续浇筑施工工艺，现有混凝土拖泵已无法满足

600m级超高泵送压力要求，对混凝土拖泵出口压力和输送管道抗爆耐磨性能提出新的挑战；b.高强高性能混凝土胶凝材料用量多、混凝土黏度大，对混凝土的流动性、离析泌水性能等提出新要求；c.建筑核心筒体型变化大，竖向结构多，泵管布设难；d.混凝土泵送高度高、输送管道长、累计管道摩阻力大，超高超长混凝土输送管道的密封性、稳定性和安全性控制难；e.混凝土泵送方量大、机械设备多，现场混凝土供应、施工与管理难度大。

5.2 工程概况

上海中心大厦位于陆家嘴金融贸易区中心，是一座集办公、商业、酒店、观光于一体的摩天大楼，大楼总建筑面积约58万平方米，地下5层，地上127层，高632m，为中国第一、世界第二高楼。桩基采用超长钻孔灌注桩，结构为钢-混凝土结构体系，竖向结构包括钢筋混凝土核心筒和巨型柱，水平结构包括楼层钢梁、楼面桁架、带状桁架、伸臂桁架以及组合楼板，顶部为屋顶皇冠。其中，混凝土结构施工时，不同高度采用不同强度等级的混凝土，核心筒全部采用C60混凝土浇筑，巨型柱混凝土37层以下为C70混凝土浇筑，37～83层为C60混凝土浇筑，83层以上为C50混凝土浇筑，楼板混凝土强度等级为C35混凝土浇筑。其中，核心筒混凝土实体最高泵送高度达582m，楼板混凝土泵送高度达610m。

5.3 材料选配

（1）材料配制技术　本工程对混凝土工作性能要求极高，因此在原材料选择上较为严格，配合比设计时，除考虑强度要求，还需以工作性能为控制指标进行调整。本工程采用的5～20mm精品石是由5～10mm和10～20mm复配得到。首先研究了两种级配不同比例下的紧密空隙率，如表8-14所列。根据混凝土泵送高度分为4个泵送区间，不同的泵送高度区间调整级配比例，具体调整情况如表8-15所列。由表8-15可得，随着泵送高度的增加，不断增加细颗粒（5～10mm）在整个骨料体系的占比，当泵送高度大于500m后，将粗骨料级配调整为5～16mm；同时，也要调整混凝土胶凝材料总量和掺合料品种，以期进一步改善混凝土工作性能。

⊡ 表8-14　不同比例的精品石紧密空隙率

项目	5～10mm和10～20mm复合比例				
	3：7	4：6	5：5	6：4	7：3
紧密孔隙率/%	38	36	36	37	38

⊡ 表8-15　精品石随高度调整情况

高度区间	5～10mm和10～20mm复合比例
300m以下	4：6
300～393.4m	5：5
398.9～407m	6：4
501.3m以上	级配调整为5～16mm

为改善混凝土流动性，并保证混凝土输送过程中不发生离析，研究高性能外加剂复配技术。首先确定外加剂的主要组分，不同组分的主要作用。不同组分作用主要有减水、保坍、黏度调节，根据混凝土工作性能需要，通过试验确定复合比例。本工程中要求C35、C50、C60混凝土拌合物性能4h内扩展度保持600～750mm，无泌水、工作性能波动小；此外，对C50、C60混凝土要求3s＜T60＜8s。通过上述配制方法得到的混凝土工作性能优良，可满足600m级混凝土超高泵送施工要求。

（2）可泵性控制区间　混凝土工作性能控制是保障顺利泵送的关键，现有工程做法是以坍落度（扩展度）来表征混凝土工作性能。研究发现高性能混凝土随着流动性增大，其在管道内的流动可视为宾汉姆体，影响宾汉姆体流动的主要是流变参数，仅仅采用测试坍落度（扩展度）来表征混凝土泵送性能存在一定不足。结合工程实际提出两阶段控制，即在实验室配制阶段采用"塑性黏度+扩展度"的双指标控制方法，塑性黏度的控制区间为24～40Pa·s，对应扩展度区间为600～850mm。根据《混凝土泵送施工技术规程》（JGJ/T 10—2011）给出的坍落度（扩展度）与泵送高度的关系表，建议400m以上要保证扩展度在600～740mm。考虑实际泵送过程混凝土坍落度经时损失和管壁受热升温影响，在确保水胶比不变的前提下，通过调整高性能减水剂掺量调整混凝土扩展度，并给出不同高度对应的扩展度指标：高度为300m时扩展度为（650±50）mm，高度为400m时为（700±50）mm，高度为500m时为（750±50）mm，高度为600m时为（800±50）mm。

（3）设备选型　泵送设备选型时，采用150mm输送管，突破125mm输送管泵送压力极限，将混凝土泵送600m高度所需压力估算值为26.95MPa，若继续采用HBT90CH-2135D型泵进行泵送，其压力储备仅为22%左右，难以应对实际泵送过程中混凝土出现的异常情况。考虑到本工程可为km级建筑建造技术做一定的铺垫性研究，采用创新研发的新型HBT90CH-2150D型输送泵，其混凝土输送压力可达50MPa，压力储备值接近50%，可保障混凝土超高600m级泵送施工。通过该泵的实际工程使用，为km级泵送设备的研发储备基础数据。

输送管采用超高压耐磨抗爆输送管，使用寿命较常规管道提高约10倍。输送管选择时，考虑到本工程的混凝土输送量巨大，对混凝土输送管的耐磨性能要求较高，故输送管道壁厚采用10mm，最大输送压力按50MPa考虑，计算得到管道材料的抗拉强度最小值：

$$\sigma_b = \frac{P_{max}D}{2t} = \frac{50 \times 150}{20}MPa = 375MPa$$

式中　P_{max}——混凝土最大输送压力；

　　　　t——管道壁厚；

　　　　D——管道直径。

基于此，最终选用内径为150mm的双层复合管，内层耐磨，外层抗爆；材料抗拉强度为980MPa，满足工程建设要求。布料杆选择时，从拆装便利性、机动性、自重等因素考虑施工综合效益最优，开发了新型HGY-28混凝土布料杆，既可安装在建筑物上，也能安装在钢平台上，最大回转半径达28.1m，解决了布料杆高空转场难题，大幅提高混凝土浇筑速度，提高大型工程的施工工效，降低建设成本。

由此可见，粉煤灰的用量在15%以下时，提高石墨粉比例，混凝土的和易性不好，但是当粉煤灰含量达到15%以上时，混凝土拌合物的和易性就会随石墨粉的比例有显著的提高，混凝土的坍落度增长较快，流动性增强；当石墨粉比例含量超过20%时，即便有增强黏聚性的沸石粉，如果粉煤灰的含量不高，也会造成离析的现象，这会导致浆体与骨料分离，进而造成堵管情况的发生。由此可推断，当粉煤灰含量在15%～20%时，比石墨粉含量在10%的情况下混凝土拌合物的具备较强的可泵性，并和易性较好。

5.4 结语

上海中心大厦工程形成了综合性能指标协同控制的超高泵送混凝土施工成套技术，攻克了600m级混凝土泵送难题，保障了工程高品质完成，工程应用成效显著。

① 该成套技术综合应用可使泵送阻力减少50%以上，成功将C60混凝土一次泵送至582m的实体高度、C45混凝土一次泵送至606m的实体高度、C35混凝土一次泵送至610m的实体高度，创造了多项混凝土一次连续泵送高度世界纪录。

② 自主开发出新型HBT90CH-2150D型和HBT9060CH-5M型混凝土输送泵，输送压力分别达到51.2MPa和58.6MPa，创造了混凝土输送泵泵口压力纪录，可满足km级超高建筑泵送需求。

③ 提出了600m级混凝土超高泵送两阶段工作性能控制方法，揭示了超高混凝土可泵性量化指标有效合理的控制范围，形成了适用于600m级超高泵送混凝土性能设计与控制关键技术。

④ 提出了不同强度混凝土入泵扩展度、有效泵送时间等关键控制指标，开发了管道顶升装置可高效更换管道，采用了绿色高压水洗技术极大地提高混凝土利用率。

| 参考文献

[1] 龚剑，崔维久，房霆宸.上海大厦600m级超高泵送混凝土技术[J].施工技术,2018,47（18）: 5-9.

第二篇

混凝土制备工艺

第9章

先进水泥生产技术

水泥是建筑工程的基本材料之一。在没有新的、更好的材料出来代替水泥以前，水泥仍是主要的建筑材料，对水泥工业的研究仍具有重要意义。

现今，我国一直坚持走可持续发展的道路，在环境污染上也秉承"环保，低耗"的原则，而且建筑行业的发展，也促进水泥生产工艺的不断改进，以此便衍生出了新型干法水泥工艺。新型干法水泥生产有污染较小、自动化程度较高等相关特点，现阶段这种工艺也在逐步成熟，在水泥生产中的应用范围也越来越广。

水泥粉磨是水泥生产过程中一个重要环节，水泥配料与磨机负荷控制效果是影响水泥产品质量的关键。就目前水泥粉磨工艺流程而言，有管磨机（开路或闭路）粉磨系统、立磨粉磨系统、筒辊磨粉磨系统及辊压机终粉磨系统等。粉磨过程电耗要占水泥总电耗的70%以上，粉磨工艺的选择与应用直接影响到水泥的产、质量及生产成本，在水泥制备中占有举足轻重的地位。

由于水泥产品自身的粉状性质，不论其生产工艺如何优化都无法完全避免生产性粉尘释放至周围空间并对工人产生职业病危害，例如尘肺病。随着HACCP方法的不断发展完善，目前其已成为一种国际公认、广泛应用的管理体系，并被广泛应用于各行各业，在职业病危害评价中也已获得应用并取得了良好效果。本案例尝试运用HACCP方法的预防性管理理念和系统化方法，确定水泥生产过程中的粉尘产生和释放的关键控制点，并有针对性地提出有效预防、减轻或消除粉尘职业危害因素的方法，从而形成适用于水泥行业粉尘职业危害防控的管理体系。

案例1　新型干法水泥生产工艺

1.1　技术分析

水泥生产的技术进步始终围绕着以煅烧技术为核心而不断发展，经历了立窑、干法中空窑、干法余热发电窑、湿法窑、立波尔窑、预热器窑到窑外分解窑的发展过程。以预分解窑为代表的新型干法水泥生产技术是国际公认的代表当代水泥技术发展水平的水泥生产方法，具有生产能力大、自动化程度高、产品质量高、能耗低、有害物质排放低、工业废弃物利用量大等一系列优点，成为当今世界水泥工业生产的主要技术。新型干法水泥生产技术内容主要包括生料矿山计算机控制开采、生料预均化、生料均化、新型节能粉磨、高效低阻预热器和分解炉、新型篦式冷却机、高耐热耐磨及隔热材料、计算机与网络化信息技术等，是水泥生产具有高效、优质、节能、资源利用符合环保和可持续发展的要求。

1.2 工程概况

新型干法水泥生产的过程通常分为以下三个阶段：第一阶段是生料准备和生料制备；第二阶段是熟料烧成；第三阶段是水泥制成及出厂。干法水泥工艺生产过程如图9-1所示。

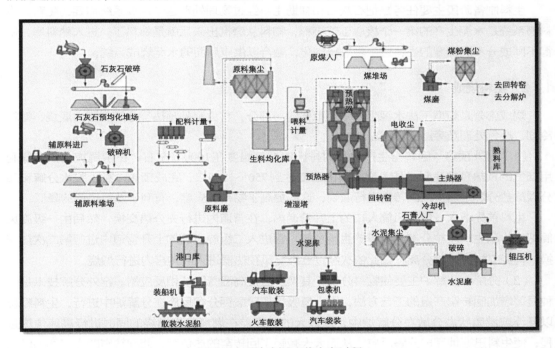

图9-1 干法水泥工艺生产过程

1.3 材料选配

生产硅酸盐水泥的主要原料为石灰原料和黏土质原料，有时还要根据燃料品质和水泥品种，掺加校正原料以补充某些成分的不足，还可以利用工业废渣作为水泥的原料或混合材料进行生产。

（1）石灰石原料 石灰质原料是指以碳酸钙为主要成分的石灰石、泥灰岩、白垩和贝壳等。石灰石是水泥生产的主要原料，每生产1t熟料大约需要1.3t石灰石，生料中80%以上是石灰石；硅质校正原料含80%以上；铝质校正原料含30%以上；铁质校正原料含50%以上。

（2）黏土质原料　黏土质原料主要提供水泥熟料中的SiO_2、Al_2O_3及少量的Fe_2O_3。天然黏土质原料有黄土、黏土、页岩、粉砂岩及河泥等。其中黄土和黏土用得最多。此外，还有粉煤灰、煤矸石等工业废渣。黏土质为细分散的沉积岩，由不同矿物组成，如高岭土、蒙脱石、水云母及其他水化铝硅酸盐。

（3）校正原料　当石灰质原料和黏土质原料配合所得生料成分不能满足配料方案要求时（有的硅质含量不足，有的铝质和铁质含量不足）必须根据所缺少的组分，掺加相应的校正原料。

1.4　干法水泥的生产过程

1.4.1　生料准备和生料制备

生料制备阶段主要任务是把石灰石和辅助生料经过物理处理达到烧成系统需要的生料。生料磨系统是水泥生产的第一个核心工艺流程，物料从磨机出来后就是熟料了，进入熟料库，使得不同成分不同细度的生料进一步进行均化，融合以供应后面的水泥烧成系统。

1.4.2　熟料烧成

烧成部分是新型干法水泥生产中最重要的一部分，它由窑外预热、分解、窑内煅烧、熟料冷却、废气处理及旁路放风组成。

（1）窑外预热　回转窑生产熟料时排出的烟气温度在1000℃左右，在窑尾加上预热器利用烟气的预热预热生料，使入窑生料的温度达到750～800℃，完成预热、黏土脱水分解和部分碳酸盐分解之后再入回转窑进行煅烧，这样提高了物料反应度，有利于熟料热耗的降低。

生料首先喂入一级旋风筒入口的上升管道内，在管道内进行充分热交换，然后由一级旋风筒把气体和生料颗粒分离，收下的生料经卸料管进入二级旋风筒的上升管道内进行第二次热交换，再经二级旋风筒分离，如此依次经过五级旋风预热器进入回转窑内进行煅烧。

（2）分解　分解炉主要使物料分解，其实质上是高温气固多相反应器。窑外分解技术是一种显著增加回转窑产量的工艺方法，把大量吸热的碳酸钙分解反应在分解炉中进行，生料颗粒以悬浮或沸腾状态分散在分解炉中，以最大的温度差在燃料无焰燃烧的同时进行高速传热过程，使生料迅速地完成分解反应，从而大大减轻了回转窑的热负荷，使回转窑的生产能力以倍数增加。

（3）窑内煅烧　回转窑的主要作用是为了生料的完全分解和熟料矿物的形成提供所需的温度和一定的停留时间，以实现熟料的烧成。在水泥生产过程中，生料从窑尾向窑头运动，与窑内热气流进行交换，物料发生了系统的化学反应，把回转窑分成干燥带、分解带、烧成带和冷却带。

（4）熟料冷却　高温熟料由窑口进入冷却机后，首先受到从箅板下部鼓入的高风压的急速冷却，随后由箅床推动前进，并且受到中风压的继续冷却。冷却后的小颗粒熟料穿过细栅条，经出料溜子直接送入输送设备，大块熟料需经冷却机末端的破碎机破碎后，再进入输送设备。从箅板缝漏入空气室底部的细小熟料颗粒，由冷却机底部的拉链机送至出料端。鼓入冷却机的冷空气与熟料进行热交换后，一部分作为二次空气进入窑内，一部分作为三次空气引入分解炉或用于烘干原燃料，多余的热风经收尘后由烟囱排入大气。

（5）废气处理　现代水泥生产线的废气处理系统是指在一级预热器热风出口到窑尾的排放烟囱为止这样一套系统。这个系统中，主要设备有窑尾高温风机、电收尘器、收风机和增湿塔等。

（6）旁路放风　为了解决碱、硫、氯等有害成分的循环富集所造成的结皮堵塞及熟料质量下降，首先必须注重原燃料的选用，当原燃料资源受到限制、有害成分含量超过允许限度时，必须在设计及生产中采取相应的防止堵塞的措施。国外部分公司对生料堆中碱、氯、硫等有害的成分含量有严格的规定，超过规定就要采取旁路放风措施。

1.4.3　水泥制成及出厂

熟料加适量石膏、矿渣后经水泥磨共同磨细成粉状的水泥，包装或散装即可出厂。本工艺流程分为水泥磨系统和水泥包装系统两个部分。

（1）水泥磨系统　水泥磨系统主要包括水泥调配站、水泥磨、水泥入库。水泥调配站和生料磨的调配站基本上是一样的，根据生产不同的水泥型号以及熟料的成分控制熟料、石膏和矿渣的喂料的比例。球磨机里主要是钢球，通过钢球的碰撞达到研磨的目的，从磨机出来后进入选粉机，粗熟料循环再进入磨机，细度达到要求的料，即水泥成品通过斜槽进入水泥库。

（2）水泥包装系统　水泥包装系统分为散装和袋装：散装直接由水泥库库低装车运出；袋装由包装机完成，水泥包装机的自动化程度一般很高。本系统中包装机自成一个系统，独立操作和控制。

1.5　水泥生产工艺

该水泥的生产工艺简单讲便是"两磨一烧"，即原料要经过采掘、破碎、磨细和混匀制成生料，生料经1450℃的高温烧成熟料，熟料再经破碎，与石膏或其他混合材一起磨细成为水泥。由于生料制备有干湿之别，所以将生产方法分为湿法、半干法或半湿法、干法3种。

（1）湿法生产　将生料制成含水32%～36%的料浆，在回转窑内将生料浆烘干并烧成熟料。

（2）半干法生产　将干生料粉加10%～15%水制成料球入窑煅烧称半干法，带炉篦子加热机的回转窑又称立波尔窑和立窑都是用半干法生产。国外还有一种将湿法制备的料浆用机械方法压滤脱水，制成含水19%左右的泥段再入立波尔窑煅烧，称为半湿法生产。

（3）干法生产　干法是将生料粉直接送入窑内煅烧，入窑生料的含水率一般仅为1%～2%，省去了烘干生料所需的大量热量。

1.6　干法生产工艺优点

采用湿法生产水泥时，生料的粉磨和均化是在含水率为30%～40%的浆体状态下进行的。现代水泥厂更青睐于用干法生产，干法比湿法更加节能，因为湿法熟料烧结前必须先蒸发掉浆料中的水。对于熟料生产，干法窑带有多级悬浮预热器，可以使生料与窑尾热气进行高效的热交换。干法窑的煤热耗约为800kcal/kg熟料，而湿法窑的煤热耗约为1400kcal/kg熟料，从而干法生产比湿法生产更加高效节能环保。

参考文献

[1] 张冬梅. 新型干法水泥生产工艺和新设备介绍[J]. 硅谷, 2008 (22).

[2] 马保国. 新型干法水泥生产工艺[M]. 北京：化学工业出版社, 2007.

[3] 库马·梅塔, 保罗J.M. 蒙特罗. 混凝土：微观结构性能和材料[M]. 北京：中国电力出版社, 2008.

案例2　安徽海螺水泥及中国水泥厂

2.1　公司概况

安徽海螺水泥股份有限公司成立于1997年9月1日。公司主要从事水泥及商品熟料的生产和销售，是世界上最大的单一品牌供应商。

公司主导产品为"海螺牌"硅酸盐水泥熟料和"海螺牌"高等级水泥，生产的通用水泥主要有硅酸盐水泥、普通硅酸盐水泥、矿渣硅酸盐水泥、复合硅酸盐水泥等，强度等级分为62.5R、62.5、52.5R、52.5、42.5R、42.5、32.5R、32.5共8个等级（R表示早强型水泥），生产的特性水泥有抗硫酸盐水泥、中热硅酸盐水泥、低热矿渣硅酸盐水泥、道路硅酸盐水泥、油井水泥、无磁水泥、核电站专用水泥、白色水泥等，也可以按美国ASTM标准生产Ⅰ-Ⅱ型水泥、Ⅱ-Ⅴ型水泥和欧洲EN-197标准生产的PⅠ-52.5N、PⅡ-42.5R、PⅡ-42.5N水泥等多标准要求水泥。

该水泥产品被广泛用于国家重点工程，如上海东方明珠电视塔、上海磁悬浮高速铁路（轨道梁）、中国最大的核电站——连云港核电站及世界最长的跨海大桥——杭州湾跨海大桥等众多建筑项目，如图9-2所示。

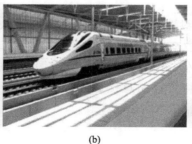

　　　　　(a)　　　　　　　　　　　　　(b)　　　　　　　　　　　　　(c)

图9-2　海螺水泥应用的工程

海螺集团分别在安徽、江苏、浙江、江西、湖南、广东、广西形成了17个大型水泥熟料基地。现已投入运行的有8条日产5000吨级，7条日产2500吨级新型干法水泥生产线。在建的有4条日产10000吨、1条日产8000吨、6条日产5000吨、1条日产2500吨新型干法水泥生产线。除水泥熟料基地外，集团分别在江苏、浙江、上海、江西、福建等地先后建成了17个300万～600万吨级的水泥粉磨站。

2.2　技术分析

公司经过多年的快速发展，产能持续增长，工艺技术装备水平不断提升，发展区域不断扩大。公司先后建成了铜陵、英德、池州、枞阳、芜湖5个千万吨级特大型熟料基地，并在安徽芜湖、铜陵兴建了代表当今世界最先进技术水平的3条12000吨生产线。截至2011年年底，公司累计建成94条熟料生产线、253台水泥磨、54套余热发电机组，共形成熟料产能1.64亿吨、水泥产能1.8亿吨、余热发电能力739兆瓦。2011年，公司水泥、熟料总销量达2.02亿吨。

公司生产线全部采用先进的新型干法水泥工艺技术，具有产量高、能耗低、自动化程度高、劳动生产率高、环境保护好等特点。公司在华东、华南地区拥有丰富的优质石灰石矿山资源，含碱度低，为生产高品质低碱水泥提供了得天独厚的原材料；依靠完备的铁路、陆路及水路运输系统，形成了专业化生产体系和庞大的市场营销网络。

2.3　主导产品

"海螺"牌高等级水泥和商品熟料为公司的主导产品。"CONCH"商标被国家商标局认定为驰名商标，"海螺"牌水泥被国家质量监督检验检疫总局批准为免检产品，长期、广泛应用于举世瞩目的标志性工程，例如上海东方明珠电视塔、上海磁悬浮列车（轨道梁）、连云港田湾核电站、浦东国际机场、海沧大桥、杭州湾跨海大桥等工程。同时，产品现已出口美国、欧洲、非洲、亚洲等20多个国家和地区。

2.4　生产工艺

海螺水泥生产工艺采用世界先进的新型干法窑外分解技术，生产过程通过中央控制室的集散控制系统，实现了从矿石开采到码头装运的全程自动化控制。

2.4.1　矿石开采

石灰石矿山开采技术先进、装备优良。装备有大型转机、铲装设备及运输车辆，采用台段式、中深孔、非电微差挤压爆破方式，爆破安全、大块率小，并做到零排放生产，充分利用了石灰石资源。如图9-3所示。

图9-3　矿山开采系统

2.4.2 原料破碎系统

石灰石采用单段锤式破碎机,一次性可将最大尺寸1500mm的大块石灰石破碎至70mm以下。工艺流程简单、可靠、先进。设置有袋式除尘器,环境清洁、满足环保排放要求。如图9-4所示。

图9-4 原料破碎系统

2.4.3 原料均化与储存系统

(1)石灰石均化储存 石灰石均化储存采用长形或圆形预均化堆场,均化效果好。有程序自动控制堆料机和取料机作业,均化后的石灰石化学成分稳定。

(2)黏土或砂岩均化储存 黏土或砂岩均化储存采用长形预均化堆场,均化效果好。堆取料机可根据黏湿物料的特性进行可控程序下的自动作业,均化后的黏土或砂岩化学成分稳定。如图9-5所示。

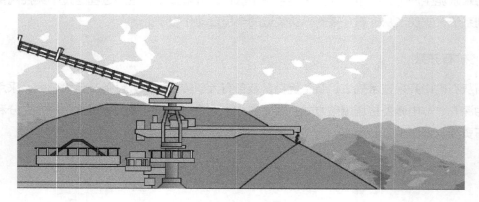

图9-5 原料均化与储存系统

2.4.4 原料配料系统

可根据当地的原料资源情况,选择采用石灰石、砂岩、黏土、铁质原料等进行配料生产。上述原料经预均化处理后进入配料系统,按照水泥专用配方,采用先进的电子皮带秤进行精确计量生产。如图9-6所示。

图9-6　原料配料系统

2.4.5　原料粉磨及废气处理系统

采用先进的立式辊磨技术，并配备有先进的电除尘和袋式除尘器。粉磨后的生料质量优良、可控性好，粉磨电耗低，环保达标排放。如图9-7所示。

图9-7　原料粉磨及废气处理系统

2.4.6　生料均化及入窑系统

采用连续式生料均化储存技术，对粉磨后生料再次进行均化，并采用先进的X荧光分析仪，对生料质量进行跟踪监测，及时调整各种原料的配比，满足产品质量要求。如图9-8所示。

图9-8　生料均化及入窑系统

2.4.7 熟料烧成及余热发电系统

采用先进的预分解干法回转窑水泥生产技术，配备有海螺自行开发的自动化控制程序，生产控制稳定，产品质量优良，煤耗、电耗等主要经济指标达到国际领先水平。在降低NO_x、降低粉尘、降低噪声及变频技术的应用等方面具有海螺特有的优势。

煤粉制备立式粉磨技术对于煤质相对较好的地区，采用立式辊磨技术，粉磨电耗低，产品质量满足生产需要。采用煤粉专用抗静电袋式除尘器，粉尘排放浓度大大低于国家标准要求。针对煤粉易燃易爆的特点，设置有自动监测、报警、消防灭火系统，系统安全可靠。如图9-9所示。

图9-9　熟料烧成及余热发电系统

2.4.8 熟料入库及散装发运

根据市场的不同需要，可提供汽车、火车及船运3种熟料销售方式，也可满足工厂自身粉磨水泥的要求。如图9-10所示。

图9-10　熟料入库及散装发运

2.4.9 水泥配料及粉磨系统

根据水泥品种的不同要求，在熟料内掺入适量石膏及混合材，经高精度计量称配料后进入水泥粉磨设备进行粉磨，并采用先进的质量监测仪器及时地对质量情况进行跟踪、监测与调整，制造出质量优良的水泥。水泥粉磨设备可根据不同需要选择带辊压机的球磨系统、带高效选粉机的球磨系统和立式辊磨系统。水泥粉磨采用高效的袋式除尘技术，满足环保高标准排放要求。如图9-11所示。

图9-11 水泥配料及粉磨系统

2.4.10 水泥储存及发运系统

经粉磨后的水泥储存在水泥圆筒库内，在经过一系列严格的化学检测和物理检测后，合格的水泥产品可作为成品出售。销售方式可根据客户需要，选择汽车散装、火车散装、船运散装及汽车袋装、火车袋装、船运袋装等形式。如图9-12所示。

图9-12 水泥储存及发运系统

2.5 知名品牌

2.5.1 中国水泥知名品牌

中国水泥知名品牌包括海螺、CONCH、南方水泥、盾石、华润水泥、金隅、中联/CUCC、中材/SINOMA、山水东岳、华新堡垒、台泥水泥、鲁珠等，如图9-13所示。

图9-13 中国水泥知名品牌

2.5.2 中国知名水泥公司简介

（1）安徽海螺水泥股份有限公司 见本章案例2相关内容。

（2）中国联合水泥股份有限公司 中国联合水泥集团有限公司是中国水泥行业快速成长起来、在国内外水泥业界具有一定影响力的企业。历经了8年的艰苦创业，通过联合、重组、收购、建设发展，到2007年10月底，成长为拥有山东、江苏、河南、河北、安徽等省23家公司，拥有代表世界先进水平的日产10000吨级和多条代表国内先进水平的日产6000吨级、日产5000吨级新型干型水泥生产线，年产规模达3500万吨，产能规模位居全国水泥行业第二，是国家重点扶植的大型水泥集团之一。如图9-14所示。

  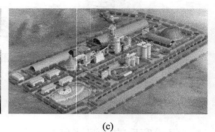

(a)　　　　　　　　　　(b)　　　　　　　　　　(c)

图9-14 中联水泥生产集团

（3）山东山水水泥集团有限公司 山东最大的山水水泥集团，全国第二，目前有23家分公司，遍布全省各市，总部位于济南长清区崮山山水工业园，山东山水水泥集团有限公司（简称山水集团）是国家重点支持的12户全国性大型水泥企业之一。最近几年，按照"做大水泥主业"战略，山水集团立足山东，沿最具经济活力的胶济铁路"东进西扩、南北辐射"，现已形成以济南、淄博、潍坊、烟台为熟料基地，配套水泥粉磨企业，回转窑生产企业遍布省内十几个地市的产业格局，生产规模位居全国同行业前列。如图9-15所示。

(a)　　　　　　　　　　(b)　　　　　　　　　　(c)

图9-15 山东山水水泥集团

2.6 社会贡献

2.6.1 余热发电技术创新

2005年，海螺集团开始大规模建设余热发电项目，2006年8月，集团首条自主设计、自行成套的日产5000吨水泥熟料余热发电项目在宁国水泥厂建成投运；到2009年年底，集团已建成30套机组，装机规模达到492兆瓦，年发电量37亿千瓦时，按照火力发电同口径计算，年节约130万吨标准煤，减排321万吨二氧化碳。

该余热发电技术在行业内迅速得到推广，截至2009年12月底已推广了104套机组，规模达到1410兆瓦，涉及国内外24家水泥企业集团、163条水泥熟料生产线，年发电量约107亿千瓦时，按照火力发电同口径计算，年节约375万吨标准煤，减排928万吨二氧化碳。

2.6.2 环境环保

水泥行业环境污染问题的彻底解决，必须依靠生产技术的更新和装备的升级换代。在推行最先进的新型干法水泥生产技术上，海螺水泥一直坚持不懈，并率先在国内新型干法水泥生产线的低投资、国产化方面取得突破性进展，为新型干法水泥生产在我国的推广和普及做出了突出贡献。海螺日产8000吨和3条日产10000吨熟料生产线是目前全球最先进、单线规模最大的生产线，它们的顺利建成和稳定运行，标志着中国水泥制造业的技术水平已经跨入世界先进行列。海螺水泥日产5000t/d以上大型预分解窑超过30条（包括全球仅有的7条10000t/d超大型生产线中的3条）。通过水泥生产技术的进步，从根本上彻底解决了环境污染问题。

海螺水泥不仅在建设和生产中重视生态环境保护，同时还大量利用各种工业废渣、大胆试验处理社会废弃物，以及大批增建纯低温余热发电设施，大力发展循环经济，积极分摊社会环境污染负担，增强与社会的相融性。

工厂在设计和建设中还特别重视了与周边生态环境的协调和相融，尽量保留原有的数十公顷林地，使厂区巧妙和谐地融入自然环境，保持周边地区原始风貌不变。在厂区、矿区及道路两侧实施美化绿化，保护周边景观不受影响，努力打造生态工厂。改变传统上对水泥企业的"脏、乱、差"观念，做到经济、社会和环境协调统一，自然、企业和人类和谐共存，最终实现企业发展与环境保护、社会经济和谐发展的目标。

参考文献

[1] 马保国.新型干法水泥生产工艺[M].北京：化学工业出版社，2007.

案例3 水泥粉磨系统节能工艺

3.1 技术分析

目前，水泥工业是我国工业领域中的能耗大户。在水泥生产过程中，粉磨电耗占水泥生产总电耗的65%～75%，粉磨成本占生产总成本的35%左右，粉磨系统维修量占全厂设备维修量的60%，因此，粉磨对水泥生产企业的效益影响极大。因此大力降低水泥粉磨过程中的过高能耗，对我国节能减排具有重要意义。

3.2 工程概况

水泥粉磨工艺，按粉磨方式的不同粉磨系统可分为开流系统和圈流系统。在粉磨过程中，物料一次通过磨机后即为成品的称为开流。当物料出磨后经过分选，细粒部分作为成品，粗粒部分返回磨内进行再次粉磨的称为圈流。开流系统的优点：流程简单，设备少，投资省，操作简便。其缺点是粉碎效率低，单位电耗高。圈流系统的优点：可以大大减少过粉磨，使磨机产量提高，电耗降低，同时产品粒度均匀，成品细度可用调节分级设备进行参数的方法来改变。其缺点是流程复杂，投资较大。

3.3 粉磨工艺

3.3.1 磨机开路粉磨工艺

该工艺出磨水泥颗粒级配比较宽，投资成本较低。但该工艺过粉磨现象严重，粉磨能耗高，台时产量低。

3.3.2 球磨机+选粉机系统闭路粉磨工艺

该工艺台时产量有所增加，但是总的能耗降低不明显。水泥磨的温度降低很多，水泥强度较高，可以相应多掺入混合材，降低水泥成本。此生产工艺在国内还有不少，但生产工艺已经落后。

3.3.3 辊压机+V形选粉机+旋风筒+球磨+选粉机系统工艺

该工艺流程为闭路粉磨的改进流程。由于球磨机入料大小决定了磨机台时产量，所以以降低入磨粒度，在球磨机前面加上辊压机进行初级破碎，可使入磨物料粒径大大降低，台时产量得到很大提高，而且水泥各种性能也较好，这是目前利用球磨机最合理的生产工艺。

图9-16为某公司4500t/d熟料水泥生产线水泥联合粉磨系统流程图。该系统总装机功率约为7400kW，水泥磨正常运行时42.5级普通硅酸盐水泥台时产量180t/h左右；磨制P.C水泥台时产量200t/h左右，单位电耗为32～33kW/t。

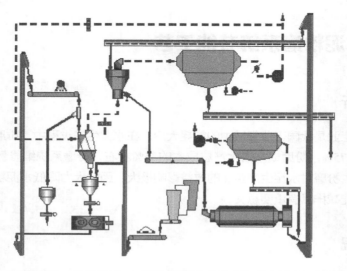

图9-16 某公司4500t/d熟料水泥生产线水泥联合粉磨系统

3.4 新型立磨工艺

随着新型干法水泥生产线规模的日益扩大，球磨机设备的无限放大也不可能实现。在国内水泥界，粉磨作业主要设备一直是粉磨效率较低的球磨机占支配地位，因此，开发高效粉磨工艺和新型粉磨设备一直是国内外粉磨节能的研究主题。法国FCB公司、德国洪堡等公司开发出了基于料床挤压粉碎理论的新型粉磨装备，如立磨、挤压磨，逐步应用于国内外新建水泥生产线，粉磨节能效果明显。

据不完全统计，国际上最近5年新建水泥生产线水泥粉磨系统对立磨的选用率达50%～60%。我国与法国拉法基及德国洪堡公司进行了良好的工艺设计合作，其中，80%以上的业主要求粉磨系统采用立磨终粉磨。而我国在2008年以前，辊压机联合粉磨系统的选用率几乎为100%，仅有个别企业引进了欧洲生产的水泥立磨。随着国产水泥立磨的制造与应用成功，2009～2012年水泥立磨的选用率已有明显提升。图9-17是某水泥公司立磨终粉磨系统流程图。

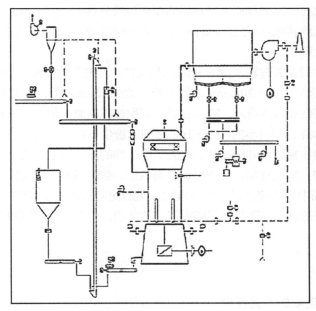

图9-17 某水泥公司立磨终粉磨系统流程

3.5 总结及展望

从介绍的粉磨系统的不同特点可以看出，各系统均有不同程度的优势和不足，企业选择粉磨系统时，特别是对现有磨机进行改造时，应根据自身的设备、原料、管理水平、资金状况等条件，按可选择方案的性价比选择适合自己企业的方案。不管选择何种技术方案，都存在系统优化和配合问题，最先进的技术装备亦不能独善其身。

科学在发展，技术在进步，节能降耗是目标，相信在将来，采用大型立磨、辊压机等大规模代替传统的球磨机将是一种方向。无球化水泥厂将得到长足发展，水泥生产的能效水平将得到很大提高，水泥生产能耗将显著下降。

参考文献

[1] 吴祖德，朱教群，周卫兵.水泥粉磨节能降耗的技术措施[J].建材世界，2010，31（2）：64-66.
[2] 张伟超，杨雅新，秦超，等.水泥粉磨系统节能工艺的发展[J].河南建材，2012（5）：36-38.

案例4 水泥生产粉尘治理技术

4.1 技术分析

水泥粉尘指的是在水泥原料的生产过程中产生的粉尘或水泥产品在包装、运输等过程中飞扬在空气中的粉尘。粉尘的性质主要包括粉尘的化学成分、硬度等。水泥粉尘是生产水泥原料过程中产生的，因此粉尘的成分和生产水泥的原材料成分是相同的。水泥粉尘在吸收水分之后很容易结成硬垢，因此将吸水过后的水泥粉尘称为水硬性粉尘。水泥厂之中常见的熟料及其水泥粉尘都属于水硬性粉尘。

水泥粉尘对人体的健康有较严重的危害，人体如果长时间地吸入水泥粉尘，极容易导致呼吸系统疾病。粉尘标准浓度在20mg/m³，如果粉尘达到30μm以上，肉眼便可以直接看到；粉尘如果小于5μm，则会被人体吸入。吸入过后，沉积在呼吸道上的3～5μm的粉尘可以随着人体的分泌液被排出体外，而较小的0.1～1μm之间的粉尘不会被排出，并在肺泡中沉积，停留在人体肺部的粉尘极容易诱发肺部硬化、硅肺病等，同时还可能造成皮肤感染等疾病，对人体健康有着严重的影响。水泥立窑、烘干机、粉磨系统、包装系统中都是粉尘的主要来源，因此在处理粉尘污染情况中应该控制好这些污染源，然后使用有效的设备保障水泥厂的整体环境，无论是为了工作人员的健康，还是为了城市周围的环境，都要把粉尘治理彻底。

4.2 粉尘来源

4.2.1 破碎和运输造成的水泥粉尘

水泥厂的破碎机依照进料的不同，主要分为石灰石、砂岩、石膏破碎机、熟料破碎机。依照施工破坏力度的不同，分为了冲击型和挤压型的两种破碎机。其中，冲击型的破碎机破坏力度较大，产品粒度比较细，因此进入除尘器的气体含尘度比较大，形成大量的粉尘。其次，水泥厂运输原料主要采用皮带机、斗提机等方式，原料在运输后再下料处会产生大量飞扬的粉尘。图9-18为水泥生产中的粉尘污染。

图9-18 水泥生产中的粉尘污染

4.2.2 烘干环节产生大量粉尘

水泥工厂主要有两种烘干方式：一种是在粉磨过程中同时进行物料的烘干；另一种则是设置单独的烘干设备。国内水泥厂采用的烘干设备主要是立式的烘干机、悬浮烘干机等，使用较为普遍的则是回转烘干机。烘干设备排出的废气包含了大量的粉尘，这也是水泥工程粉尘的主要来源。

4.3 粉尘治理技术

加破碎系统粉尘治理技术，主要是加装除尘设备。

（1）加强包装和装车环节的综合除尘工程治理　从技术角度来说，水泥制造企业要想将水泥生产粉尘危害降到最低，必须加强对包装和装车环节的综合除尘工程治理。首先是加大对目前包装机技术的改造创新力度，淘汰传统使用的包装机，选择不漏灰、不插袋、自动进行灌装的包装机，以此来减少该环节粉尘的产生。其次是严格遵守《水泥生产防尘技术规程》，科学地设计、改装包装接和装车及的除尘系统。对此，应该优先使用袋式的除尘器，在包装机的底部、接包机等关键除设置密闭除尘装置，从而有效地保证除尘风量。最后，在包装机的周围应该安装围栏，有效提高除尘系统的效率，同时装车机也应该符合《袋装水泥装车机》的相关标准。此外，可以优先采用无人全自动包机，从而有效降低粉尘含量。

（2）强化现场管理　水泥制造企业应该严格的执行《职业病防治法》及其《工作场所职业卫生监督管理规定》的相关要求。首先在水泥制造企业中建立并层层落实粉尘危害防治责任，设立专门的职业卫生管理机构，并且配备相关的专业管理人员，保证有效落实粉尘危害防治工作。其次，应该建立相关的粉尘危害制度，同时积极加大对防护设施的投入，例如购买防尘口罩等，并监督相关人员在工作中正确佩戴。最后，应该加强对粉尘危害的日常监测和定期的检测，以此保证作业场地的粉尘浓度能够被控制在国家标准范围之内。

（3）减少接触时间，加强个体防护　当采取各项粉尘控制措施之后依旧不能将水泥粉尘浓度降低到国家标准范围内时，就应该减少员工接触粉尘的时间，同时为直接接触粉尘的人员配备专业的防尘口罩、披肩。个体防护措施并不仅仅指水泥厂员工对水泥粉尘的防护，同时也包含了对水泥粉尘浓度的监控。实时监控水泥粉尘浓度，做好相关防护措施，以此最大限度地降低水泥粉尘对人体的伤害。

4.4 现状及展望

在水泥厂粉尘治理工作中，主要还要保证防尘设施可以长期而有效地运行，避免在运行一段时间后发生故障，如果在工作中出现问题其后果非常严重。随着科学技术的发展，污染源一定会变少，技术的提升可以降低或避免粉尘出现，而且在粉尘传播和二次污染中也可以依靠先进技术做有效防范，提高水泥厂整体粉尘防治的效果。

参考文献

[1] 吴鹤鹤.探讨水泥生产粉尘危害治理技术[J].河南建材，2018（01）：113-114.

[2] 刘宝龙,陈建武,殷德山.水泥生产粉尘危害治理技术[J].劳动保护,2014(3):22-23.

[3] 张胜峰.水泥厂粉尘治理技术现状及展望[J].四川水泥,2015(12):10.

案例5 基于PLC的水泥厂粉磨机

5.1 技术分析

水泥粉磨是水泥生产过程中一个重要环节,水泥配料与磨机负荷控制效果是影响水泥产品质量的关键。由于水泥生产现场环境较为恶劣,工人操作劳动强度大,一般控制手段难以达到要求,容易造成水泥产品质量不稳定,设备运行安全系数小,水泥产量低。为此,基于PLC控制技术,设计与实现了一种水泥厂粉磨机控制系统。

5.2 基本组成及工作原理

水泥厂粉磨机的基本组成,主要可分为球磨机和选粉机两个组成部分,如图9-19所示。图9-19中球磨机为管球磨机,由粗磨仓和细磨仓构成。在球磨机中,粗磨仓装有适量比例的高锰钢钢球,粉磨机粉碎和粗磨是按混合料比例配置。通过粉磨机磨出的物料,经过隔板进入细的细磨仓,进行细碎粉磨。磨粉以后的物料,通过水泥粉磨机的出口排出,排出粉磨机的物料经过空气输送设备送入选粉机中。

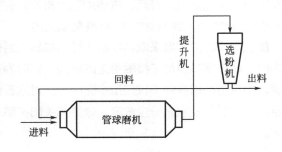

图9-19 水泥厂粉磨机基本组成示意

由此可见,粉磨机不但具有收集水泥物料的功能,而且还有净化尾气的除尘能力。粉磨机中的尾气,通过进风口进入收尘器之后,再通过斜隔板和灰斗。与此同时,因为尾气惯性作用,尾气中的颗粒直接回落到灰斗中,起到收尘的功能,净化了尾气,尾气达到标准后再排入空气中。

5.3 总体设计

基于PLC粉磨机控制系统总体设计,主要包括粉磨机自动控制和粉磨机综合保护系统两个部分，如图9-20所示。可见，粉磨机控制系统的控制任务较多，既有数字量输入，还有模拟量输入和数字量输出，还有显示任务。因此，采用以PLC为主的控制系统，借助于上位机WinCC完成对现场设备的操作、管理和监控，还可以实现粉磨机自动控制和综合保护的功能。

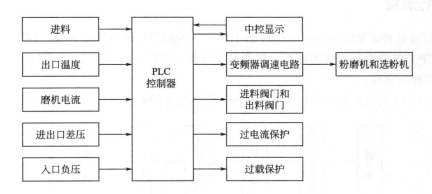

图9-20 基于PLC粉磨机控制系统总体设计原理

5.4 粉磨机工作流程

当粉磨机开始通电开机时，自动运行指示灯亮，这时就地按中控转换开关，可以任意切换就地控制和中控控制。粉磨机正常工作时，若转换开关此时为就地操作时，按下启动按钮，进料阀则自动开启，当进料的液位到达设定值时，进料阀则自动关闭，停止进料，此时粉磨机开始工作。粉磨机开始工作时，通过提升机将粉磨机磨出的原料送入选粉机，选粉机也开始工作，一边粉磨一边选粉，选出的合格细粉则进入生料库，不合格的粗粉则回落在粉磨机中，继续粉磨，反复循环，直到粉磨机中的原料全部粉磨合格，粉磨结束。接着，再运行10s，充分将选粉机和粉磨机中的原料全部送入生料库，节约了材料，粉磨机停止工作。

5.5 应用效果

实践结果表明，该控制系统可以高效率、精确地监测整个系统中表征参数的变化。该系统借助于WinCC组态软件，直观、便捷、高效地实现了水泥厂粉磨机在生产过程中的水泥配料、机电设备启停和储库料位信息等的采集、过程控制和质量监控，这对于改善工人劳动环境，提高水泥配料自动化水平和水泥磨机长期安全运转，保证产量，稳定质量，降低能耗等具有重要的现实意义。

参考文献

[1] 周茂，魏彪，李正中. 基于PLC的水泥厂粉磨机控制系统设计与实现[J]. 国外电子测量技术，2017，36（6）：103-116.

案例6 方法在水泥生产中的应用

6.1 运行流程

粉尘职业危害因素防控的目标就是运用适当的控制措施降低粉尘浓度，使其低于卫生限值。HACCP方法作为一种管理体系，是通过"分析—控制—监测—校正"的系统方法，保证管理控制目标的实现。

基于HACCP方法的粉尘防控管理体系的运行流程如图9-21所示。

图9-21 基于HACCP方法的粉尘防控管理体系的运行流程

（1）危害分析 在对整个生产流程整体把握的基础上，明确生产工艺流程，分析危害存在的环节和导致危害存在的条件，并分析潜在的危害风险。

（2）确定关键控制点 关键控制点为生产工艺过程中危害产生较为严重或控制措施比较薄弱的某一点、某一个步骤或部位，通过对关键控制点进行监测和控制，可以预防和减轻粉尘职业危害。

（3）关键限值的确定 根据有关规范和标准，对每一个关键控制点确定一个危害因素可接受和不可接受水平的标准值，即关键限值（Critical Limit，CL）。

（4）关键控制点的监控 建立适当的监控方法，对关键控制点的危害因素水平进行有计划的测量或观察，并与关键限值进行比较，以评估控制措施的效果。

（5）确定纠正措施 当出现某一关键控制点的危害水平超出关键限值时，或者生产工艺发生变化时，就需要对现有控制措施进行调整，以确保危害水平低于关键限值。

（6）记录并保存 通过建立管理体系运行记录表单和系统，有效、准确地记录并保存各种数据、凭证和文件，形成体系运行档案文件。

（7）建立验证程序 通过采用包括随机抽样和分析在内的验证、审查和监测方法，以确定HACCP方法是否正确运行，从而确保整个流程的闭环连接。

6.2 应用分析

6.2.1 水泥生产过程中的粉尘危害分析

首先需要绘制水泥生产工艺流程图，如图9-22所示；然后确定水泥生产工艺流程中粉尘的出尘阶段，对水泥生产性粉尘危害因素进行辨识，其辨识结果如表9-1所列。

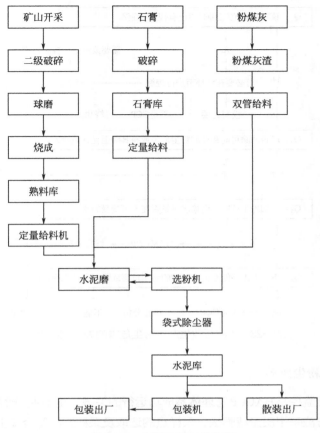

图9-22 水泥生产工艺流程

☑ 表9-1 水泥生产性粉尘危害因素的辨识结果

生产单元	粉尘生产环节	粉尘特征
石灰石矿山	穿爆	石灰石粉尘
原料粉尘	石灰石破碎及运输 辅助原料破碎及运输 煤尘制备及输送 原料配料机输送	石灰石粉尘 硅尘、其他粉尘 煤尘 硅尘、其他粉尘
烧成车间 制成车间	烧成窑中、窑头、窑尾 熟料储存及输送 混合材料储存、石膏破碎及输送 水泥粉磨、水泥配料 水泥储存及输送	其他粉尘 其他粉尘 石膏粉尘、硅尘 水泥粉尘 水泥粉尘
包装发运	水泥包装 汽车水泥散装	水泥粉尘 水泥粉尘

6.2.2 确定生产性粉尘危害的关键控制点

通过对水泥厂的实地调查与监测数据的分析，可确定该水泥厂的粉尘危害点分布在水泥包装处（水泥包装环节）和制成车间处（水泥粉磨、配料、储存及输送巡检环节），如图9-23所示。

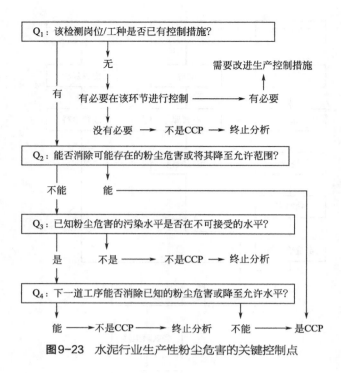

图9-23 水泥行业生产性粉尘危害的关键控制点

6.2.3 关键控制点粉尘监控

关键控制点进行监控是HACCP管理体系成功运行的关键，也是生产性粉尘防治的重点。

粉尘浓度监测方法采用质量滤膜法，采样点的选取及采样方法符合《工作场所空气中有害物质监测的采样规范》（GBZ 159—2004）的要求。

6.2.4 确定纠正措施

纠正措施通常出现在以下两种情形：一是当粉尘浓度超过关键限值时，此时需采取适当措施消除偏离，即选择合适的降除尘措施将粉尘浓度降到可接受范围；二是当企业生产环境、工艺流程、生产过程或环节等发生变化时，此时关键控制点也可能发生相应变化，因此需进行重新分析并确定新的关键控制点。

水泥产业生产性粉尘的预防控制措施主要根据关键控制点所处系统来分别提出，具体的关键控制点纠正措施如图9-24所示。

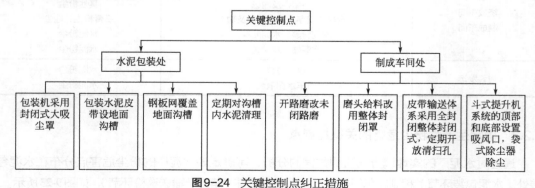

图9-24 关键控制点纠正措施

6.2.5　记录保存和效果验证

完善的资料保存有利于记录、追踪，因此需要定期记录并保存粉尘危害分析小结、HACCP计划实施过程等，该记录保存工作应该在实施计划之前，并贯穿于整个HACCP管理体系的实施过程。此外，针对关键控制点进行粉尘浓度控制后，还需要分析对比采取防控措施后关键控制点的现状，进行效果验证，以确保粉尘浓度在可接受范围。

6.3　应用结果

HACCP理论可以与水泥产业生产性粉尘的防护管理相结合，将其应用于水泥产业的生产性粉尘职业危害防控，确保了水泥生产现场粉尘职业危害的安全管控。为了更好地发挥其预防控制的功能，还需要不断丰富该理论的内涵，并加入新的技术支撑，如在生产作业现场关键控制点加入生产性粉尘的连续在线监控技术，实现粉尘浓度现场远程监控。此外，该理论在水泥行业的应用效果还需要长时间的实际运用检验，为实现作业场所的职业健康发挥积极的作用。

┃参考文献

[1] 张鹏，易俊，李湖生，等. HACCP方法在水泥行业生产性粉尘职业危害防控中的应用[J]. 安全与环境工程，2017，24（01）：63-67.

案例7　燥法脱硫在水泥企业中的应用

7.1　技术分析

水泥生产过程中硫的来源主要有两个：一是原料；二是燃料。生料含有的硫分为有机硫、硫化物和硫酸盐，原材料含硫分析如表9-2所列。

▫ **表9-2　原材料含硫分析**

种类	名称	分子式	是否能氧化成SO_2	备注
无机硫	硫铁矿硫	FeS_2	是	主要组成
	单质硫	S	是	较少
	硫酸盐硫	YSO_x	否	较少
有机硫	硫醇	RSH	是	较少
	噻吩类	C_4H_4S	是	较少
	硫醚	R-S-R	是	较少
	其他	—	—	较少

其中，有机硫为硫的有机化合物，硫化物主要为FeS_2及少量的PbS、ZnS，硫酸盐主要有$CaSO_4$、Na_2SO_4、K_2SO_4。

原料中的硫酸盐，一般情况下熔融温度、分解温度、挥发温度均较高，作为熟料成分入窑。燃料中的硫的存在形式和原料中的一样，有硫化物、硫酸盐及有机硫。

7.2 工艺流程

7.2.1 主要原理

石灰浆液被雾化为微细的石灰浆滴（＜100μm）与高温烟气相接触，气、液、固三相之间发生复杂的传质、传热作用。浆滴中水分蒸发的同时，烟气中的SO_2被吸收与浆滴中的$Ca(OH)_2$颗粒发生反应，最后得到干燥的$CaSO_4$、$CaSO_3$和未反应的$Ca(OH)_2$固体混合物，经收尘系统而收集下来。

总的反应为：$Ca(OH)_2(s)+SO_2(g)+H_2O \longrightarrow CaSO_3 \cdot 2H_2O(s)$。

7.2.2 工艺流程及生产情况

喷雾干燥法烟气脱硫又称为干法洗涤脱硫，其工艺用生石灰（主要成分是CaO）作吸收剂，生石灰经熟化变成熟石灰，再经装雾化器喷射成均匀的雾滴，与烟道中含二氧化硫烟气接触，发生强烈的热交换和化学反应，石灰浆雾滴中的水分被烟气的显热蒸发，而二氧化硫同时被石灰浆滴吸收，脱除SO_2效率可达75%以上。

开生料磨时，雾滴进入磨内与烟气中的二氧化硫反应，生成物随物料一同入窑被固定在熟料中。本工程采用喷雾干燥脱硫法包括生石灰储存系统、生石灰消化系统、脱硫剂储存、脱硫剂输送及喷射系统等。工艺流程如图9-25所示，中控操作画面如图9-26所示。

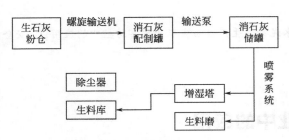

图9-25　喷雾干燥脱硫流程图

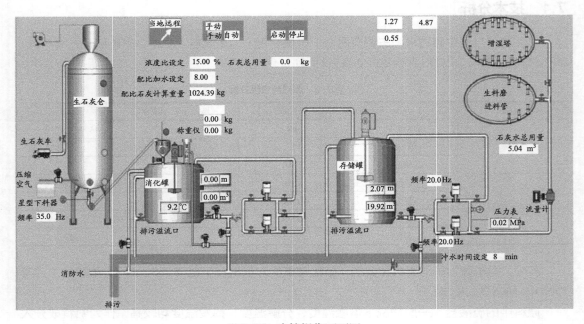

图9-26　中控操作画面图

7.3 总结

喷雾干燥法应用在新型干法熟料生产线取得了一定的效果，为熟料生产企业的脱硫技术带来新的思路，较其他脱硫工艺也具有自身优势。对此技术应用初步尝试，下一步将在浆液浓度的控制比例、喷射的具体位置再做细致的摸索，使整个系统更加优化。

参考文献

[1] 蒋猛. 喷雾干燥法脱硫在水泥企业中的应用实践[J]. 水泥工程，2017（02）：66-68.

第**10**章

原材料加工工艺

水泥品种非常多，按其组成成分分类，可分为硅酸盐类水泥、铝酸盐类水泥、硫铝酸盐类水泥和铁铝酸盐类水泥等。水泥按其性能及用途可分为通用水泥、专用水泥和特性水泥3类。工程中最常用的是通用硅酸盐水泥（Common Portland Cement）。

骨料，亦称"集料"。混凝土及砂浆中起骨架和填充作用的粒状材料，总体积一般占混凝土体积的65% ~ 80%，有细骨料和粗骨料两种。

骨料作为混凝土中的主要原料，在建筑物中起骨架和支撑作用。在拌料时，水泥经水搅拌成稀糊状；如果不加骨料的话，它将无法成型，将导致无法使用。所以说骨料是建筑中十分重要的原料。

混凝土外加剂（concrete admixtures）简称外加剂，是指在拌制混凝土拌和前或拌和过程中掺入用以改善混凝土性能的物质。混凝土外加剂的掺量一般不大于水泥质量的5%。混凝土外加剂产品的质量必须符合国家标准《混凝土外加剂》（GB 8076—2008）的规定。

机制砂作为最有潜力的天然砂替代品之一，随着对其物理力学性能研究上的深入，机制砂在桥梁、房屋建筑、水利工程等土木工程中的应用越来越广泛。

减水剂是指在混凝土和易性及水泥用量不变条件下，能减少拌合水量、提高混凝土强度，或在和易性及强度不变条件下，节约水泥用量的外加剂。它可以单独使用改变混凝土的性能，也可以与其他功能性组分复配使用，以获得最佳的效果。

案例1　混凝土原材料加工工艺——水泥

1.1　技术要求

1.1.1　化学指标

（1）不溶物　主要指煅烧过程中存留的残渣，不溶物含量会影响水泥的黏结质量。

（2）烧失量　水泥煅烧不理想或受潮后会导致烧失量增加，是检验水泥质量的一项指标。

（3）三氧化硫、氧化镁　三氧化硫与氧化镁会导致水泥水化速度慢、体积膨胀，影响水泥安定性。

（4）氯离子　会腐蚀钢筋。

1.1.2　碱含量（选择性指标）

水泥中碱含量按$Na_2O+0.658 K_2O$计算值表示。

1.1.3　物理指标

（1）凝结时间　硅酸盐水泥初凝不少于45min，终凝不大于390min（6.5h）；初凝为水泥加水拌和时起至标准稠度净浆开始失去可塑性所需的时间；终凝为水泥加水拌和时起至标准稠度净浆完全失去可塑性并开始产生强度所需的时间。

（2）安定性　安定性是指水泥在凝结硬化过程中体积变化的均匀性。引起水泥安定性不良的原因有3个：a. 熟料中游离氧化镁过多；b. 石膏掺量过多；c. 熟料中游离氧化钙过多。

（3）强度　各类、各强度等级水泥的各龄期强度应不低于表10-1中所列的数值。

⊡ 表10-1　通用硅酸盐水泥各龄期的强度要求　　　　　　　单位：MPa

品种	强度等级	抗压强度		抗折强度	
		3d	28d	3d	28d
硅酸盐水泥	42.5	≥17.0	≥42.5	≥3.5	≥6.5
	42.5R	≥22.0		≥4.0	
	52.5	≥23.0	≥52.5	≥4.0	≥7.0
	52.5R	≥27.0		≥5.0	
	62.5	≥28.0	≥62.5	≥5.0	≥8.0
	62.5R	≥32.0		≥5.5	
普通硅酸盐水泥	42.5	≥17.0	≥42.5	≥3.5	≥6.5
	42.5R	≥22.0		≥4.0	
	52.5	≥23.0	≥52.5	≥4.0	≥7.0
	52.5R	≥27.0		≥5.0	
矿渣硅酸盐水泥 火山灰硅酸盐水泥 粉煤灰硅酸盐水泥 复合硅酸盐水泥	32.5	≥10.0	≥32.5	≥2.5	≥5.5
	32.5R	≥15.0		≥3.5	
	42.5	≥15.0	≥42.5	≥3.5	≥6.5
	42.5R	≥19.0		≥4.0	
	52.5	≥21.0	≥52.5	≥4.0	≥7.0
	52.5R	≥23.0		≥4.5	

（4）细度（选择性指标）　硅酸盐水泥和普通硅酸盐水泥以比表面积表示，不小于300m²/kg；矿渣硅酸盐水泥、火山灰质硅酸盐水泥、粉煤灰硅酸盐水泥和复合硅酸盐水泥以筛

余表示，80μm方孔筛筛余不大于10%或45μm方孔筛筛余不大于30%。

1.2 材料选配

（1）水泥熟料 主要含CaO、SiO₂、Al₂O₃、Fe₂O₃等原料。其他成分为少量游离氧化钙和碱，会影响水泥安定性。

（2）石膏 作缓凝剂，掺入适量石膏主要是为了调节通用硅酸盐水泥的凝结时间。

（3）混合材料 水泥混合材料包括活性混合材料、非活性混合材料和窑灰。加入混合材料的目的是为了改善水泥性能，调节水泥强度。

活性混合材料 具有火山灰性或潜在水硬性。

粒化高炉矿渣：炼钢厂冶炼生铁时的副产品，具有较高化学潜能，但稳定性差。

粉煤灰：从煤粉炉烟道气体中收集的粉末。

火山灰质混合材料：凡天然的或人工的以氧化硅、氧化铝为主要成分的矿物质材料，本身磨细加水拌和并不硬化，但与气硬性石灰混合后，再加水拌和，则不但能在空气中硬化，而且能在水中继续硬化者，称为火山灰质混合材料。

1.3 生产工艺

通用硅酸盐水泥的生产可概括为"两磨一烧"，生产工艺流程如图10-1所示。

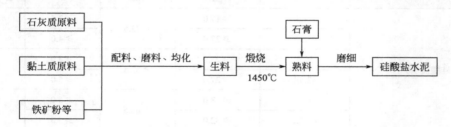

图10-1 通用硅酸盐水泥的生产工艺流程

① 以适当比例的石灰质原料、黏土质原料和少量如铁矿粉等校正原料配料，共同磨制成生料。

② 将生料送入水泥窑中进行约1450℃高温煅烧至部分熔融，所得以硅酸钙为主要成分的产物称为硅酸盐水泥熟料。

③ 把熟料加入石膏粉磨，可制得Ⅰ型硅酸盐水泥；熟料加入石膏和不同种类的其他通用硅酸盐水泥。

1.4 水化硬化

1.4.1 硅酸盐水泥熟料的水化

（1）硅酸三钙水化 水化速度较快，水化热高，早期强度大。

（2）硅酸二钙水化　水化速度较慢，水化热很低，早期强度较低而后期强度较高，耐化学腐蚀，干缩性较小。

（3）铝酸三钙水化　铝酸三钙的含量决定水泥的凝结速度和释放热量，通常为调节水泥凝结速度，需掺加适量石膏；如不掺入石膏或石膏掺量不足时水泥会发生瞬凝现象。

（4）铁相固溶体水化　遇水反应较快，水化热较高，强度较低，对水泥抗折强度和抗冲击性能起重要作用。

1.4.2　硅酸盐水泥的凝结硬化过程

水泥和水后将成为具有可塑性的半流体，当经过一段时间后水泥浆逐渐失去可塑性，并保持原来的形状，这种现象叫作凝结（分为初凝及终凝）。随后即进入了硬化期，水泥的强度逐渐增加。如图10-2所示。

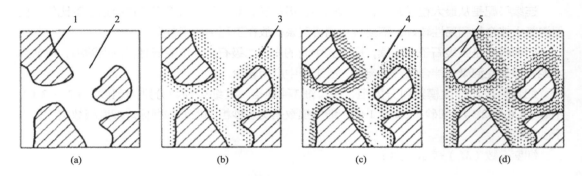

图10-2　水泥凝结硬化过程示意

1—水泥颗粒；2—水分；3—凝胶；4—水泥颗粒的未水化内核；5—毛细孔

1.4.3　影响水泥凝结硬化的因素

主要有矿物组成、水泥细度、拌合水量、环境温度和湿度、龄期和石膏掺量等。

1.5　经济分析

水泥从诞生至今的180多年发展历程中，为人类社会进步及经济发展做出了巨大贡献，与钢材、木材一起并称为土木工程的三大基础材料。由于水泥具有原料资源较易获得、成本相对较低、工程使用性能良好、与环境有较好的相容性等优点，在目前乃至未来相当长的时期内，水泥仍将是不可替代的主要土木工程材料。使用者如能准确了解各种水泥的特性及应用范围，对工程质量等将有重要作用。

参考文献

[1]　苏达根.土木工程材料（第3版）[M].北京，高等教育出版社，2015：60-67.

案例2 混凝土原材料加工工艺——骨料

2.1 技术性质

2.1.1 颗粒级配及粗细程度

颗粒级配表示骨料大小颗粒的搭配情况。为达到节约水泥和提高强度的目的，应尽量减少骨料的总表面积和骨料间的空隙。骨料的总表面积通过骨料粗细程度控制，骨料间的空隙通过颗粒级配来控制。

粗骨料颗粒级配有连续级配与间断级配之分。

连续级配是从最大粒径开始，由大到小各级相连，其中每一级石子都占有适当的比例，使得混凝土拌合物和易性较好，不易发生离析现象，故在工程中应用较多。

间断级配是各级石子不连续，即省去中间的一、二级石子。能降低骨料的空隙率，可节约水泥，但易使混凝土拌合物产生离析，故工程中应用较少。

细骨料按其细度模数可分为粗、中、细3种规格，其细度模数分别为粗砂（3.7～3.1）、中砂（3.0～2.3）、细砂（2.2～1.6）。细度模数是衡量砂粗细程度的指标。细度模数越大，表示砂越粗。

细度模数（M_x）表示式为：

$$M_x = \frac{(A_2 + A_3 + A_4 + A_5 + A_6) - 5A_1}{100 - A_1}$$

式中 M_x——细度模数；

A_1、A_2、A_3、A_4、A_5、A_6——4.75mm、2.36mm、1.18mm、600μm、300μm、150μm筛的累积筛余百分率。

2.1.2 颗粒形态和表面特征

骨料特别是粗骨料的颗粒形状和表面特征对水泥混凝土和沥青混合料的性能有显著的影响。

通常，骨料颗粒有浑圆状、多棱角状、针状和片状4种类型。较好的是接近球体或立方体的浑圆状和多棱角状颗粒。

骨料的表面特征又称表面结构，是指骨料表面的粗糙程度及孔隙特征等。骨料按表面特征分为光滑的、平整的和粗糙的颗粒表面。骨料的表面特征主要影响混凝土的和易性与胶结料的黏结力。表面粗糙的骨料制作的混凝土的和易性较差，但与胶结料的黏结力较强；反之，表面粗糙的骨料制作的混凝土的和易性较差好，但与胶结料的黏结力较差。

2.1.3 强度

粗骨料在水泥混凝土中起骨架作用，应具有一定的强度。粗骨料的强度可用抗压强度和压碎指标值两种方法表示。

抗压强度是指骨料制成的边长为50mm的立方体（或直径与高度均为50mm的圆柱体）试件，在饱和水状态下测定的抗压强度值。

压碎指标值是反映粗骨料强度的相对指标，在骨料的抗压强度不便测定时，常用来评价骨料的力学性能。

2.1.4 坚固性

坚固性是指骨料在自然风化和其他外界物理化学因素作用下抵抗破裂的能力。

2.1.5 含泥量与泥块含量

含泥量是指天然砂或卵石、碎石中粒径＜75μm的颗粒含量。

砂的泥块含量指砂中的原粒径＞1.18mm，经水浸洗、手捏后＜0.60mm的颗粒含量。

2.1.6 有害物质

骨料除不应混有草根、树枝、树叶、塑料、煤块、炉渣等杂物外，应对卵石和碎石中的有机物、硫化物及硫酸盐做出限制，另还应对砂中的云母、轻物质、氯化物做出限制。

硫化物、硫酸盐、有机物及云母等对水泥石有腐蚀作用，会降低混凝土的耐久性。

轻物质指砂中表观密度＜2000kg/m³的物质。轻物质及云母本身强度低，与水泥石结合不牢，因而会降低混凝土强度及耐久性。

氯离子对钢筋有腐蚀作用，海砂必须净化处理。

2.1.7 碱-骨料反应

碱-骨料反应是指水泥、外加剂等混凝土组成物及环境中的碱与骨料中碱活性矿物在潮湿环境下缓慢发生并导致混凝土开裂破坏的膨胀反应。碱-骨料反应包括碱-硅酸反应和碱-碳酸反应。

骨料中若含有无定形二氧化硅等活性骨料，当混凝土中有水分存在时它能与水泥中的碱（K_2O及Na_2O）起作用，产生碱-骨料反应，使混凝土发生破坏。

2.1.8 骨料含水状态

骨料的含水状态可分为干燥状态、气干状态、饱和面干状态和湿润状态4种。

（1）干燥状态　含水率等于或接近于零。

（2）气干状态　含水率与大气湿度相平衡。

（3）饱和面干状态　骨料表面干燥而内部孔隙含水达饱和。

（4）湿润状态　骨料不仅内部孔隙充满水，而且表面还附有一层表面水。

2.2 材料选配

粒径＜4.75mm的骨料称为细骨料（Fine Aggregates），即建设用砂。建设用砂按产源分为天然砂与机制砂两类。按技术要求分为Ⅰ类、Ⅱ类、Ⅲ类。

天然砂（Natural Sand）是自然生成的，经人工开采和筛分的粒径＜4.75mm的岩石颗粒，包括河砂、湖砂、山砂和淡化海砂，但不包括软质、风化的岩石颗粒。

机制砂（Manufactured Sand）是经除土处理，由机械破碎、筛分制成，粒径＜4.75mm的岩颗粒石、矿山尾矿或工业废渣颗粒，但不包括软质、风化的颗粒，俗称人工砂。

粒径＞4.75mm的骨料称为粗骨料（Course Aggregates），俗称石。包括卵石和碎石两类。

卵石（Pebbele）是由自然风化、水流搬运和分选、堆积而成的，粒径＞4.75mm的岩石颗粒。

碎石（Crushed Stone）是指天然岩石、卵石或矿山废石经机械破碎、筛分制成的，粒径＞4.75mm的岩石颗粒。

2.3 技术要求

2.3.1 建设用砂的技术要求

（1）颗粒级配　砂的级配类别：Ⅰ类为2区，Ⅱ类和Ⅲ类为1、2、3区。对于砂浆用砂，4.75mm筛孔的累积筛余应为0。砂的实际颗粒级配除4.75mm和600μm筛档外，可以略有超出，但各级累计筛余超出值总和应不大于5%。如表10-2所列。

表10-2　颗粒级配

砂的分类	天然砂			机制砂		
级配区	1区	2区	3区	1区	2区	3区
方孔筛	累计筛余/%					
4.75mm	10～0	10～0	10～0	10～0	10～0	10～0
2.36mm	35～5	25～0	15～0	35～5	25～0	15～0
1.18mm	65～35	50～10	25～0	65～35	50～10	25～0
600μm	85～71	70～41	40～16	85～71	70～41	40～16
300μm	95～80	92～70	85～55	95～80	92～70	85～55
150μm	100～90	100～90	100～90	97～85	94～80	94～75

（2）含泥量、石粉含量和泥块含量　如表10-3、表10-4所列。

表10-3　天然砂的含泥量和泥块含量

类别	Ⅰ	Ⅱ	Ⅲ
含泥量（按质量计）/%	≤1.0	≤3.0	≤5.0
泥块含量（按质量计）/%	0	≤1.0	≤2.0

表10-4　机制砂的石粉含量和泥块含量（MB值≤1.4或快速试验合格）

类别	Ⅰ	Ⅱ	Ⅲ
MB值	≤0.5	≤1.0	≤1.4或合格
石粉含量（按质量计）/%	≤10.0		
泥块含量（按质量计）/%	0	≤1.0	≤2.0

注：此指标根据使用地区和用途，经实验验证，可由供需双方协商确定。

（3）有害物质　如表10-5所列。

⊡ 表10-5　有害物质含量

类别	I	II	III
云母（按质量计）/%	≤1.0	≤2.0	≤2.0
轻物质（按质量计）/%		≤1.0	
有机物		合格	
硫化物及硫酸盐（按SO₂质量计）/%		≤0.5	
氯化物（以氯离子质量计）/%	≤0.01	≤0.02	≤0.06
贝壳（按质量计）/%	≤3.0	≤5.0	≤8.0

注：该指标只适用于海砂，其他砂种不做要求。

（4）坚固性　坚固性是指骨料在自然风化和其他外界物理化学因素作用下抵抗破裂的能力。

（5）表观密度、松散堆积密度、空隙率　砂表观密度≥2500kg/m³；松散堆积密度≥1400kg/m³；空隙率≤44%。

（6）碱-骨料反应　经碱-骨料反应试验后，试件应无裂缝、酥裂、胶体外溢等现象，在规定的试验龄期膨胀率应＜0.10%。

（7）含水率和饱和面干吸水率。

2.3.2　建筑用卵石、碎石的技术要求

（1）最大粒径及颗粒级配　粗骨料中公称粒级的上限称为该粒级的最大粒径。

在条件许可的情况下，适当选用大一些的最大粒径是有益的，但并非越大越好。

骨料的最大粒径还受到结构形式、配筋疏密、保护层厚度，以及运输、搅拌等的限制。混凝土粗骨料最大粒径不得超过结构截面最小尺寸的1/4，同时不得超过钢筋最小净距的3/4。对于混凝土实心板，最大粒径不超过板厚的1/3，且不得超过40mm。如表10-6所列。

⊡ 表10-6　最大粒径及颗粒级配

公称粒径/mm		累计筛余/%											
		方孔筛/mm											
		2.36	4.75	9.50	16.0	19.0	26.5	31.5	37.5	53.0	63.0	75.0	90.0
连续粒级	5～16	96～100	85～100	30～60	0～10	0							
	5～20	96～100	90～100	40～80		0～10	0						
	5～25	96～100	90～100		30～70		0～5	0					
	5～31.5	96～100	90～100	70～90	0	15～45		0～5	0				
	5～40		90～100	70～90		30～65			0～5	0			
单位粒级	5～10	96～100	90～100	0～15	0～15								
	10～16		96～100	80～100									
	10～20			85～100	55～70	0～15	0						
	16～25		96～100	96～100	85～100	25～10	0～10						
	16～31.5							0～10	0				
	20～40			96～100		80～100			0～10	0			
	40～80					95～100			70～100		30～60	0～10	0

（2）含泥量和泥块含量　如表10-7所列。

⊡ 表10-7　含泥量和泥块含量

项目	指标		
	Ⅰ类	Ⅱ类	Ⅲ类
含泥量（按质量计）/%	＜0.5	＜1.0	＜1.5
泥块含量（按质量计）/%	0	＜0.5	＜0.7

（3）针片状颗粒含量　针、片状颗粒（Elongated or Flat Particle）指卵石和碎石颗粒的长度大于该颗粒所属相应粒级的平均粒径2.4倍者为针状颗粒；厚度小于平均粒径2/5者为片状颗粒。

（4）有害物质　卵石和碎石中不应混有草根、树叶、树枝、塑料、煤块和炉渣等杂物。

（5）坚固性　采用硫酸钠溶液法进行试验，卵石和碎石经5次循环后，其质量损失应符合国家标准规定。Ⅰ类石质量损失≤5%，Ⅱ类石质量损失≤8%，Ⅲ类石质量损失≤12%。

（6）强度

（7）表观密度、连续级配松散堆积空隙率　表观密度≥2600kg/m³；连续级配松散堆积空隙率：Ⅰ类石≤43%，Ⅱ类石≤45%，Ⅲ类石≤47%。

（8）吸水率　Ⅰ类石吸水率≤1.0%，Ⅱ类石和Ⅲ类石吸水率≤2.0%。

（9）碱-骨料反应　经碱-骨料反应试验后，由卵石、碎石制备的试件无裂缝、酥裂、胶体外溢等现象，在规定的试验龄期的膨胀率应＜0.10%。

（10）含水率和堆积密度。

参考文献

[1] 苏达根.土木工程材料[M].第3版，北京：高等教育出版社，2015：60-67.

[2] GB/T 14684—2011.

[3] GB/T 14685—2011.

案例3　混凝土原材料加工工艺——外加剂

3.1　功能分类

混凝土外加剂按其主要功能分为4类[1]。

（1）改善混凝土拌合物流变性能的外加剂　包括各种减水剂、引气剂和泵送剂等。

（2）调节混凝土凝结时间、硬化性能的外加剂　包括缓凝剂、早强剂和速凝剂等。

（3）改善混凝土耐久性的外加剂　包括引气剂、防水剂和阻锈剂等。

（4）改善混凝土其他性能的外加剂　包括加气剂、膨胀剂、着色剂、防冻剂、防水剂和泵送剂等。

3.2　性能分析

外加剂在改善混凝土的性能方面具有以下作用。

① 可以减少混凝土的用水量，或者不增加用水量就能增加混凝土的流动度。

② 可以调整混凝土的凝结时间。

③ 减少泌水和离析，改善和易性和抗水淘洗性。

④ 可以减少坍落度损失，增加泵送混凝土的可泵性。

⑤ 可以减少收缩，加入膨胀剂还可以补偿收缩。

⑥ 延缓混凝土初期水化热，降低大体积混凝土的温升速度，减少裂缝发生。

⑦ 提高混凝土早期强度，防止负温下冻结。

⑧ 提高强度，增加抗冻性、抗渗性、抗磨性、耐腐蚀性。

⑨ 控制碱-骨料反应，阻止钢筋锈蚀，减少氯离子扩散。

⑩ 制成其他特殊性能的混凝土。

⑪ 降低混凝土黏度系数等。

3.3　品种分类

（1）减水剂

① 普通减水剂（Water-reducing Admixture）：在混凝土坍落度基本相同的条件下，能减少拌合水量的外加剂。常用的减水剂是阴离子表面活性剂。

② 高效减水剂（Superplasticizer）：在混凝土坍落度基本相同的条件下，能大幅度减少拌合水量的外加剂。

③ 缓凝减水剂（Set Retarding and Water-reducing Admixture）：兼有缓凝和减水功能的外加剂。

④ 早强减水剂（Hardening Accelerating and Water Reducing Admixture）：兼有早强和减水功能的外加剂。

⑤ 引气减水剂（Air Entraining and Water Reducing Admixture）：兼有引气和减水功能的外加剂。

（2）早强剂　提高混凝土早期强度，并对后期强度无显著影响的外加剂。

（3）缓凝剂　延长混凝土凝结时间的外加剂。

（4）引气剂　在搅拌混凝土过程中能引入大量均匀分布、稳定而封闭的微小气泡的外加剂。

（5）防水剂　能降低混凝土在静水压力下的透水性的外加剂。

（6）阻锈剂　能抑制或减轻混凝土中钢筋或其他预埋金属锈蚀的外加剂。

（7）加气剂（Gas Forming Admixture）　混凝土制备过程中因发生化学反应，放出气体，而使混凝土中形成大量气孔的外加剂。

（8）膨胀剂　能补偿混凝土收缩的外加剂。

（9）防冻剂　能使混凝土在负温下硬化，并在规定时间内达到足够防冻，强度的外加剂。

（10）着色剂　能制备具有稳定色彩混凝土的外加剂。

（11）速凝剂　能使混凝土迅速凝结硬化的外加剂。

（12）泵送剂　能改善混凝土拌合物泵送性能的外加剂。制作泵送剂的材料有高效减水剂、缓凝剂、引气剂和增稠剂。

（13）混凝土降黏剂　混凝土降黏剂是能够显著降低混凝土黏度系数的外加剂，通过加入引气剂、减水剂和一些矿物掺合料降低混凝土黏度。

3.4　施工工艺

最初使用外加剂，仅仅是为了节约水泥，但随着建筑技术的发展，掺用外加剂已成为改善混凝土性能的主要措施。

由于有了高效减水剂，大流动度混凝土、自密实混凝土、高强混凝土得到应用；由于有了增稠剂，水下混凝土的性能得以改善；由于有了缓凝剂，水泥的凝结时间得以延长，才有可能减少坍落度损失，延长施工操作时间；由于有了防冻剂，溶液冰点得以降低，或者冰晶结构变形不致造成冻害，才可能在负温下进行施工等。

由于外加剂能有效地改善混凝土的性能，而且具有良好的经济效益。在许多国家都得到广泛的应用，成为混凝土中不可或缺的材料。尤其是高效能减少剂的使用。水泥粒子能得到充分的分散，用水量大大减少，水泥潜能得到充分发挥。致使水泥石较为致密，孔结构和界面区微结构得到很好的改善，从而使得混凝土的物理力学性能有了很大的提高，无论是不透水性，还是氯离子扩散、碳化、抗硫酸盐侵蚀，以及抗冲、耐磨性能等各方面均优于不掺外加剂的混凝土，不仅提高了强度，改善和易性；还可以提高混凝土的耐久性。只有掺用高效减水剂，配制高施工性、高强度、高耐久性的高性能混凝土才有可能实现。

案例4　混凝土原材料加工工艺——机制砂

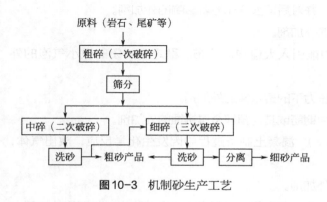

图10-3　机制砂生产工艺

4.1　生产流程

机制砂的生产工艺流程一般可分为以下几个阶段：块石—粗碎—中碎—细碎—筛分—除尘—机制砂。即：制砂过程是将块状岩石，经几次破碎后，制成颗粒小于一定粒度的机制砂。常见工艺流程如图10-3所示。

4.2 技术分析

4.2.1 机制砂作用机理

机制砂（Manufactured Sand）是指经除土处理，由机械破碎、筛分制成的，粒径＜4.75mm的岩石、矿山尾矿或工业废渣颗粒，但不包括软质、风化的颗粒，俗称人工砂。由于是用岩石经过人工破碎制成，机制砂与天然砂在外观、化学成分、颗粒形状、颗粒级配以及特细颗粒含量（＜75μm）等特性上有很大的不同。

机制砂能够很好地替代天然砂用于混凝土，主要原因在于机制砂的作用机理：一是机制砂颗粒棱角尖锐，表面粗糙，有利于混凝土骨料之间的机械咬合；二是机制砂的生产可以人为地控制，选择合理的设备和制作工艺可使机制砂的级配更合理；三是机制砂中的石粉能有效填充骨料间的空隙，使混凝土更加密实；另外，石粉使水泥水化更加充分，在水泥水化过程中起到一定的晶核作用，加速水泥水化并参与水泥的水化反应。

4.2.2 母岩岩性对混凝土性能的影响

机制砂的质量与母岩的物理性能、机械设备和加工工艺等因素密切相关。由于各个地区的矿产资源种类分布各异，可用于生产机制砂的母岩种类也不同，一般多选用当地所产的抗压强度较高且无碱骨料反应活性的岩石作为机制砂母岩。

我国生产机制砂的主要原料包括石灰岩、白云岩、花岗岩、玄武岩等。研究结果表明，机制砂岩性变化对混凝土的工作性、体积稳定性和强度略有影响，但影响不大，而机制砂岩性的变化对混凝土的耐久性能基本没有影响。

4.2.3 颗粒级配

机制砂的颗粒级配比较集中，其中粒径＞2.36mm和粒径≤0.15mm的颗粒偏多，中间粒径颗粒偏少。机制砂绝大多数属中粗砂，其细度模数在2.8～3.50范围内。一般来说，机制砂的级配只能基本符合天然砂级配Ⅰ区或Ⅱ区的技术要求。

骨料的颗粒级配或粒径分布对混凝土的堆积密度、空隙率、工作性、离析和耐久性等性能起着重要的影响作用。研究表明，与粒径分布间断的骨料相比，虽然粒径间断分布的骨料配制的混凝土可能会有更高的坍落度，但采用粒径连续分布的骨料配制出的混凝土工作性能更好；同时，由于粒径连续分布的骨料需要的砂浆量更少，从而会减小混凝土的收缩和徐变。

4.2.4 石粉含量

天然砂中粒径＜75μm的颗粒被称为泥粉，其多为云母、黏土和有机质等杂质，这些物质会增加混凝土的用水量，从而降低混凝土的质量。

机制砂在生产过程中，不可避免地要产生一些粒径＜75μm的颗粒，这一含量被称为石粉含量，占机制砂总量的10%～20%。石粉与泥粉的不同之处在于，石粉的矿物成分与母岩完全相同，所以石粉对混凝土性能的影响与泥粉不同。很多研究都已表明，机制砂中适量的石粉含量对混凝土的性能是有益的。

4.3 生产现状

我国机制砂起步较晚，多为小型企业，粗放式生产，生产力水平较低，质量不稳定，主要表现为以下几点。

① 母岩材料质量低，生产出的机制砂含黏土、粉尘多，细长扁平颗粒含量高、级配不合理，不符合国家材料标准的现象严重。

② 对机制砂的生产缺乏全过程的质量监控手段，致使同批次石料和机制砂的质量偏差较大，影响使用质量。

③ 砂石材料生产设备更新换代缓慢，生产过程控制松懈，产品品质和质量无法得到保证。生产工艺多采用两段一闭路颚式破碎流程。

4.3.1 存在的问题

机制砂石的问题主要体现在以下2个方面。

（1）我国粗骨料目前还存在的主要质量问题是粒形不好，级配也不良，这与我国骨料针片状定义和指标要求过宽有关。级配不良体现在松堆孔隙率高。

（2）机制砂质量差，问题多。

具体体现在以下几点：

① 粒形不好，如针片状过多。

② 细度模数偏大。生产的机制砂细度模数多为3.4以上。而配制混凝土细度模数最好在2.3～3.1。

③ 级配不合理。颗粒级配多为两头大中间小，粗、细颗粒多，中间颗粒少。即便级配符合二区，大部分也不理想。

④ 对于机制砂石粉的控制不合理。机制砂高吸附性石粉含量偏高。

⑤ 含石率过高。例如，新疆地区供应的建筑用砂指的是8mm以下的颗粒，有时含石率高达30%以上。

⑥ 使用风化严重的泥质砂岩或其他山岩加工机制砂。

4.3.2 解决思路

目前我国生产机制砂石质量差的主要原因有[9]以下几点。

① 对于高品质骨料没有明确的技术界定，相关标准要求过于宽泛或不适应现代混凝土对骨料的品质要求。

② 长期以来业内对于机制砂石加工的技术难度没有充分认识，目前可以稳定生产高品质机制砂石的设备和工艺很少，不能满足市场的需求。

解决机制砂石质量问题的主要思路有[9]以下几点。

① 建立高品质骨料的定义和技术体系。编制高品质骨料的相关产品标准，引导行业优质优价。提出用分计筛余替代累计筛余作为骨料级配评价的技术指标；定义粗骨料不规则颗粒和机制砂片状颗粒，利用条形孔筛法进行含量检测；探讨用比粒度代替细度模数作为细骨料细度指标，理由是与砂的表面积相关性好。

② 加快砂石加工设备和工艺的研究和应用，推进不同岩种高品质骨料示范生产线的建设。

③ 迅速培养一批了解现代混凝土的砂石行业技术和管理人才。

参考文献

[1] 郑怡. 石灰岩质机制砂混凝土的长期变形性能研究[D]. 武汉：华中科技大学，2014.

[2] 机制砂生产工艺及设备选型原则：给料、破碎、筛分、清洗等，选对是关键. 矿机优选. https://mp.weixin.qq.com/s/KBURGsEkrh6nm8Nj03zWKQ.

[3] GB/T 14684—2011.

[4] 王稷良. 机制砂特性对混凝土性能的影响及机理研究[D]. 武汉：武汉理工大学，2008.

[5] Pedro Nel Quiroga. The Effect of the Aggregates Characteristics on the Performance of Portland Cement Concrete[D]. Austin：University of Texas，2003.

[6] Golterman P.，Johansen V.，Palbfl L. Packing of Aggregates：An Alternative Tool to Determine the Optimal Aggregate Mix[J]. ACI Materials Journal. 1997，94（5）：435.

[7] 赵先鹏，陈巍，杜焕成. 公路水泥混凝土用人工砂集料研究现状[J]. 公路交通科技，2006（8）：80-81.

[8] 周中贵. 高石粉人工砂在黄丹电站工程中的应用[J]. 四川水利发电，1997（12）：93—96.

[9] 宋少民. 现代混凝土若干问题的思考[J]. 北京建筑大学学报，2016，32（3）：73-77.

[10] 苏达根. 土木工程材料（第3版）[M]. 北京：高等教育出版社，2015：60-67.

[11] 混凝土外加剂的性能作用，搜狐网. http://www.sohu.com/a/125592316_540368.

案例5 混凝土原材料加工工艺——减水剂

5.1 发展历史

减水剂按其发展历程总体可分为以下3个阶段：

① 以木质素磺酸盐为代表的第一代减水剂，现阶段主要用于复配；

② 以萘系为代表的第二代减水剂，该类别减水剂种类最为广泛；

③ 以聚羧酸系为代表的第三代减水剂，其性能优越性明显。

而在建筑业发展的同时，减水剂行业也在不断更迭，减水剂的性能也在不断改善。3类减水剂性能如表10-8所列。

⊡ 表10-8 3类常见减水剂特性对比

项目	木质素类	萘系	聚羧酸系
掺量	0.20%～0.30%	0.50～1.0%	0.20%～0.40%
减水剂	6%～12%	15%～25%	25%～45%
保坍性	一般	较好	好
相容性	一般	较好	好
混凝土强度	28d强度比一般在115%左右	28d强度一般在120%～135%	28d强度一般在140%～200%
混凝土含气量	增加2%～4%	增加1%～2%	一般增加含气量，可以消泡剂调整
发展前景	较差	趋稳定	良好

5.1.1 木质素磺酸盐类减水剂

木质素的提取主要来自针叶植物，而木质素磺酸盐的主要来源则是亚硫酸盐造纸废液，因为亚硫酸盐造纸废液中和时引入的碱性物质不同，而使得木质素磺酸盐中的阳离子存在多种形式，包括钠离子、钙离子、镁离子等。相应的，木质素磺酸盐减水剂便有木钠、木钙、木镁等类别。如图10-4所示。

该类减水剂的开发和利用是典型的"变废为宝"，在节约能源方面也起到了一定的作用。

图10-4　木质素磺酸盐类减水剂

萘系减水剂

图10-5　萘系减水剂

5.1.2 萘系减水剂

萘系减水剂的合成工艺是用工业萘在150 ～ 160℃条件下进行磺化，磺化物经水解与甲醛进行缩合反应，最后用烧碱中和得到。如图10-5所示。

它的原料主要来自煤焦油中的稠环芳烃，它们是煤焦油经分馏处理所得到的萘及其同系物。最佳合成工艺的确定要综合考量磺化、水解、缩合、中和等过程的相关参数。

5.1.3 聚羧酸系减水剂

（1）可聚合单体直接聚合　通过酯化反应先制备活性大单体（通常为甲氧基聚乙二醇甲基丙烯酸酯），然后将单体进行适当配比混合，采用溶液聚合得成品，该方法合成工艺简单，设计自由度大，但分子量不易控制，所聚合形成的是混合物，在后期的分离提纯比较困难。

（2）聚合后功能化法　对聚合物进行改性，使其具备特殊的性能。通常是运用催化剂作用于已知分子量的聚羧酸，使聚羧酸在较高温度下与聚醚通过酯化反应进行接枝。在这一过程中，随着酯化的进行，水分不断逸出，会出现相分离的问题。选取与聚羧酸相容性好的聚醚，能够很好地改善这一问题。

不同合成工艺存在着其优势，当然也客观存在着一些不足，这些不足之处正是当今减水剂的发展亟待解决的问题。

聚羧酸系减水剂如图10-6所示。

图10-6　聚羧酸系减水剂

5.2　研究现状

目前，国外减水剂的研究主要围绕聚羧酸系展开，木质素类减水剂基本没有单独应用空间，萘系减水剂的应用范围也越来越小。在聚羧酸系减水剂研究这一领域，日本、欧洲、美国一直处于领先地位。近几年，国外对聚羧酸系减水剂的研究主要集中在以下几个方面：

① 减水剂合成工艺及分子结构研究；
② 减水剂分子结构与性能关系研究；
③ 减水剂应用技术研究；
④ 减水剂母液系列化及母液间的复配研究；
⑤ 减水剂粉状化制备技术研究。

目前，我国减水剂的研究主要围绕物理复配改性和化学反应改性展开，物理改性指通过选择合适的缓凝剂、引气剂等助剂提高减水剂的性能水平或者将不同类型的减水剂进行科学合理复配得到复合型减水剂。化学反应改性主要指通过聚合、接枝共聚、磺化、氧化、烷基化等化学反应改善或者从根本上改变减水剂的性能，主要体现在对聚羧酸系减水剂的分子结构设计方面。分子设计指在分子主链上形成侧链，并引入带有特殊性能的活性基团，改善减水剂性能。

在高性能减水剂问世30多年里，各国科研工作者做出过很多尝试，并取得过很多成果，但仍旧有许多问题有待解决。目前，聚羧酸系减水剂是最接近N.Spiratos等提出的"理想的高效减水剂"这一概念的一类产品，但其性能仍旧存在着提升空间。

5.3　应用现状

我国聚羧酸系减水剂与国外相比存在相当大的差距，该类减水剂的合成技术、复配技术、应用技术正处在发展的初级阶段，有很多问题有待突破。

目前，我国木质素类减水剂所占市场使用率处于萎缩阶段，主要作为复配辅料使用；萘系减水剂占有市场份额最大，但基本趋于稳定；聚羧酸系减水剂市场占有率不断增大，发展势头强烈。

在不同类别的减水剂中，就综合性能而言，聚羧酸系减水剂更能适应当今社会的需求，能够更好地解决实际建设中的问题，所以它的发展改良及应用推广速度很快，占有的市场份额也会越来越大。

5.4　发展趋势

5.4.1　设备改良

在我国，减水剂的产业模式都是先生产，后检验其性能。这种模式存在着很大的缺陷。首先，存在着很大的不确定性；其次，造成资源的浪费。而欧美、日本等国家和地区，都是在研制的过程中检验其是否满足要求，进而采取措施进行修正，改善，获得预期中的产品。造成这一现象的主要原因是我国有机分子的分析能力不足，对一些检验方法不熟悉，缺乏相关先进的检验设备。所以，检验方法的完善，先进设备的生产与改良必须提上日程。

5.4.2　母体开发

我国减水剂与国外的根本差距是聚羧酸系减水剂母体单一，无法满足不同领域、不同性能混凝土的要求。而开发多功能、不同系列的聚羧酸系减水剂母体是研制高性能聚羧酸系减水剂的基础。

5.4.3　复配改性

针对市场需求及发展需要，减水剂可通过复配技术获得优良性能的叠加，从而满足不同环境对减水剂的特殊要求，适应实际生产应用。同时，通过复配技术，可以使减水剂系列化，形成不同的产品体系。复配生产是一个长期的过程，在这一过程中需要循序渐进的积累经验，分析实验结果，结论指导配制，最终产业化生产。

5.5　分析总结

就综合性能而言，毋庸置疑，聚羧酸高性能减水剂优于其他两类减水剂，因为它符合当今时代的发展，具备更广阔的应用空间。但它也存在着不足之处，普通减水剂和高效减水剂也存在着其独到之处。所以各类减水剂在相当长的时间内还将共同发展，并将在共存发展中不断地完善和提升其性能。

减水剂的使用性能并不是针对其本身具备性能而言，而是对于和混凝土作用后效果而言，综合性价比最高的减水剂才是相比较而言最适合的减水剂。我国减水剂发展前景良好，发展方向明确，社会需求巨大，政策环境具备，通过科研人员和生产厂家的通力合作，定会在不久的将来取得突破性进展，推动建筑行业的发展。

参考文献

[1] 肖应欢，成立. 混凝土减水剂发展现状及方向[J]. 轻工科技，2014，30（09）：36-38.

[2] 王子明. 聚羧酸系高性能减水剂——制备·性能与应用[M]. 北京：中国建筑工业出版社，2009.

[3] 卞荣兵，沈健. 聚羧酸混凝土高效减水剂的合成和研究现状[J]. 混凝土，2006，（2）：179-182.

[4] 毛建，王钧，杨小利等. 聚羧酸系高性能减水剂研究现状与发展[J]. 国外建材科技，2005，（12）：4-6.

[5] 蒋正武，孙振平，王培铭. 我国聚羧酸系减水剂工业发展现状与方向探讨[J]. 混凝土，2006，（4）：19-20，39.

第11章

现代混凝土配制技术

我国《大体积混凝土施工标准》（GB 50496—2018）规定：混凝土结构物实体最小几何尺寸不小于1m的大体量混凝土，或预计会因混凝土中胶凝材料水化引起的温度变化和收缩而导致有害裂缝产生的混凝土，称为大体积混凝土。现代建筑中时常涉及大体积混凝土施工，如高层楼房基础、大型设备基础、水利大坝等。它主要的特点就是体积大，一般实体最小尺寸≥1m。它的表面系数比较小，水泥水化热释放比较集中，内部升温比较快。混凝土内外温差较大时，会使混凝土产生温度裂缝，影响结构安全和正常使用。所以必须从根本上分析它，来保证施工的质量。

案例1　港珠澳大桥人工岛隧道混凝土配制技术研究

1.1　技术分析

1.1.1　混凝土性能指标要求

根据人工岛隧道的结构特点和施工要求，对其混凝土的工作性、强度、氯离子扩散系数、抗渗等级等技术参数提出了相应的要求。同时要求混凝土的水胶比（W/B）≤0.36，胶凝材料用量为360～480kg/m^3，为防止水化热和干燥收缩引起的混凝土开裂，要求混凝土的绝热温升≤43℃，90d干燥收缩≤300×10^{-6}mm/mm。港珠澳大桥暗埋段沉管混凝土的配制要求如表11-1所列。

⊡ 表11-1　港珠澳大桥暗埋段沉管混凝土的配制要求

强度等级		氯离子扩散系数/（10^{-12}m^2/s）		28d抗渗等级	坍落度/mm
28d	56d	28d	56d		
C45	C50	≤6.5	≤4.5	>P12	200±20

1.1.2　混凝土配合比

混凝土配合比优化设计采用体积法，试验研究过程中胶凝材料用量为 $380 \sim 460\mathrm{kg/m^3}$、胶凝材料中水泥所占比例 C/B 为 $35\% \sim 50\%$、水胶比 W/B 为 $0.30 \sim 0.36$，分析研究 W/B、胶凝材料用量以及 C/B 的变化对混凝土各项性能的影响，各组试验配合比参数如表11-2所列。试验中混凝土坍落度控制在（ 200 ± 20 ）mm，含气量控制在（ 2.0 ± 0.5 ）%。

⊡ 表11-2　材料配比

编号	凝胶材料 / （kg/m³）	水胶比	水泥/%	粉煤灰/%	矿粉/%	砂率/%	坍落度/mm	含气量/%	和易性描述
1	380	0.34	40	30	30	45	205	2.1	包裹性较差
2	400	0.34	40	30	30	43	205	2.4	包裹性一般
3	420	0.32	40	30	30	43	200	2.2	粘带
4	420	0.34	40	30	30	43	210	2.0	状态良好
5	420	0.36	40	30	30	43	205	1.9	轻微离析、泌水
6	420	0.34	35	30	35	43	205	2.1	状态良好
7	440	0.30	40	30	30	43	200	2.2	粘带、抓底

1.1.3　大掺量矿物掺合料混凝土配制

① 根据材料情况，选定水泥、粉煤灰、矿粉、骨料、外加剂，计算水胶比，选择胶凝材料总量和粉煤灰、矿粉掺配比例，以及外加剂的掺量。

② 根据环境条件等级和施工工艺要求，确定混凝土性能指标，计算各项材料单方用量，计算碱含量和氯离子含量是否超标，确定配合比。

③ 在基准配合比的基础上，上下浮动2%调整水胶比、粉煤灰、矿粉掺量比例等参数，进行试拌，选出性能符合要求的配合比。制作混凝土强度、抗裂试件，检验混凝土的力学性能，确定最佳配合比为理论配合比。

④ 对确定的理论配合比加大检测数量，进行深入检验和第三方验证，各项性能指标满足要求，方可使用。

1.2　工程概况

港珠澳大桥隧道总长约6289m，其中沉管隧道长约5664m，东西人工岛隧道长约625m。人工岛隧道结构具有超大断面、钢筋密集等特点，设计要求混凝土密实无裂缝，结构耐久无渗水，使用寿命120年。沉管隧道混凝土结构，采用分段工厂化预制，浮运至沉放地点拼接组装。

1.3　材料配比

材料配比如表11-2所列。

1.4 施工工艺

1.4.1 混凝土生产

① 生产前，测定骨料的含水量，由理论配合比换算施工配合比，雨天要及时进行混凝土施工配合比的调整。

② 生产时，要先投料砂和碎石，搅拌均匀后，再投放水泥的粉煤灰、矿粉，最后投放水和外加剂，加料后要保证搅拌时间，比普通混凝土搅拌时间要延时30s以上。

1.4.2 混凝土输送

① 混凝土输送过程中要不漏浆、不离析，坍落度和含气量等指标没有明显损失。运输途中严禁向混凝土内加水。

② 混凝土罐车运输混凝土时，应保持转速搅动；卸料前，应高速旋转20～30s，检验工作性能满足要求后再进行浇筑。

1.4.3 混凝土灌筑、振捣

① 预先制订浇筑方案，确定浇筑顺序。混凝土的自由下落高度不得超过2m；超过2m时，采用串筒、溜槽设施，保证混凝土不离析。

② 宜采用插入式振捣棒点振，或者与附着式振捣器相结合。混凝土较黏稠时应加密振点，同时要避免过振。

③ 振捣完成后，应及时修整、抹面，初凝后再压光或拉毛。抹面时严禁洒水，尤其干旱地区的混凝土，更要注意保证抹面质量。

1.4.4 混凝土养护

① 混凝土浇筑完成后，应及时覆盖，尽量减少暴露时间，防止水分蒸发。

② 混凝土拆模后，要对混凝土表面浇水或覆盖洒水、蓄水等措施养护，保湿养护时间符合要求。

1.5 效果应用

高性能混凝土由于水胶比小，混凝土内多余的自由水就少，养护对混凝土的后期质量十分重要。在港珠澳大桥人工岛隧道工程的大体积混凝土配合比设计指标要求的条件下，综合分析 W/B、胶凝材料用量以及 C/B 等因素的变化对混凝土各项性能的影响，优选出兼顾工作性、力学性能、耐久性以及体积稳定性的最佳配合比，为表11-2中4号配合比，该组配合比混凝土绝热温升与干燥收缩值较低，可降低水化热和干燥收缩引起的混凝土开裂风险。

1.6 经济分析

在混凝土中掺入大掺量的矿物掺合料，混凝土强度特别是后期强度能够达到工程要求，同时能够降低成本，混凝土的耐久性也有大幅度提高。对于大掺量的矿物掺合料混凝土的质量控制，应该从优选原材料入手，严格配合比试验程序，选择最佳的配合比，严控计量误差，加强混凝土养护，充分发挥活性材料的各项效应的叠加功能，才能够保证混凝土质量，实现主体结构使用寿命的目标。

参考文献

[1] 刘晓东.港珠澳大桥总体设计与技术挑战[C]//中国海洋工程学会.第十五届中国海洋（岸）工程学术讨论会论文集（上）.太原，2011：17-20.

[2] 陈韶章，苏宗贤，陈越.港珠澳大桥沉管隧道新技术[J].隧道建设，2015（5）：396-403.

[3] 王吉云.港珠澳大桥岛隧工程沉管隧道施工新技术介绍[J].地下工程与隧道，2011（1）：22-26，53.

[4] 李英，陈越.港珠澳大桥岛隧工程的意义及技术难点[J].工程力学，2011（S2）：67-77.

[5] 王胜年，苏权科，范志宏，等.港珠澳大桥混凝土结构耐久性设计原则与方法[J].土木工程学报，2014（6）：1-8.

[6] 刘可心，吴柯，刘豪雨.港珠澳大桥超大断面隧道混凝土裂缝控制技术[J].水运工程，2015（8）：139-143.

[7] 焦运攀，刘可心，高凡，等.港珠澳大桥人工岛隧道混凝土配制技术研究[J].新型建筑材料，2018（5）：10-13.

案例2 新建108国道禹门口黄河公路大桥

2.1 技术分析

混凝土结构物实体最小几何尺寸不小于1m的大体量混凝土，或预计会因混凝土中胶凝材料水化引起的温度变化和收缩而导致有害裂缝产生的混凝土，被称为大体积混凝土。新建108国道禹门口黄河公路大桥为大体积混凝土浇筑项目，其配合比设计原则如下。

① 混凝土的用水量与总胶凝材料之比不应 > 0.55，且总用水量不应 > 175kg/m³。

② 在保证混凝土各项工作性能满足规范要求的前提下，砂率最好在38% ~ 42%之间，尽量提高每立方米混凝土中的粗骨料占比。

③ 在保证混凝土各项工作性能满足规范要求的前提下，应该减少总胶凝材料中的水泥用量，提高粉煤灰、磨细矿渣粉等矿物掺合料的掺入量。

④ 在试配与调整大体积混凝土配合比时，控制混凝土绝热温升≤50℃。

2.2 工程概况

新建108国道禹门口黄河公路大桥线路如图11-1所示的总体走向为由东向西，起点位于山西省运城市河津市超限检测站南侧，终点位于陕西省渭南市韩城市龙门镇上峪口超限检测站西侧，全长4.45km，双向6车道标准。新建禹门口黄河大桥主桥全长1660.4m，分为山西侧东引桥、横跨黄河主桥、陕西侧西引桥3部分。其中山西侧东引桥形式为2×（3×40）m＋1×（4×42.5）m装配式预应力混凝土组合箱梁桥，横跨黄河主桥为（245＋565＋245）m三跨双塔双索面钢-混结合梁斜拉桥，陕西侧西引桥为（50＋85＋50）m双幅预应力混凝土变截面转体连续箱梁桥。主桥索塔单桩直径为2.0m，桩长65m，共60根；采用群桩基础，承台为整体式矩形承台，承台浇筑量为8526m³；承台混凝土浇筑量为7056m³，均为C40大体积混凝土。

图11-1 108国道禹门口黄河公路大桥

2.3 材料配比

（1）水泥 大体积混凝土所用水泥宜采用中、低热硅酸盐水泥或者低热矿渣硅酸盐水泥，如果采用普通硅酸盐水泥时，宜掺加矿物掺合料例如粉煤灰和矿渣粉等。由于禹门口黄河大桥处于陕西和山西交界处，地理位置较偏，附近区域没有生产中、低热硅酸盐水泥和低热矿渣硅酸盐水泥的厂家，所以采用山西龙门五色石建材有限公司生产的42.5级普通硅酸盐水泥，经过试验检测，其物理性能如下：密度为3.04g/cm³，比表面积为332m²/kg，标准稠度用水量为27.4%；初凝时间为220min，终凝时间为301min；雷氏夹法测定安定性合格；3d抗折强度、抗压强度分别为5.3MPa、25.4MPa；28d抗折强度、抗压强度分别为8.2MPa、45.4MPa。

（2）粉煤灰 通过粉煤灰超量或等量取代的方法来降低大体积混凝土中水泥的用量，不仅可以大大降低混凝土整体水化热，增加大体积混凝土施工的和易性，而且能够大幅度提高混凝土密实度和耐久性。本项目采用河津市龙辉建材有限公司生产的F类Ⅰ级粉煤灰，经过检测，其性能如下：细度（0.0405mm方孔筛通过百分率）为6%；烧失量为0.14%；需水量比为94%。

（3）磨细矿渣粉 磨细矿渣粉作为大体积混凝土中的矿物掺合料，不仅可超量或等量替代水泥，改善混凝土胶凝材料体系中的颗粒级配，增加大体积混凝土施工过程中的和易性，还可以延长水泥水化热产生时间，推迟大体积混凝土凝结时间，降低其早期过程水化热。本项目选用西安德龙粉体工程有限公司生产的S95级磨细矿渣粉。经过试验检测，其物理性能如下：比表面积为428m/kg；烧失量为1.4%；需水量比为98.1%；7d活性指数为78%。

（4）骨料 骨料是混凝土的骨架，直接关系到混凝土的质量。级配较好的骨料不仅可以有效提高混凝土的抗压强度、抗弯拉等强度，提高混凝土的各项工作性能，减少混凝土早期成型过程中的干燥收缩、徐变、细小裂纹等不利影响，还可以大大提高混凝土的耐久性。对于细骨料，规范规定一级公路大体积混凝土用细骨料宜采用中砂，含泥量不应大于3.0%。本项目选用河津石佳石场生产的5～31.5mm连续级配碎石，其技术指标如下：表观密度为2718kg/m³；堆积密度为1610kg/m³；含泥量为0.6%；泥块含量为0.2%；压碎值为1.3%；针片状颗粒含量为5.4%。

混凝土配合比如表11-3所列。

材料	水泥	石子	砂子	水	粉煤灰	矿粉	减水剂
用量/（kg/m³）	270	1074	747	150	100	59	4.29

2.4　施工工艺

2.4.1　浇筑混凝土的温度控制

本项目浇筑承台处于冬季施工期间，混凝土浇筑温度控制是重中之重，为了确保入模温度达到规范要求，采取具体措施如下。

① 必须使用遮阳防雨棚里的粗细骨料且堆放高度必须符合规范要求，严禁使用户外临时堆放的材料，确保骨料含水率稳定、材质均匀。

② 胶凝材料采取适当的保温措施，不得与60℃以上的热水接触。

③ 减少混凝土在运输和浇筑过程中的温度变化，加快运输和浇筑速度。

④ 混凝土运输罐车必须包裹帆布且施工前用热水洗罐1次。

2.4.2　混凝土输送

① 混凝土的运输路线提前考察，统筹安排，保证交通不得堵塞，混凝土的运输时间应尽可能短。

② 运输混凝土过程中，必须保证混凝土罐车罐体以2～4r/min低速转动，不得随意停止转动，应确保混凝土拌合物的均匀性，运输到灌注地点时不发生分层、离析和泌浆等现象。

2.4.3　匀质性施工

避免混凝土出现过振或漏振现象，保证振动棒垂直插入混凝土面且快速插入慢慢拔起，以此避免在凝土坍落度较小时留下振捣小坑；要求振捣时间最少为20s但不超过30s，插入下层混凝土5～10cm，确保下层混凝土初凝前再次振捣，以此保证混凝土内部气泡及时排出达到密实状态。

2.4.4　混凝土养护

① 由于混凝土用水量较多，表面水分蒸发速度较快，故在混凝土浇筑后必须注意混凝土的早期养护，应及时加以覆盖防止混凝土中的水分流失，养护时间不得少于14d，以防止混凝土出现干缩裂缝。

② 做好养护记录。对同条件养护的混凝土试件进行洒水养护，保证其强度与混凝土结构物的强度同步增长。

2.5　效果应用

大体积混凝土采用无缝施工技术已经在多个工程施工中进行了尝试，经过严格按照制定的施工方案进行施工，所有已建或在建工程至今都未发现裂缝，但作为一项新的技术措施还需要进行不断的探索、丰富。因此，必须紧抓施工环节，严格施工过程的管理，只有在施工过程中严格控制才能确保工程质量。

2.6 经济分析

近年来，随着国民经济和建筑技术的发展，建筑规模不断扩大，大型现代化技术设施或构筑物不断增多，而混凝土结构以其材料廉价物美、施工方便、承载力大、可装饰强的特点，日益受到人们的欢迎，于是大体积混凝土逐渐成为构成大型设施或构筑物主体的重要组成部分。但大体积混凝土开裂问题是在工程建设中带有一定普遍性的技术问题，裂缝一旦形成，特别是基础贯穿裂缝出现在重要的结构部位，危害极大，它会降低结构的耐久性，削弱构件的承载力，同时可能会危害到建筑物的安全使用。所以如何采取有效措施防止大体积混凝土的开裂与保持混凝土结构表面无蜂窝麻面，是一个值得关注的问题。

| 参考文献

[1] 王愉康，陈才. 大体积混凝土配合比设计 [J]. 筑路机械与施工机械化，2018，（5）：115-118.

案例3　C80～C100机制砂高性能混凝土配制技术

3.1 技术分析

混凝土的强度受控于水胶比、空气含量及微观孔结构。水胶比越低混凝土强度越高，故设法降低水胶比是配制出超高强混凝土的关键；含气量和微观孔结构对高强混凝土影响较大，需要控制在合适的范围或进行优化。

通过相关研究可知，采用高性能减水剂减少用水量是获得低水胶比的必需手段，倘若能使高性能减水剂的减水率提高到35%以上，会更容易获得工作性良好的超高强高性能混凝土。单掺或复合掺加超细矿物掺合料是获得混凝土超高强的又一重要手段，其中增强效果最好的首推硅灰。

综上所述，配制机制砂超高强高性能混凝土所采用的技术路线包括以下3条。

① 纯硅酸盐水泥＋单掺或复合使用超细矿物掺合料（硅灰＋磨细矿渣＋优质粉煤灰等）＋高性能减水剂。

② 普通硅酸盐水泥＋单掺或复合使用超细矿物掺合料（硅灰＋磨细矿渣＋优质粉煤灰等）＋高性能减水剂。

③ 高性能水泥＋单掺或复合使用超细矿物掺合料（硅灰＋磨细矿渣＋优质粉煤灰等）＋高性能减水剂。

3.2 工程概况

新建108国道禹门口黄河公路大桥线路的总体走向为由东向西，起点位于山西省运城市河津市超限检测站南侧，终点位于陕西省渭南市韩城市龙门镇上峪口超限检测站西侧，全长 4.45km，双向六车道标准。新建禹门口黄河大桥主桥全长 1660.4m，分为山西侧东引桥、横跨黄河主桥、陕西侧西引桥 3 部分。其中山西侧东引桥形式为 2×（3×40）m + 1×（4× 42.5）m 装配式预应力混凝土组合箱梁桥，横跨黄河主桥为（245 + 565 + 245）m 三跨双塔双索面钢-混结合梁斜拉桥，陕西侧西引桥为（50 + 85 + 50）m 双幅预应力混凝土变截面转体连续箱梁桥。主桥索塔单桩直径为 2.0m，桩长 65m，共 60 根；采用群桩基础，承台为整体式矩形承台，承台浇筑量为 8526m³；承台混凝土浇筑量为 7056m³，均为 C40 大体积混凝土。

3.3 材料配比

（1）水泥　采用 52.5 级普通硅酸盐水泥配制 C80 ～ C100 机制砂混凝土，水泥的主要性能指标有：初凝时间 130min，终凝时间 195min；3d、28d 抗压强度 31.7MPa，59.8MPa；3d、28d 抗折强度 6.2MPa、8.7MPa；比表面积 393m²/kg。

（2）磨细矿粉　掺入矿粉能降低混凝土的水化热，提高混凝土的后期强度和抗渗性能，超细矿粉对混凝土性能的改善主要取决于它的两个综合效应，即自身水硬性和火山灰活性。其主要性能指标为：强度等级为 S95，密度 2.92g/cm³，比表面积 448m²/kg，28d 活性指数 98%，烧失量 1.37%。

（3）硅灰　采用硅灰，主要成分为玻璃态二氧化硅，硅灰能够填充水泥颗粒间的孔隙，同时与水化产物生成凝胶体。在水泥基的混凝土中，掺入适量的硅灰，可显著提高抗压、抗折、抗渗、防腐、抗冲击及耐磨性能，具有保水、防离析、泌水、大幅降低混凝土泵送阻力的作用。可以显著延长混凝土的使用寿命，特别是在氯盐和硫酸盐侵蚀、高湿度等恶劣环境下，可使混凝土的耐久性提高 1 倍甚至数倍，是高强高性能混凝土的必要组分。C150 混凝土已成功应用于重庆大佛寺长江大桥、重庆马桑溪长江大桥等工程，其强度等级 92%，SiO₂ 含量 93%，烧失量 3.3%，含水量 1.5%，比表面积 18600m²/kg。

（4）粗骨料　采用 5 ～ 10mm，10 ～ 20mm 粒级碎石，按质量比 4 ： 6 掺配组成的混合级配满足级配曲线要求。其母岩强度实测值为 88.2MPa，对于这种母岩强度不高的碎石而言，配制高强度等级的混凝土是有一定难度的。掺配后的碎石主要性能指标为：表观密度 2710kg/m³，压碎值 9.5%，针片状含量 4.8%，含泥量 0.3%。

该母岩强度仅为 88.2MPa，不满足一般要求的配制 100MPa 以上的要求，但该研究成功配制了 C100 混凝土。说明在这种情况下是水泥石提供强度骨架，而骨料起一定的骨架和填充作用。

（5）细骨料　机制砂和特细砂细度模数分别为 4.3，1.5；表观密度分别为 2680kg/m³，2650kg/m³；含泥量分别为 1.1%，2.3%；机制砂压碎值 12%，石粉含量 6.4%。单独采用机制砂由于细度模数太大，无法实现要求的混凝土和易性，所以采用在机制砂中掺加部分特细砂。

原材料的选择是得到高强度混凝土的前提和基础，而合理确定高强度混凝土的配合比是保证高强度混凝土达到设计要求的另一重要方面。高强混凝土的配制不同于普通混凝土的配合比设计，不能完全按照《普通混凝土配合比设计规程》（JGJ 55—2011），应更多地参照《高强混凝土结构设计与施工指南》（HSCC—99）进行设计、试配。

混凝土配合比如表 11-4 所列。

材料	水泥	粗骨料	细骨料	水	硅灰	矿粉	外加剂
用量/（kg/m³）	377	1125	720	142	29	174	11.6

3.4　施工工艺

3.4.1　机制砂高性能混凝土的拌制要点

机制砂高性能混凝土的拌制必须采用卧轴强制式搅拌机，要求计量准确，并且按照规定的投料顺序和搅拌程序进行。每次拌合量应在搅拌机最大容量的30%～90%，且不得少于0.03m³，总搅拌时间≥180s，实验室小搅拌机卸料后还需进行人工翻拌3遍，保证拌合物的均匀性，从生产各环节着手，消除高强混凝土工作性不稳定、强度离散较大的问题。具体按照图11-2所示的拌制程序进行。

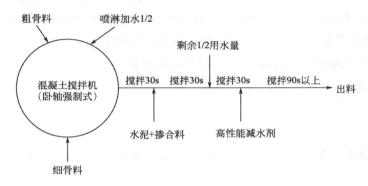

图11-2　机制砂高性能混凝土的拌制程序

3.4.2　混凝土输送

① 混凝土的运输路线提前考察，统筹安排，保证交通不得堵塞，混凝土的运输时间应尽可能短。

② 运输混凝土过程中，必须保证混凝土罐车罐体以2～4r/min低速转动，不得随意停止转动，应确保混凝土拌合物的均匀性，运输到灌注地点时不发生分层、离析和泌浆等现象。

3.4.3　匀质性施工

避免混凝土出现过振或漏振现象，保证振动棒垂直插入混凝土面且快速插入慢慢拔起，以此避免在凝土坍落度较小时留下振捣小坑；要求振捣时间最少为20s但不超过30s，插入下层混凝土5～10cm，确保下层混凝土初凝前再次振捣，以此保证混凝土内部气泡及时排出达到密实状态。

3.4.4　混凝土养护

① 由于混凝土用水量较多，表面水分蒸发速度较快，故在混凝土浇筑后必须注意混凝土

的早期养护，应及时加以覆盖防止混凝土中的水分流失，养护时间不得少于14d，以防止混凝土出现干缩裂缝。

② 做好养护记录。对同条件养护的混凝土试件进行洒水养护，保证其强度与混凝土结构物的强度同步增长。

3.5 效果应用

采用机制砂，掺加超细活性矿物掺合料（粉煤灰、磨细矿粉、硅灰等），可以配制出强度等级为C80～C100的机制砂高性能混凝土。配制的高性能混凝土的工作性能、强度和弹性模量等性能均能满足规范要求，且混凝土具有较好的耐久性。若骨料母材抗压强度足够高（例如达到混凝土设计强度的1.2倍以上），则更容易配制出高强度等级的混凝土，并且可以减小硅灰的掺量，也不需要较高的胶凝材料用量便可达到要求。

需要特别说明的是，机制砂高强高性能混凝土必须采用卧轴强制式混凝土搅拌机，原材料计量应控制准确，外加剂最好采用后掺法，对于水剂外加剂应扣除溶液用水量，较长时间的保温保湿养护是极其重要的。该技术研究从降低成本、节约资源角度考虑，因地制宜，就地取材，利用当地富有特色的地方资源——机制砂与特细砂配制高强高性能混凝土，符合低碳、绿色的科学发展要求。

参考文献

[1] 宋伟明，赵春艳，贺洪儒. C80～C100机制砂高性能混凝土配制技术[J]. 施工技术，2012，（22）：26-29.

案例4　京沪铁路——大掺量掺合料混凝土配制技术研究与应用

4.1 技术分析

4.1.1 矿物掺合料在混凝土性能中的影响研究

在混凝土中掺加矿物掺合料，是实现混凝土耐久性指标的重要措施之一。使用最普遍的矿物掺合料是粉煤灰、矿粉、硅灰及其复合物。

4.1.2 粉煤灰对混凝土各项性能的影响

不同掺量的粉煤灰对混凝土拌合物性能、强度等的影响，试验结果如图11-3、图11-4所示。

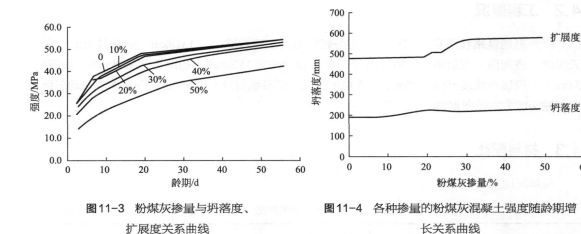

图11-3 粉煤灰掺量与坍落度、
扩展度关系曲线

图11-4 各种掺量的粉煤灰混凝土强度随龄期增
长关系曲线

4.1.3 不同粉煤灰和矿粉组合比例的混凝土性能

不同掺量的粉煤灰对混凝土拌合物性能、强度等的影响，试验结果如图11-5、图11-6所示。图11-5为不同矿粉-粉煤灰掺配比例的混凝土坍落度、扩展度变化曲线。

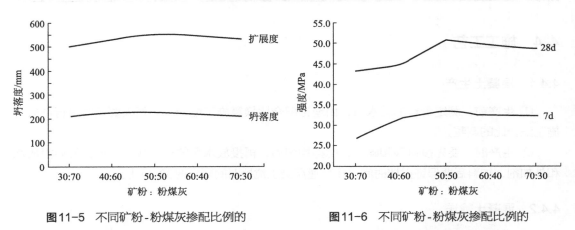

图11-5 不同矿粉-粉煤灰掺配比例的
混凝土坍落度、扩展度变化曲线

图11-6 不同矿粉-粉煤灰掺配比例的
混凝土强度变化曲线

4.1.4 大掺量矿物掺合料混凝土配制

① 根据材料情况，选定水泥、粉煤灰、矿粉、骨料、外加剂，计算水胶比，选择胶凝材料总量和粉煤灰、矿粉掺配比例，以及外加剂的掺量。

② 根据环境条件等级和施工工艺要求，确定混凝土性能指标，计算各项材料单方用量，计算碱含量和氯离子含量是否超标，确定配合比。

③ 在基准配合比的基础上，上下浮动2%调整水胶比、粉煤灰、矿粉掺量比例等参数，进行试拌，选出性能符合要求的配合比。制作混凝土强度、抗裂试件，检验混凝土的力学性能，确定最佳配合比为理论配合比。

④ 对确定的理论配合比加大检测数量，进行深入检验和第三方验证，各项性能指标满足要求方可使用。

4.2 工程概况

京沪高速铁路线路自北京南站至上海虹桥站，新建铁路全长1318km。全线共设北京南、天津西、济南西、南京南、虹桥等21个车站。设计速度350km/h，初期运营300km/h。线间距5.0m；一般最小曲线半径7000m；最大坡度20‰；到发线有效长度650m；列车类型为动车组。规划输送能力为单向8000万人/年。

4.3 材料配比

材料配比如表11-5所列。

表 11-5　材料配比　　　　　　　　　　　　　　　　　单位：kg/m³

使用部位	外加剂		掺合料		胶凝用料	水灰比	配合比（C：S：G：W）
	型号	掺量/%	粉煤灰	矿粉			
箱型梁体	聚羧酸	1.00	12	18	480	0.3	336：683：1116：142
水下基础	聚羧酸	1.00	35	15	370	0.41	185：726：1088：152
桩身	聚羧酸	1.00	30	20	360	0.4	180：757：1088：144

4.4 施工工艺

4.4.1 混凝土生产

① 生产前，测定骨料的含水量，由理论配合比换算施工配合比，雨天要及时进行混凝土施工配合比的调整。

② 生产时，要先投料砂和碎石，搅拌均匀后，再投放水泥的粉煤灰、矿粉，最后投放水和外加剂，加料后要保证搅拌时间，比普通混凝土搅拌时间要延时30s以上。

4.4.2 混凝土输送

① 混凝土输送过程中要不漏浆、不离析，坍落度和含气量等指标没有明显损失。运输途中严禁向混凝土内加水。

② 混凝土罐车运输混凝土时，应保持转速搅动；卸料前，应高速旋转20～30s，检验工作性能满足要求后，再进行浇筑。

4.4.3 混凝土灌筑、振捣

① 预先制订浇筑方案，确定浇筑顺序。混凝土的自由下落高度不得超过2m，超过2m时采用串筒、溜槽设施，保证混凝土不离析。

② 宜采用插入式振捣棒点振，或者与附着式振捣器相结合。混凝土较黏稠时，应加密振点，同时要避免过振。

③ 振捣完成后，应及时修整、抹面，初凝后再压光或拉毛。抹面时严禁洒水，尤其干旱地区的混凝土，更要注意保证抹面质量。

4.4.4 混凝土养护

① 混凝土浇筑完成后，应及时覆盖，尽量减少暴露时间，防止水分蒸发。

② 混凝土拆模后，要对混凝土表面浇水或覆盖洒水、蓄水等措施养护，保湿养护时间符合要求。

4.5 效果应用

高性能混凝土由于水胶比小，混凝土内多余的自由水就少，养护对混凝土的后期质量十分重要。水下基础和覆盖在地面下的墩台，由于早期强度要求不高，养护环境好，所以才可以实现最大掺量50%，但是，对于梁体、墩台等外露的地上混凝土结构，混凝土中掺入了大量的矿物掺合料，为了更好地发挥粉煤灰和矿粉的火山灰效应，必须对混凝土进行覆盖和包裹保温。

4.6 经济分析

在混凝土中掺入大掺量的矿物掺合料，混凝土强度特别是后期强度能够达到工程要求，同时能够降低成本，混凝土的耐久性也有大幅度提高。对于大掺量的矿物掺合料混凝土的质量控制，应该从优选原材料入手，严格配合比试验程序，选择最佳的配合比，严控计量误差，加强混凝土养护，充分发挥活性材料的各项效应的叠加功能，才能够保证混凝土质量，实现主体结构使用寿命的目标。

参考文献

[1] 胡明文. 大掺量掺合料混凝土配制技术研究与应用 [J]. 高速铁路技术，2017，（6）：33-37.

案例5 自密实商品混凝土配制与应用技术

5.1 技术分析

为了达到不振动能自行密实，硬化后具有常态混凝土一样的良好物理力学性能，配制的混凝土在流态下必须满足以下要求。

（1）黏性适度 在流经稠密的钢筋后，仍保持成分均匀。如果黏性太大，滞留在混凝土中的大气泡不容易排除。黏度用混凝土的扩展度表示，要求在500～700mm范围内。当黏性过大即扩展度＜500mm时，则流经小间隙和充填模板会带来一定的困难；当黏性太小即扩展度＞700mm时，则容易产生离析。因此，自密实混凝土要求粉体含量有足够的数量，粗骨料应采用5～15mm或5～25mm的粒径，且含量也比普通混凝土少。绝对体积应在0.28～0.33m³之间。含砂率应在50%左右。

（2）良好的稳定性 浇筑前后均不离析、不泌水，粗细骨料均匀分布，保持混凝土结构的匀质性，使水泥石与骨料、混凝土与钢筋具有良好的黏结，保持混凝土的耐久性。

（3）适当的水灰比 如果加大水灰比，增加用水量，虽然会增大流动度，但黏性降低。混凝土的用水量应控制在150 ～ 200kg/m³之间。要保持混凝土的黏性和稳定性，只能依靠掺加高效减水剂来实现。采用聚羧酸类减水剂比较好，也可采用氨基磺酸盐，掺量为0.8% ～ 1.2%（占水泥重量）。

5.2 工程概况

金华市某保障安置房项目，位置处于市中心繁华地带，该保障房工程共8栋高层组成，工程总建筑面积61574m²。该工程阳台栏板厚90mm、高1000mm，混凝土强度等级为C25，总用量955.2m³，由于阳台栏板壁薄且钢筋细密，混凝土浇筑时存在一定的难度，因此为了避免混凝土出现振动不密实、漏浆、离析等问题，本工程施工决定对这些现浇构件采用自密实商品混凝土进行泵送浇筑。

5.3 材料配比

自密实商品混凝土配合比设计的过程包括4个阶段，分别为：计算初步配合比、确定基准配合比、确定实验配合比以及确定施工配合比。根据《普通混凝土配合比设计规程》（JGJ 55—2011），混凝土配合比设计要满足混凝土强度、施工和易性、耐久性、经济等方面的要求。自密实商品混凝土应使混凝土拌合物的流变性、内聚性以及可泵性得到满足。混凝土按照"混凝土拌合物室内拌和方法"进行多次试拌，拌合物各项性能指标良好、满足设计要求，能够满足施工需要，通过计算确定C25理论配合比如表11-6所列。

⊡ 表11-6　C25混凝土配合比

材料	水泥	石子	砂子	水	粉煤灰	减水剂
用量/（kg/m³）	305	866	770	185	165	3.75
质量比	1	2.84	2.53	0.61	0.54	0.01

5.4 施工工艺

5.4.1 混凝土生产

自密实商品混凝土对施工工艺、原材料以及配合比的变化都非常地敏感，因此对生产以及施工有着非常高的要求。在进行生产时，要注意其所用胶凝材料的质量要稳定，骨料的片状及针状的含量要少，还要用强制式的搅拌机对其进行搅拌，并保证足够的搅拌时间。

① 由于自密实混凝土胶凝材料用量大，搅拌时间不足，会造成混凝土在运输过程中坍落扩展度反大现象，为确保不发生上述现象，施工中应严格按照规范规定对自密实商品混凝土的搅拌过程进行控制。

② 冬期施工当骨料加热温度超过80℃时，搅拌时应先投入骨料和已加热的水，搅拌均匀后再投入水泥。

5.4.2 混凝土输送

① 混凝土的运输路线提前考察，统筹安排，保证交通不得堵塞，混凝土的运输时间应尽

可能短。

②运输自密实混凝土过程中,必须保证混凝土罐车罐体以2 ~ 4r/min低速转动,不得随意停止转动,应确保自密实商品混凝土拌合物的均匀性,运输到灌注地点时不发生分层、离析和泌浆等现象。

5.4.3 混凝土灌筑、振捣

①自密实商品混凝土要用泵车进行混泵送,在泵送之前,应该用高强度等级的砂浆进行试泵,这样可以达到湿润及密封管壁的作用,进而减小管壁对混凝土拌合物的阻力,使得自密实商品混凝土的顺利泵送得到有力的保证。在进行泵送的过程中,不应该有超过15min的停顿,以免造成混凝土堵管的情况。

②在进行自密实商品混凝土的浇筑过程中,应及时观察混凝土的浇筑情况,为了避免混凝土流动不均匀造成的缺陷,应对泵送管进行适当的敲击,特别是拐角的地方。在进行栏板墙体的浇筑时,要两头向中间同时均匀对称浇筑,这样可以防止因高差过大造成模板变形。

5.4.4 混凝土养护

①由于自密实商品混凝土用水量较多,表面水分蒸发速度较快,故在混凝土浇筑后必须注意混凝土的早期养护,应及时加以覆盖防止混凝土中的水分流失,养护时间不得少于14d,以防止商品混凝土出现干缩裂缝。

②做好养护记录。对同条件养护的混凝土试件进行洒水养护,保证其强度与自密实商品混凝土结构物的强度同步增长。

5.5 效果应用

自密实商品混凝土的可持续发展、超复合化、高强高性能化、高功能、智能化等是水泥商品混凝土发展的主要方向。自密实商品混凝土可以改善工作环境和安全性。普通型商品混凝土有振捣噪声,自密实商品混凝土是一种无需机械振捣,利用自身重力即可密实成型的高性能商品混凝土,具有高于普通商品混凝土的工作性能、力学性能和耐久性,并大量利用粉煤灰等工业废弃物,有利于资源的综合利用,已成为当今世界商品混凝土材料发展的方向。

5.6 经济分析

近年来,我国建筑行业快速发展,混凝土需求量越来越大,质量要求也越来越高,性能要求越来越综合化、多样化。自密实混凝土(Self-compacting Concrete,SCC)是指在自身重力作用下,能够流动、密实,即使存在致密钢筋,也能完全填充模板,同时获得很好的匀质性,并且不需要振动的高性能混凝土,是当今高性能预拌混凝土的重要发展方向。

参考文献

[1] 蒋贤龙,李建伟,朱祥龙.自密实商品混凝土配制与应用技术[J].商品混凝土,2017,(12):2-4.

第**12**章

混凝土安全生产

工程建设安全生产是指建筑生产过程中要避免人员、财产的损失基对周围环境的破坏。它包括建筑生产过程中的施工现场人身安全、财产设备安全，施工现场及附近的道路、管线和房屋的安全，施工现场和周围的环境保护及工程建成后的使用安全等方面的内容。

工程建设安全生产管理的基本方针——"安全第一、预防为主、综合治理"。

案例1　堤溪沱江大桥整体坍塌事故

1.1　工程概况

堤溪沱江大桥是湖南省凤凰县至大兴机场二级路的公路桥梁，为双向二车道设计。大桥总投资1200万元，桥长328m，跨度为4孔，每孔65m，高度42m。此桥属于大型桥梁，于2003年动工兴建，原计划2007年8月底举行竣工通车典礼。

大桥长328.45m，宽13m，墩台高33m，桥高42m，设3%纵坡。桥型为4孔65m等跨径等截面悬链线空腹式无铰连拱石拱桥。矢高8m，矢跨比1/8。本工程采用公路二级标准。主拱圈厚度为0.7m，采用C20小石子混凝土砌MU60块石，重力密度为25kN/m³。

2007年8月13日下午4时45分，大桥正进入最后的拆除脚手架阶段，突然，大桥的4个桥拱横向次第倒塌。经过123h的现场清理和搜救工作，到8月18日晚，现场清理工作结束，152名涉险人员中88人生还，其中22人受伤，64人遇难。直接经济损失3974.7万元。大桥设计及现场示意见图12-1。

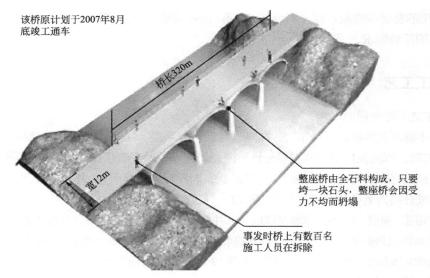

该桥原计划于2007年8月底竣工通车

桥长320m

宽12m

整座桥由全石料构成，只要垮一块石头，整座桥会因受力不均而坍塌

事发时桥上有数百名施工人员在拆除

图12-1 大桥设计

施工现场如图12-2所示。

(a)   (b)

图12-2 施工现场

1.2 材料选配

主拱圈砌筑材料不能满足设计和规范要求。

① 主拱圈从其设计和规范要求来说，应按照"60号块石，形状大致方正"设计要求控制拱石规格，实际施工时多采用重50~200kg，且未经加工的毛石，坍塌残留拱圈断面呈现较多片石。

② 主拱圈砌体未完全按"20号小石子混凝土砌筑60号块石"的要求施工，部分砌体采用了水泥砂浆。主拱圈大部分砌体小石子混凝土强度低于设计规范要求值，其中1号孔1~2号横墙之间主拱圈砌体小石子混凝土的实测抗压强度尤低。特别是在0号台拱脚处小石子混凝土平均强度不足5MPa，与设计指定20号小石子混凝土强度相差甚远。

③ 机制砂含泥量较高，最大值达16.8%，远远超过不大于5%的要求。碎石含泥量为2.6%，超过不大于2%的标准。

④ 采用的普通硅酸盐水泥（等级32.5）不合格，烧失量在5.22%～5.98%之间，不能满足不大于5%的标准要求。

1.3 施工工艺

砌筑工艺不符合规范规定。

① 设计要求主拱圈砌筑程序为"二环、二三带、六段"（编者注：砌筑拱圈时，应根据拱圈跨径、矢高、厚度及拱架的情况，设计拱圈砌筑程序。对于跨径≥25m的拱圈，一般采用分段砌筑或分环、分带、分段相结合的方法砌筑），而实际施工更改为"三环、五带、六段"，按"田"字形或分割为更多条块的方式无序砌筑，导致砌体整体性差。

② 主拱圈，横墙、腹拱、侧墙连续施工，并在主拱圈未完全达到设计强度即进行落架施工作业，造成砌体缺乏最低要求的养护期，拱圈提前承受拱上荷载，降低了砌体的整体性和强度。

③ 拱圈砌体强度尚在发展中，弹性模量较低，腹拱侧墙及填料等加载不均衡、不对称，导致拱圈变形及受力不匀。

④ 各环在不同温度无序合拢，造成拱圈内产生附加的永存的温度应力，削弱了拱圈强度。

1.4 应用效果

多种综合地质勘察表明，堤溪沱江大桥桥墩、桥台未见位移发生，导致大桥坍塌的直接原因是主拱圈砌筑材料未达到规范和设计要求，上部构造施工工序不合理，主拱圈砌筑质量差，拱圈砌体的整体性和强度降低。随着拱上施工荷载的不断增加，造成1号孔主拱圈最薄弱部位强度达到破坏极限而坍塌，受连拱效应影响，整个大桥迅速坍塌。

1.5 经济分析

大桥总投资1200万元，桥长328m，跨度为4孔，每孔65m，高度42m。大桥坍塌152名涉险人员中88人生还，其中22人受伤，64人遇难。直接经济损失3974.7万元，24人移送司法机关，32人受纪律处分。

┃参考文献

[1] 凤凰沱江大桥重大坍塌事故分析，必须引以为戒.搜狐网.
[2] 凤凰县沱江大桥垮塌特别重大事故调查全面启动（组图）.新华网.

案例2 丰城电厂"11·24"特大事故

2.1 技术分析

丰城电厂施工平台倒塌事故主要有以下原因。

冷却塔施工单位河北亿能烟塔工程有限公司施工现场管理混乱，未按要求制订拆模作业管理控制措施，对拆模工序管理失控。事发当日，在7号冷却塔第50节筒壁混凝土强度不足的情况下，违规拆除模板，致使筒壁混凝土失去模板支护，不足以承受上部荷载，造成第50节及以上筒壁混凝土和模架体系连续倾塌坠落。

工程总承包单位中南电力设计院有限公司对施工方案审查不严，对分包施工单位缺乏有效管控，未发现和制止施工单位项目部违规拆模等行为。

2.2 工程概况

江西丰城电厂位于丰城市西面石上村铜鼓山，厂区距丰城市区8km，距南昌市约60km，南临赣江约0.5km，东距丰高公路约0.6km，北距丰城水泥厂2.8km。

丰电三期工程拟建设两座高168m、直径135m的双曲线型自然通风冷却塔。2016年6月18日，丰电三期扩建工程建设由土建施工进入安装阶段。丰电三期扩建项目位于丰城市西面石上村铜鼓山，总投资额76.7亿元，拟建2台100万千瓦超超临界燃煤机组。两台机组计划于2017年年底、18年年初分别投产发电。

江西丰城电厂三期扩建工程由江西赣能股份有限公司投资建设、中国电力工程顾问集团中南电力设计院有限公司总承包。监理单位是上海施耐迪工程咨询有限公司，D标土建施工队是河北亿能烟塔工程有限公司。丰城电厂三期扩建工程于2015年12月28日开工，其中冷却塔项目（总高度165m）于2016年4月开工，11月冷却塔已施工完成70m。

江西丰城发电厂三期扩建工程建设规模为2×1000MW发电机组，总投资额为76.7亿元，属江西省电力建设重点工程。其中，建筑和安装部分主要包括7号、8号机组建筑安装工程，电厂成套设备以外的辅助设施建筑安装工程，7号、8号冷却塔和烟囱工程等，共分为A、B、C、D标段。

7号冷却塔工程概况。事发7号冷却塔属于江西丰城发电厂三期扩建工程D标段，是三期扩建工程中两座逆流式双曲线自然通风冷却塔，如图12-3和图12-4所示。其中一座，采用钢筋混凝土结构。两座冷却塔布置在主厂房北侧，整体呈东西向布置，塔中心间距197.1m。7号冷却塔位于东侧，设计塔高165m，塔底直径132.5m，喉部高度132m，喉部直径75.19m，筒壁厚度0.23～1.1m。

图12-3　冷却塔施工模拟图

(a)   (b)

图12-4　冷却塔外观及剖切效果图

冷却塔筒壁
为现浇钢筋
混凝土

　　筒壁工程施工采用悬挂式脚手架翻模工艺，以3层模架（模板和悬挂式脚手架）为一个循环单元循环向上翻转施工，第1～第3节（自下而上排序）筒壁施工完成后，第4节筒壁施工使用第1节的模架；随后，第5节筒壁使用第2节筒壁的模架，以此类推，依次循环向上施工。脚手架悬挂在模板上，铺板后形成施工平台，筒壁模板安拆、钢筋绑扎、混凝土浇筑均在施工平台及下挂的吊篮上进行。模架自身及施工荷载由浇筑好的混凝土筒壁承担。

　　7号冷却塔于2016年4月11日开工建设，4月12日开始基础土方开挖，8月18日完成环形基础浇筑，9月27日开始筒壁混凝土浇筑，事故发生时已浇筑完成第52节筒壁混凝土，高度为76.7m。

2.3　材料选配

　　冷却塔主要采用混凝土结构，但是混凝土养护期不够，强度不达标。工程拆除冷却塔外围的脚手架时，混凝土开始脱落，最终导致整个冷却塔的坍塌。发生事故的冷却塔高165m，发生事故时已经建成76m左右。

2.4　施工工艺

　　施工单位在7号冷却塔第50节筒壁混凝土强度不足的情况下，违规拆除第50节模板，致使第50节筒壁混凝土失去模板支撑，不足以承受上部荷载，从底部最薄弱处开始开始坍塌，造成第节及以上筒壁混凝土和模架体系连续倾塌坠落。坠落物冲击与筒壁内侧连接的平桥附着拉索，导致平桥也整体坍塌。

　　塔吊装备设计有问题，塔吊附着在架体上，当塔吊因超载倾倒或者是其他原因倾倒时连同架体一起倒塌。

整个项目处于赶工期，塔吊司机很可能疲劳驾驶或者是操作失误导致塔吊倒塌。项目安全检查流于形式，安全隐患排除不到位，形成多米诺骨牌效应，当一处小隐患发生时引发了一系列隐患的发生。

2.5 应用效果

由于赶工期，混凝土未达到强度时拆模，筒壁承受的荷载迅速增大，直至超过混凝土与钢筋界面黏结破坏的临界值，出现坍塌。如图12-5所示。

(a) 整体坍塌图   (b) 坍塌平台局部放大图

图12-5　江西丰城发电厂三期扩建工程冷却塔施工平台坍塌

2.6 经济分析

江西丰城发电厂三期扩建工程发生冷却塔施工平台坍塌特别重大事故，造成73人死亡、2人受伤，直接经济损失10197.2万元。

被逮捕人员共计25人（重大事故责任罪13人，生产销售伪劣产品罪2人，玩忽职守罪9人，行贿罪1人）。

| 参考文献

[1]　2018年持续发酵，江西丰城电厂特大事故又有人获刑.搜狐网.
[2]　江西丰城发电厂"11·24"冷却塔施工平台特别重大事故调查报告.安全管理网.

案例3　沪昆高铁个别隧道严重渗漏水

3.1 技术分析

沪昆高铁贵州段渗漏水主要有以下原因。

（1）不和谐的分包关系　施工单位违法分包现象在工程领域早就已经是不算秘密的秘密了。例如某央企2016年承揽的订单量为18612亿元，总人数约为25万，人均产值约为744万元，如此高的人均产值不分包难以完成。

（2）施工材料低价进场，以次充好　部分项目由于管理费提取比例过高，导致了分包单位在实际施工中，不得不使用低价劣质的材料来保证自己不亏本，例如沪昆事件中曝光的槽道。很多时候成本就是质量，因为没有哪一家施工单位会亏本施工。但是任何情况下这都不应该成为"偷工减料"的借口。

（3）监理环节存在问题　监理单位和监理人员不到岗履职、对质量安全问题未发整改通知、对项目未履行巡查、检查等职责，均是监理环节存在的主要问题。而在一些工程项目中，施工和监理单位的自查自纠也时常流于形式，要么记录造假，要么根本没记录。

（4）高铁造价低，定额与实际偏离　铁总对设计单位、建设单位指出所存在的问题，最大的弊病就是定额和实际市场行情背离。例如高铁目前定额用的是2010版的，而人工和材料却与2010年相比已经涨了至少30%，所以导致高铁造价不升反降。

3.2　工程概况

沪昆高速铁路是中国《中长期铁路网规划》（2016年版）中"八纵八横"高速铁路主通道之一，途经上海、杭州、南昌、长沙、贵阳、昆明6座省会城市及直辖市，线路全长2252km，设计时速350km，是中国东西向线路里程最长、经过省份最多的高速铁路，预计总投资超过3000亿元。沪昆高速铁路连接了将长江上游、中游、下游的3个经济圈，串起了沿线中小城市，形成了一条贯穿长江上、中、下游的交通经济带，通车运营后，从上海到昆明将由原来的20多个小时缩短到8小时左右。

沪昆高速铁路由沪杭段、杭长段和长昆段3段组成，分段进行施工建设。其中，沪杭段线路全长160km；杭长段线路全长933km；长昆段线路全长1158.09km。根据《中长期铁路网规划》，沪昆高速铁路设计能力远景单向年输送旅客6000万人次，双向年输送1.2亿人次。

沪昆高铁是中国《中长期铁路网规划》中的"四纵四横"客运专线网主骨架的"一横"，是华东地区与中南、西南地区的客运主通道，主要承担华东地区与中南、西南地区间中长距离客流运输，同时兼顾沿线地区城际客流运输，沪昆高速铁路也是中国铁路几次大提速以来，时速300km以上的动车组首次进入大西南，对西南地区的社会、经济发展有重要的意义。沪昆高速铁路是我国4万亿元经济刺激计划项目之一，投资2800亿元。沪昆高铁隧道如图12-6所示。

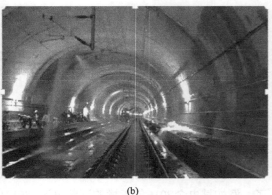

(a)　　　　　　　　　　　　　　　(b)

图12-6　沪昆高铁隧道

2017年6月底至7月初，沪昆高铁贵州段连续发生多起危及行车安全，干扰运输秩序，影响运输效率和效益的质量问题。

2017年6月30日下午14时左右，沪昆高铁贵定处白岩脚隧道导流洞塌方，大量水涌入正洞，导致沪昆高铁无法正常运行。

3.3 材料选配

铁路总公司组成专项检查组，对沪昆高铁贵州段部分隧道质量问题进行调查施工单位、监理单位、设计单位、第三方检测单位、建设单位存在的问题。在施工方面严重的偷工减料，致使严重影响工程的质量。

3.4 施工工艺

监理单位和监理人员不到岗履职、对质量安全问题未发整改通知、对项目未履行巡查检查职责，而在一些工程项目中，施工和监理单位的自查自纠也时常流于形式，要么记录造假，要么根本没记录。施工现场管理不严格，违法分包。沪昆客专贵公司存在设计和现场管理失控、泄水洞施工管理不到位、验收把关不严格、开通后对对线路周边巡查保护不力等问题。

施工单位存在偷工减料、内业资料弄虚作假、违法分包，未按设计要求完成泄水洞全部工程、现场管理混乱、内业资料弄虚作假、违法分包，泄水洞施工现场组织不力、进度缓慢，施工缝质量缺陷未整治到位等问题。

3.5 应用效果

在隧道开通不到一年的时间内，隧道各部分出现漏水的问题，性质恶劣，对中铁的声誉造成了严重影响。中铁二十局、中铁二十三局1年内停止接受参加铁路大中型建设项目施工投标，企业信用评价直接定为C级，承担相应质量问题直接经济损失的90%；中铁十七局、中铁二十二局企业信用评价总分扣2分；停止中铁二院参加满足其资格条件的铁路总公司建设项目设计投标4次；将山西三江工程检测公司清除出铁路建设市场。

建设单位方面，沪昆客专贵州公司除以上检查发现的问题外，还存在中央"机动式"巡视指出的贵广高铁3个审价工作未按规定公开招标问题，以上问题全部纳入2017年度铁路公司建设管理考核，对沪昆客专贵州公司扣47分。

3.6 经济分析

因沪昆高铁贵州段个别隧道出现严重质量问题，施工方中国铁建股份有限公司，二十局集团有限公司已被国家铁路局处以100余万元的高额罚款。

参考文献

[1] 沪昆高铁某段隧道严重渗水中字头国企遭严厉处罚.搜狐网.
[2] 沪昆高铁个别隧道存严重质量问题，偷工减料、违法分包.搜狐网.

[3] 沪昆高铁贵州段个别隧道被爆存严重质量问题铁总查实. 新华网.

[4] 隧道渗水，施工企业被罚百万元，沪昆高铁个别隧道渗漏水严重. 中国建材网.

案例4 青海省西宁市"04.27"边坡坍塌事故

4.1 技术分析

（1）直接原因 施工地段地质条件复杂，经过调查，事故发生地点位于河谷区与丘陵区交接处，北侧为黄土覆盖的丘陵区，南侧为河谷地2级及3级基座阶地。上部土层为黄土层及红色泥岩夹变质砂砾，下部为黄土层黏土。局部有地下水渗透，导致地基不稳。

施工单位在没有进行地质灾害危险性评估的情况下，盲目施工，也没有根据现场的地质情况采取有针对性的防护措施，违反了自上而下分层修坡、分层施工工艺流程，从而导致了事故的发生。

（2）间接原因 建设单位在工程建设过程中，未做地质灾害危险性评估，且在未办理工程招投标、工程质量监督、工程安全监督、施工许可证的情况下组织开工建设。

施工单位委派不具备项目经理执业资格的人员负责该工程的现场管理二项目部未编制挡土墙施工方案，没有对劳务人员进行安全生产教育和安全技术交底。在山体地质情况不明、没有采取安全防护措施的情况下冒险作业。

监理单位在监理过程中，对施工单位资料审查不严，对施工现场落实安全防护措施的监督不到位。

4.2 工程概况

2007年4月27日，青海省西宁市银鹰金融保安护卫有限公司基地边坡支护工程施工现场发生一起坍塌事故，造成3人死亡、1人轻伤，直接经济损失60万元。边坡塌陷现场如图12-7所示。

(a)　　　　　　　　　　　　　　(b)

图12-7 边坡塌陷现场

该工程拟建场地北侧为东西走向的自然山体，坡体高 12 ～ 15m，长 145m，自然边坡坡度（1∶0.5）～（1∶0.7）。边坡工程 9m 以上部分设计为土钉喷锚支护，9m 以下部分为毛石挡土墙，总面积为 2000m²。其中毛石挡土墙部分于 2007 年 3 月 21 日由施工单位分包给私人劳务队（无法人资格和施工资质）进行施工。

4 月 27 日上午，劳务队 5 名施工人员人工开挖北侧山体边坡东侧 5m×1m×1.2m 毛石挡土墙基槽。下午 4 时左右，自然地面上方 5m 处坡面突然坍塌，除在基槽东端作业的 1 人逃离之外，其余 4 人被坍塌土体掩埋。根据事故调查和责任认定，对有关责任方做出以下处理：项目经理、现场监理工程师等责任人分别受到撤职、吊销执业资格等行政处罚；施工、监理等单位分别受到资质降级、暂扣安全生产许可证等行政处罚。

4.3　材料选配

边坡工程 9m 以上部分设计为土钉喷锚支护，9m 以下部分为毛石挡土墙，总面积为 2000m²。其中毛石挡土墙部分于 2007 年 3 月 21 日由施工单位分包给私人劳务队（无法人资格和施工资质）进行施工。

4.4　施工工艺

这是一起由于违反施工工艺流程，冒险施工引发的生产安全责任事故。事故的发生暴露了该工程从施工组织到技术管理、从建设单位到施工单位都没有真正重视安全生产管理工作等问题。

导致建筑安全事故发生的各环节之间是相互联系的，这起事故的发生是各环节共同失效的结果。因此，搞好安全生产首先要求建设、施工、监理和设计各方要全面正确履行各自的安全职责，并在此基础上不断规范施工管理程序，规范监理监督程序，规范设计工作程序和业主监管程序，使之持续改进，只有这样，安全生产目标才能实现。需要特别指出的是，监理单位是联系业主、设计与施工单位的桥梁，规范监理单位的安全生产职责是搞好安全生产的重要环节。

4.5　应用效果

（1）落实安全责任、实现本质安全　大量事故表明，事故的间接原因往往是其发生的本质因素。不具备执业资格的项目经理负责该工程的现场管理是此次事故的一个重要原因。如果本项目有一个合格的项目经理，就会在施工前认真组织制订可行的施工组织设计并认真实施。同样，如果监理单位认真履行安全监管职责，就会要求施工单位制订完善的施工组织设计或安全专项措施并认真审核。如果这两个重要环节都有人把好了关，这个事故是完全可以避免的。

（2）强化政府监管、规范市场规则　要强化安全生产监管工作，必须通过政府部门的有效监管，规范市场各竞争主体的经营行为。因此，遏制安全生产事故必须从政府有效监管入手，利用媒体舆论监督推动全社会安全文化建设，建设、施工、监理、设计等单位认真贯彻安全法律法规，形成综合治理的局面。

（3）完善甲方责任、建立监管机制　建设单位要依照法定建设程序办理工程质量监督、工程安全监督、施工许可证，并组织专家对地质灾害危险性进行评估。

（4）依法施工生产、认真履行职责　施工单位要认真吸取事故教训，根据地质灾害危险性评估报告制定、落实符合法定程序的施工组织设计、专项安全施工方案；委派具有相应执业资格的项目经理、施工技术人员、安全管理人员，认真监督管理施工现场安全生产工作；认真做好安全生产教育，严格按照相关标准全面落实各项安全措施。

（5）明确安全职责，强化监督管理　监理单位应认真履行监理职责，严格审查、审批施工组织设计、安全专项方案及专家论证等相关资料，发现安全隐患和管理漏洞时，应监督施工单位停止施工，责令认真整改，待验收合格后方可恢复施工。

4.6　经济分析

坦塌除在基槽东端作业的1人逃离之外，其余4人均被坦塌土体掩埋。造成3人死亡、1人轻伤，直接经济损失60万元。

参考文献

[1] 米晓晨，万瑞，米向东，等. 中交汇通横琴广场超高层建筑箱基底板大体积混凝土施工工艺[J]. 中国海湾建设，2017，37（8）：73-77.

案例5　南京电视台演播中心坍塌事故

5.1　事故分析

5.1.1　事故直接原因

① 支架搭设不合理，特别是水平连系杆严重不够，三维尺寸过大以及底部未设扫地杆，从而主次梁交叉区域单杆受荷过大，引起立杆局部失稳。

② 梁底模的木柿放置方向不妥，导致大梁的主要荷载传至梁底中央排立杆，且该排立杆的水平连系杆不够，承载力不足，因而加剧了局部失稳。

③ 屋盖下模板支架与周围结构固定与连系不足，加大了顶部晃动。

5.1.2　事故间接原因

① 施工组织管理混乱，安全管理失去有效控制，模板支架搭设无图纸，无专项施工技术交底，施工中无自检、互检等手续，搭设完成后没有组织验收；搭设开始时无施工方案，有施工方案后未按要求进行搭设，支架搭设严重脱离原设计方案要求、致使支架承载力和稳定性不足，空间强度和刚度不足等是造成这起事故的主要原因。

② 施工现场技术管理混乱，对大型或复杂重要的混凝土结构工程的模板施工未按程序进行，支架搭设开始后送交工地的施工方案中有关模板支架设计方案过于简单，缺乏必要的细部构造大样图和相关的详细说明，且无计算书；支架施工方案传递无记录，导致现场支架搭设时无规范可循，是造成这起事故的技术上的重要原因。

③ 工苑监理公司驻工地总监理工程师无监理资质，工程监理组没有对支架搭设过程严格

把关，在没有对模板支撑系统的施工方案审查认可的情况下即同意施工，没有监督对模板支撑系统的验收，就签发了浇捣令，工作严重失职，导致工人在存在重大事故隐患的模板支撑系统上进行混凝土浇筑施工，是造成这起事故的重要原因。

④ 在上部浇筑屋盖混凝土情况下，民工在模板支撑下部进行支架加固是造成事故伤亡人员扩大的原因之一。

⑤ 某三建及上海分公司领导安全生产意识淡薄，个别领导不深入基层，对各项规章制度执行情况监督管理不力，对重点部位的施工技术管理不严，有法有规不依。施工现场用工管理混乱，部分特种作业人员无证上岗作业，对施工人员未认真进行三级安全教育。

⑥ 施工现场支架钢管和扣件在采购、租赁过程中质量管理把关不严，部分钢管和扣件不符合质量标准。

⑦ 建筑管理部门对该建筑工程执法监督和检查指导不力；建设管理部门对监理公司的监督管理不到位。

综合以上原因，调查组认为这起事故是施工过程中的重大责任事故。

5.2　事故处理

为认真吸取这起重大伤亡事故的深刻教训，确保南京市建筑施工安全生产，针对这起事故暴露出的问题提出如下整改措施。

① 事故发生后，南京市政府向南京市各区县政府、市府各委办局、市各直属单位通报了事故情况，要求进一步学习关于安全生产工作的一系列重要指示，按照"三个代表"的要求，以对党和人民高度负责的态度，切实提高对安全生产工作重要性的认识，克服官僚主义，力戒形式主义，真正把安全生产工作作为大事抓紧抓好，迅速采取有效措施，坚决杜绝各类重大事故的发生。

② 南京市政府市长办公会上市政府主要领导对市建工局、市建委做出了严肃批评、责成市建工局、市建委做出深刻检查，并决定，"10·25"事故批复结案后，立即召开全市大会。市政府领导将在会议上通报"10·25"事故情况和公布对责任者的处理意见，对全市建筑行业的安全生产工作提出具体明确的要求。

③ 南京市建设、建筑主管部门认真吸取"10·25"重大伤亡事故的教训，举一反三，按国家行业管理的各项法律、法规的要求，端正思想，提高认识，采取有力措施，堵塞管理漏洞，切实加强技术管理工作，进一步健全完善各项规章制度，认真落实安全生产责任制，针对薄弱环节和存在的问题，强化行业管理。

④ 加强用工管理的力度，坚决制止私招乱雇现象。新工人进场，必须进行严格的三级安全教育，特别对特种作业人员持证上岗情况，一定要严格履行必要的验证手续；对特殊、复杂的、技术含量高的工程，技术部门要严格审查、把关，健全检查、验收制度，提高防范事故的能力，确保建筑业的安全生产。

⑤ 加强对监理单位的管理工作，严格规范建设监理市场，严禁无证监理，禁止将监理业务转包或分包。监理人员必须持证上岗，对施工过程中的每个环节，特别对技术性强、工艺复杂的项目一定要监理到位，并有签字验收制度。

⑥ 建筑施工企业在购买和使用建筑用材、设备时，均须要有产品质保书，签订购、租合

同时要明确产品质量责任，必要时应委托有资质的单位进行检验。

参考文献

[1] 南京电视台演播中心工地倒塌事故详情. 东方新闻.
http://society.eastday.com/epublish/gb/paper134/23/class013400002/hwz226371.htm.

[2] 南京电视台演播中心坍塌事故. 百度文库.
https://wenku.baidu.com/view/b4ad77784a35eefdc8d376eeaeaad1f34693118b.html.

[3] 南京电视台演播中心坍塌事故. 安全文化网.
http://www.anquan.com.cn/index.php?m=content&c=index&a=show&catid=45&id=44702.

第三篇

混凝土工程应用

第**13**章

国内外最新建成或在建的有
代表性的混凝土应用案例

近年来，随着社会对石油需求量的与日俱增，石油行业迎来了巨大的发展机遇，在此背景下，油田建筑工程规模不断扩大，与此同时，建筑结构形式也日益多样化。而在众多建筑结构形式中混凝土结构是最为常见的一种。我国的混凝土结构建筑发展已经经历了较长的时间，在混凝土结构工程的施工技术方面也已经积累了较多的经验。

案例1　中国第一高塔——广州电视塔

1.1　技术分析

大体积混凝土主要指混凝土结构实体最小几何尺寸不小于1m，或预计会因混凝土中水泥水化引起的温度变化和收缩导致有害裂缝产生的混凝土。

（1）配制大体积混凝土用材料应符合规定

① 水泥应优先选用质量稳定有利于改善混凝土抗裂性能，C_3A含量较低、C_2S含量相对较高的水泥。

② 细骨料宜使用级配良好的中砂，其细度模数宜>2.3。

③ 应选用缓凝型的高效减水剂。

（2）大体积混凝土配合比应符合规定

① 大体积混凝土配合比的设计除应符合设计强度等级、耐久性、抗渗性、体积稳定性等要求外，尚应符合大体积混凝土施工工艺特性的要求，并应符合合理使用材料、降低混凝土绝热温升值的原则。

② 混凝土拌合物在浇筑工作面的坍落度不宜大于160mm。

③ 拌合水量不宜大于170kg/m³。

④ 粉煤灰掺量应适当增加，但不宜超过水泥用量的40%；矿渣粉的掺量不宜超过水泥用量的50%，两种掺合料的总量不宜大于混凝土中水泥重量的50%。

⑤ 水胶比不宜大于0.55。

当设计有要求时，可在混凝土中填放片石（包括经破碎的大漂石）。填放片石应符合下列规定：a. 可埋放厚度不小于15cm的石块，埋放石块的数量不宜超过混凝土结构体积的20%；b. 应选用无裂纹、无水锈、无铁锈、无夹层且未被烧过的、抗冻性能符合设计要求的石块，并应清洗干净；c. 石块的抗压强度不低于混凝土的强度等级的1.5倍；d. 石块应分布均匀，净距不小于150mm，距结构侧面和顶面的净距不小于250mm，石块不得接触钢筋和预埋件；e. 受拉区混凝土或当气温低于0℃时不得埋放石块。

1.2 工程概况

广州新电视塔工程位于广州市海珠区阅江西路222号，总建筑面积约12.9万平方米，建筑物高度为600m，项目总投资294838万元。电视塔主体结构为钢和混凝土组合结构。该工程由一座高达454m的主塔体和一根高146m的天线桅杆构成，如图13-1所示。

广州新电视塔筏板基础板面相对标高为–10.00m，几何形状呈椭圆形，长轴长97m，短轴长77m，板厚度1500mm。24根钢管柱的基础环梁截面尺寸 bh=4500mm×4350mm，沿椭圆形筏板周边布置。环梁长236m，筏板和环梁相连，混凝土的设计强度等级C40，抗渗等级P8。混凝土浇筑量为9445m³。浇筑时间为10月。

图13-1 广州电视塔

1.3 材料选配

1.3.1 原材料选择

（1）水泥 大体积混凝土结构引起的裂缝最主要的原因是水泥水化热的大量积聚使混凝土出现早期升及后期降温现象。为此在施工中应尽可能采用中低热水泥，如P·O 42.5矿渣硅酸盐水泥。

（2）细骨料 中粗砂、含泥量＜2%细度模数为2.79，平均粒径为0.381的中、粗砂。

（3）粗骨料 选用5～40mm石子，减少混凝土收缩，含泥量＜1%，符合筛分曲线要求可减少用水量，使混凝土收缩和泌水随之减少，骨料中的针状和片状颗料＜15%（质量比）。

（4）外掺料　在混凝土中可掺加减水剂和粉煤灰，以减少水泥用量，以后改善混凝土和易性和可泵性，延迟水化热释放的速度，放热峰也较推迟减少温度应力，减小大体积混凝土过程中的冷接缝的可能性。

1.3.2　混凝土配合比

采用骨料泵送混凝土砂率在42%～45%之间，在满足可泵性的前提下尽量降低砂率，坍落度在满足泵送条件下尽量选用小值，减少收缩变形。如表13-1所列。

⊡ 表13-1　混凝土配合比

材料	42.5级普通硅酸盐水泥	水	砂	石	粉煤灰	S95矿渣	FDN-2减水剂	HE-O膨胀剂
kg/m³	243	180	757	1000	115	75	5.5	36

1.4　施工工艺

筏板混凝土浇筑拟采用分块浇筑，共分四块跳仓浇筑筏板和环梁。浇筑范围，顺序分别如图13-2、图13-3所示，各分块混凝土用量如表13-2所列。同时在混凝土浇筑时对温度应力进行有限元仿真分析，通过控制混凝土的入模温度和混凝土内外温差可以有效控制有害裂缝的出现，同时弥补了上述分仓浇筑的不足。由于环梁截面较大，钢筋密集，进行混凝土振捣时，振动棒难免会碰到环梁而影响混凝土的密实度。为此，考虑在环梁钢筋绑扎时，在两端钢筋密集处，各预留一道100mm宽的振捣缝；在环梁中间预留200mm宽的浇筑缝以便混凝土导管能伸入环梁内进行混凝土浇筑。

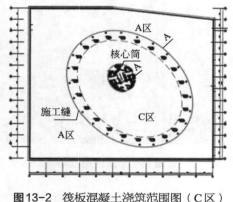

图13-2　筏板混凝土浇筑范围图（C区）

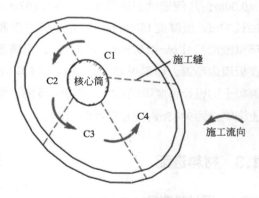

图13-3　分仓浇筑顺序

⊡ 表13-2　各分块混凝土用量表

板号	C1	C2	C3	C4
混凝土用量/m³	2450	2450	2450	2450

1.5 应用效果

广州电视塔的设计利用了大体积混凝土优异的力学性能。在工程中应用的大体积混凝土满足本工程实际结构较为复杂、使用功能较为特殊的各项指标，保证了本工程结构混凝土的整体性、强度、抗裂、抗渗、耐久性的要求。与普通混凝土相比，大体积混凝土整体性好，抗震等级高，浇筑方便。随着体积的增大，相应的利用空间变大了，满足广州塔空间使用需求。

1.6 经济分析

广州电视塔项目总投资约29.48亿元，塔身主体高454m，天线桅杆高146m，总高度600m。该塔是中国第一高塔，世界第二高塔，仅次于东京晴空塔，是国家AAAA级旅游景区。广州塔塔身168～334.4m处设有"蜘蛛侠栈道"，是世界最高最长的空中漫步云梯。塔身422.8m处设有旋转餐厅，是世界最高的旋转餐厅。塔身顶部450～454m处设有摩天轮，是世界最高摩天轮。天线桅杆455～485m处设有"极速云霄"速降游乐项目，是世界最高的垂直速降游乐项目。天线桅杆488m处设有户外摄影观景平台，是世界最高的户外观景平台，超越了迪拜哈利法塔的442m室外观景平台，以及加拿大国家电视塔447m的"天空之盖"的高度。

电视广播塔在建筑造型上突破了传统意义上的格调，塔身由下至上逐渐变小，中部扭转，两头大中间小，呈现为扭曲的椭圆体，宛如一座高脚花瓶，于无形中见有形，其规则形状中突显出的不规则内涵，则更让它别具一格，展现出新兴国际大都市的新气象。广州电视塔定位以观光旅游为主，兼容广播电视发射功能的综合性设施，成为广州重要的地标性建筑。新电视塔建设工程是广州的新地标、新形象，除了为亚运会转播提供硬件支持，还有助于提升广州的文化设施水平，大大推动了广州经济的发展速度。

参考文献

[1] 邵泉. 广州新电视观光塔工程大体积混凝土施工技术[J]. 施工技术，2007，（34）：280-282.

案例2 扬帆起航——重庆来福士广场

2.1 技术分析

大体积混凝土主要指混凝土结构实体最小几何尺寸不小于1m，或预计会因混凝土中水泥水化引起的温度变化和收缩导致有害裂缝产生的混凝土。

（1）配制大体积混凝土用材料应符合的规定

① 水泥应优先选用质量稳定有利于改善混凝土抗裂性能，C_3A含量较低、C_2S含量相对较高的水泥。

② 细骨料宜使用级配良好的中砂，其细度模数宜＞2.3。

③ 应选用缓凝型的高效减水剂。

（2）大体积混凝土配合比应符合的规定

① 大体积混凝土配合比的设计除应符合设计强度等级、耐久性、抗渗性、体积稳定性等要求外，尚应符合大体积混凝土施工工艺特性的要求，并应符合合理使用材料、降低混凝土绝热温升值的原则。

② 混凝土拌合物在浇筑工作面的坍落度不宜＞160mm。

③ 拌合水量不宜＞170kg/m³。

④ 粉煤灰掺量应适当增加，但不宜超过水泥用量的40%；矿渣粉的掺量不宜超过水泥用量的50%，两种掺合料的总量不宜大于混凝土中水泥重量的50%。

⑤ 水胶比不宜大于0.55。

当设计有要求时，可在混凝土中填放片石（包括经破碎的大漂石）。填放片石应符合下列规定：

a. 可埋放厚度不小于15cm的石块，埋放石块的数量不宜超过混凝土结构体积的20%；b. 应选用无裂纹、无水锈、无铁锈、无夹层且未被烧过的、抗冻性能符合设计要求的石块，并应清洗干净；c. 石块的抗压强度不低于混凝土的强度等级的1.5倍；d. 石块应分布均匀，净距不小于150mm，距结构侧面和顶面的净距不小于250mm，石块不得接触钢筋和预埋件；e. 受拉区混凝土或当气温低于0℃时不得埋放石块。

2.2 工程概况

重庆来福士广场项目位于长江与嘉陵江两江交汇的朝天门，是一个集住宅、办公楼、商场、服务公寓、酒店、餐饮会所为一体的城市综合体，为重庆市重点工程。其中T3N塔楼建成后将以356m的标高成为重庆市的新地标，如图13-4所示。

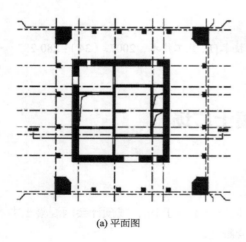

(a) 平面图　　　　　　　　　　　　　　(b) 效果图

图13-4　重庆来福士广场

重庆来福士广场T3N塔楼由外框架（巨柱＋腰桁架）＋核心筒＋混合伸臂组成，塔楼主体筏板基础混凝土强度等级为C35，60d龄期评定，抗渗等级P8，耐久性设计年限为100年。混凝土总体需求量为9000m³，分两次浇筑成型：第一次浇筑3000m³；第二次浇筑6000m³。该筏板基础最厚处达8m，平均厚度为4m，属于大体积、易开裂混凝土。

2.3 材料选配

2.3.1 原材料选择

（1）水泥　采用42.5级普通硅酸盐水泥。

（2）矿物掺合料　粉煤灰：Ⅱ级粉煤灰。矿渣粉：S75级。

（3）细骨料　混合砂。

（4）粗骨料　选用粒径为5～10mm与10～20mm的两级配碎石。

（5）减水剂　缓凝型高性能聚羧酸减水剂。

（6）膨胀剂　ZY-1。

（7）拌合水　自来水。

各原料主要物理性能指标如表13-3～表13-7所列。

⊡ 表13-3　水泥主要物理性能指标

品种、规格	3d抗压强度/MPa	28d抗压强度/MPa
42.5级普通硅酸盐水泥	30.4	48.9

⊡ 表13-4　粉煤灰主要物理性能

细度45μm，筛余/%	烧失量/%	需水量比/%
19.3	6.1	104

⊡ 表13-5　矿渣粉主要物理性能

比表面积/（m²/kg）	流动度比/%	28d活性/%
450	101	88

⊡ 表13-6　细骨料主要物理性能

项目	细度模数	含泥量/%	含粉量/%	MB值
特细砂	1.1	1.6	—	—
卵石机制砂	3.3	—	5.8	0.50

⊡ 表13-7　减水剂主要物理性能

减水率/%	含气量/%	凝结时间差/min	7d抗压强度比/%
31	2.2	≥135	160

2.3.2 配合比确定

原C40大体积混凝土配合比及性能检测结果如表13-8、表13-9所列。

⊡ 表13-8　C40大体积混凝土配合比　　　　　　　　　　　　　　　　单位：kg/m³

强度等级	水泥	粉煤灰	矿渣粉	细骨料	粗骨料	外加剂	水	表观密度
C40	245	95	40	724	1140	6.0	150	2400

表 13-9　C40大体积混凝土性能检测指标

强度等级	塌落度/mm	扩展度/mm	表观密度/mm	绝热温升/℃	7d抗压强度/MPa	28d抗压强度/MPa	60d抗压强度/MPa
C40	245	95	40	724	1140	6.0	150

在上述配合比基础上，降低水泥用量，增大掺合料掺量，适当增大用水量，进行混凝土性能的试配验证试验，结果如表13-10所列。

表 13-10　C35P8大体积混凝土性能检测指标

强度等级	坍落度/mm	扩展度/mm	表观密度/（kg/m³）	绝热温升/℃	抗渗等级	28d抗压强度/MPa	60d抗压强度/MPa
C40	245	95	40	724	P8	6.0	150

2.4　施工工艺

混凝土最大单次方量为6000m³，采用2台车泵和1台车载泵同时进行泵送浇筑，浇筑时间控制在50h内，如图13-5所示。混凝土浇筑完成后，采用薄膜覆盖，同时在混凝土表面蓄10～20cm水的方式进行养护，保证混凝土内外温差在25℃以内。

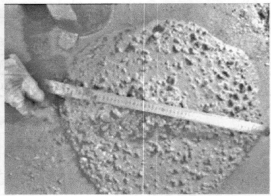

图13-5　混凝土拌合物坍落度与扩展度检测

图13-6　混凝土浇筑现场

该混凝土工作性能较好、入模浇筑顺利；其表观质量优良，无明显温度裂缝产生；经出厂混凝土留样检测，28d强度平均值达到133%，强度保证率100%，较好地保证了工程质量。

混凝土浇筑现场如图13-6所示。

2.5 应用效果

来福士广场的设计利用了大体积混凝土优异的力学性能。在工程中应用的大体积混凝土满足本工程实际结构较为复杂、使用功能较为特殊的各项指标，保证了本工程结构混凝土的整体性、强度、抗裂、抗渗、耐久性的要求。与普通混凝土相比，大体积混凝土整体性好，抗震等级高，浇筑方便。随着体积的增大，相应的利用空间变大了，满足福来士广场的空间使用需求。

2.6 经济分析

重庆来福士广场位于两江汇流的朝天门，由世界知名建筑大师摩西·萨夫迪设计，由新加坡凯德集团投资，投资总额超过240亿元，总建筑面积超过110万平方米，是新加坡目前在华最大的投资项目，原计划于2019年分阶段投入使用。整个项目寓意"扬帆远航"的重庆精神，诠释了"古渝雄关"的壮美气势，建成后将成为重庆的标志性建筑。其中，6座塔楼设计理念源于重庆的航运文化，分别以350m及250m的高度，化形为江面上强劲的风帆。而项目设计的亮点是连接4座塔楼、位于60层楼高空、长达400m的"水晶廊桥"，其晶莹剔透的玻璃构造，将把公共空间及城市花园带到重庆的上空，身处廊桥内，重庆江景、山景将尽收眼底。来福士广场的建设工程，是重庆市的新地标、新形象，除了为购物休闲提供硬件支持，还有助于提升重庆的文化设施水平，大大提高了重庆经济的发展速度。

参考文献

[1] 石从黎，赵海红，谢武明.重庆来福士广场筏板基础大体积混凝土的设计与应用[J].技术与材料，2017（4）：58-60.

案例3 中原第一高楼——郑州会展宾馆

3.1 技术分析

郑州会展宾馆在施工过程中采用了许多国内外最新的超高层施工工艺，如深基坑支护中采用桩锚体系局部加高压旋喷桩帷幕挡墙和钢筋混凝土结构内支撑方案等，以保证工程保质按期完成。

3.1.1 基坑支护技术

郑州会展宾馆施工场地的地质条件包含了细粉砂土接下层粉质黏土，这些薄弱的土质使主楼需要深桩来承托筏板基础。本工程塔楼基坑平面大致呈六边形，基坑底标高为–21.5m，群楼基坑平面呈长方形，基坑底标高为–19.5m和–18.5m。支护结构采用桩锚体系局部加高压旋喷桩帷幕挡墙和钢筋混凝土结构内支撑方案，基坑内分别在–6.8m、–11.7m、–16.6m标高处设3道内支撑。深基坑围护和结构基础外墙体系二合一。该施工方案集顺作法和逆作法施工的特点于一身，既缩短了工期又节约了大量施工成本。

3.1.2　超高程混凝土泵送技术

会展宾馆工程从经济、适用、高效的角度出发，现场布置两台HBT60C型、一台HBT60C-1816D型三一重工混凝土泵车。

在配制超高程泵送高性能混凝土中，充分应用"双掺"技术粉煤灰的"火山灰效应"、"形态效应"和"填充效应"等效应，能显著提高混凝土的可泵性和工作性能。聚梭酸类高性能减水剂减水率高、保塑时间长等特点改善混凝土的和易性。

3.2　工程概况

郑州会展宾馆位于郑州CBD核心区的中央轴线上。东侧为郑州国际会展中心，西临河南艺术中心，北面为中心公园和中心湖，南面正对中心广场，是CBD核心区的主体标志性建筑，如图13-7所示。项目用地面积约28636m²，高280m，塔楼整体建筑共为地下3层，地上63层，总建筑面积为253040m²。

图13-7　郑州会展宾馆

郑州会展宾馆主楼筏板基础浇筑面积约3862m²，浇筑厚度为3.5m，一次性连续浇捣大体积筏板的混凝土总方量为16000m²，主楼筏板基础混凝土强度设计等级为C40，抗渗等级为P8。裙房筏板基础浇筑面积约4838m²，浇筑厚度为1.5m，一次性连续浇捣大体积筏板基础的混凝土总方量为6870m³，如图13-8、图13-9所示。裙房筏板基础混凝土强度设计等级为C40，抗渗等级为P10。

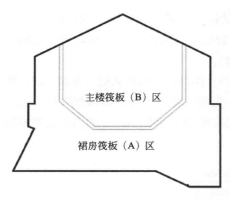

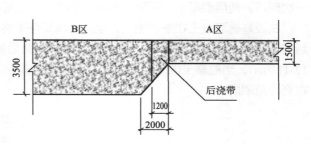

图13-8 主楼筏板施工区划分示意

图13-9 筏板基础剖面示意（单位：mm）

3.3 材料选配

（1）水泥 使用当地孟电水泥42.5级普通硅酸盐水泥，并用I级粉煤灰和级矿渣微粉取代部分水泥以保证混凝土的后期强度及和易性、耐久性。

（2）骨料 粗骨料选用郑州新密碎石，配合比中采用三级配，即5～10mm和10～20mm，16～31.5mm确保级配连续，控制碎石中含泥量＜0.5%，针、片状颗粒含量＜8%，压碎值≤6%；细骨料采用河南信阳中粗砂，此类砂子细度模数＞2.6，含泥量＜1%。砂率控制在38%。

（3）减水剂 泵送剂采用缓凝高效减水剂，控制混凝土室温环境下凝结时间在36h以上。

（4）水 降低碎石温度，生产时用地下水冲洗碎石；采用地下水，温度为17℃水泥使用低温水泥（要求水泥厂存库3d以上）。

3.4 施工工艺

设定8个浇筑带，划分区域浇筑混凝土，每个浇筑带由一台泵车负责施工，8台泵车同时进行浇筑。如图13-10所示。混凝土初凝时间控制在8～10h，入泵坍落度18cm，混凝土从搅

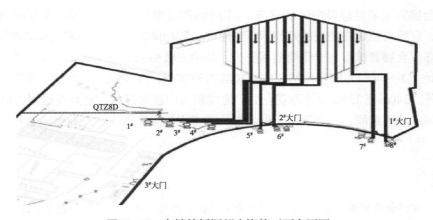

图13-10 主楼筏板混凝土浇筑平面布置图

拌至入模时间控制在1.5h以内。浇筑时每泵配备3台振动棒在混凝土斜面上一次振捣。每个浇筑带的浇筑均采用斜面分层浇筑工法，每层厚度不超过50cm，浇筑时分段同步，循序推进，一次到顶，两层混凝土之间覆盖时间控制在混凝土初凝前。

筏板基础混凝土在冬季施工，混凝土浇筑完毕终凝后立即进行表面覆盖塑料薄膜一层，然后铺两层厚的聚氯乙烯苯板，再铺两层麻袋，最后铺一层塑料薄膜进行保温保湿养护，如图13-11所示，当混凝土内外温差超过25℃及时加盖保温层等措施，确保混凝土的内外温差控制在允许范围内。

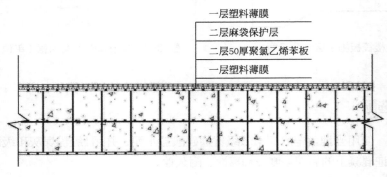

图13-11 混凝土养护

3.5 应用效果

郑州会展中心对于大体积混凝土结构的施工，其主要困难在于大体积混凝土的裂缝控制的问题。在实际施工过程中，筏板基础大体积混凝土从浇筑、养护及测温工作结束，除了出现少数表面裂缝以外，这与温度监测结果显示局部混凝土内外温差超过25℃的部位相一致，其他部位未见裂缝，较好地将混凝土裂缝控制在无害范围内，基本完成了对筏板基础大体积混凝土的裂缝控制工作。

3.6 经济分析

郑州会展宾馆项目总投资约20亿元，以280m的高度雄踞中原，成为郑州新地标。在郑东新区内，它将与已建成使用的郑州国际会展中心和河南艺术中心，成为郑东新区三大标志性建筑。郑州会展宾馆有主楼和裙楼两部分，其中主楼63层，地上60层，地下3层。从功能上区分，地上1～4层为商业用房，5～30层为写字楼，31层以上为酒店，地下3层以停车为主。此外，240m至250m设计为观光层，建成后将向游客开放。游客在这里可以欣赏新区美景，还可以北眺黄河，西望嵩山。极大带动了郑州及河南省经济的发展，成为一道亮丽的风景。

参考文献

[1] 侯慎杰.郑州会展宾馆关键施工技术研究与应用 [D].西安：西安建筑科技大学，2011.

案例4 中交汇通横琴广场超高层建筑箱基——底板大体积混凝土施工工艺

4.1 技术分析

本工程大体积混凝土施工的特点为：基础底板尺寸大（底板长65.3m，宽52.5m）、桩基及周边对底板形成较强约束，混凝土质量要求高，施工期气温高，一次浇筑量大、浇筑时间长，市场原材料条件、品种有限，工艺措施较为复杂，施工组织、交通管理难度大、施工可借鉴经验少等。

在高层房屋建筑基础工程施工中广泛应用大体积混凝土，对于混凝土强度等级要求较高，在建筑基坑内采用大体积混凝土结构，由于混凝土内部散热慢，内部基础复杂，钢筋直径大，配筋量多，混凝土和变形模量相差大，在混凝土收缩时容易使钢筋表面出现辐射性裂缝。

在大体积混凝土结构设计中，由于结构构件断面尺寸和自身受力大小会存在一定差异，从而使构件配筋量与刚度产生差异，导致混凝土内部温度应力差异产生，在各个构件差异处导致大体积混凝土结构断裂。

在大体积混凝土结构中产生水化热，从而产生温度应力，在长期内会直接作用于混凝土结构，在大体积混凝土结构上部结构荷载产生应力，从而增加了混凝土拉应力，产生应力裂缝。

4.2 工程概况

中交汇通横琴广场工程是中国交建首个投资建设的超高层高端城市综合体开发项目。工程位于广东珠海横琴新区十字门大道与汇通三路交口东南侧，基础为（准800～2000mm）桩基和4层箱形基础，基坑深约24m，主塔楼地上62层，檐口高度299.5m，最大结构高度309m。结构形式为框筒加伸臂桁架结构；核心筒为1200mm厚的钢板（80mm）混凝土剪力墙结构，外围为钢管混凝土框架，柱径1.6～2.8m，钢管壁厚70mm。本工程大体积混凝土位于主塔楼下11区（位置详见图13-12），厚度为3.5m，局部厚达9.8m，混凝土等级为C40P8；浇筑量11969m³，面积4993m²。底板中部原设计为800mm宽后浇带，经施工优化为200mm膨胀加强带。

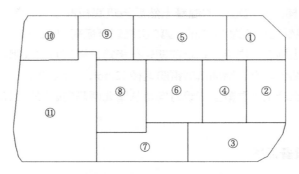

图13-12 梁内纵向后张预应力索布置示意

4.3 材料选配

混凝土供应按照现场施工组织预估混凝土浇筑时间为52h，预计浇筑高峰期混凝土供应量达到480m³/h。已选择的两家商品混凝土供应公司共有7条生产线，混凝土供应量可达到600m³/h，配备62辆搅拌车承担运输任务。

设备及设施混凝土浇筑施工采用3台60m长臂杆汽车泵、2台HBT80型地泵、8套溜槽设施进行混凝土浇筑施工，具体机械及物资配置如表13-11所列。

⊡ 表13-11　主要机械、设施材料配置表

施工阶段	使用机械设备	设备型号	数量	备注
3号塔楼区	地泵	HBT80	2台	
	汽车泵	60m	3台	
	混凝土搅拌车	12m³	62台	
	振捣棒	50	35个	备用20个
	平板振捣器	ZW7	4个	
	抹光机	HSM1000	8个	
	夜间施工照明	—	10个	
	溜槽	Φ300mm钢管	8个	
	水泵	76.2mm 101.6mm	8台	冷却管4台，排水4台
	塑料布	—	10000m²	
	棉被	—	5000m²	
	土工布	—	5000m²	
	排水管	—	600m	
	测温设备	—	4台	

4.4 施工工艺

4.4.1 混凝土浇筑顺序

主塔楼底板混凝土总量为14332m³，局部电梯井基坑厚9.8m。施工中按照水平分成2次进行浇筑，即先浇筑电梯井基坑范围的混凝土然后浇筑底板混凝土。第1次浇筑至标高-18.7m（坑中坑内混凝土）混凝土数量为2363m³；第2次浇筑至标高-15.2m，浇筑数量为11969m³。

（1）第一次混凝土施工　电梯井基坑前期先行浇筑，浇筑方法采用斜面分层法。为做好与第二次浇筑混凝土的结合紧密，增加抗剪钢筋直径12mm，间距600mm。

（2）第二次混凝土施工　混凝土浇筑方向是从南北两侧向膨胀加强带位置同时推进，采用斜面分层法浇筑。

4.4.2 施工设施、设备部署

针对第二次混凝土施工，采用综合布料法进行施工部署，考虑现场技术条件、施工条件、

平面布置情况，利用溜槽的"快"、地泵的"广"、汽车泵的"活"有机结合在一起形成组合布料体系。

4.5 应用效果

采用大体积混凝土综合浇捣技术进行施工，较好利用了各种浇筑方式的优点，证明了施工工艺及措施制订的科学合理、准确有效、针对性强。不仅保证了混凝土施工质量，有效地节约了施工成本。同时还在48h内浇筑完成了11969m³混凝土，创造了一次浇筑数量和浇筑时间2项本企业新纪录。利用混凝土仿真模拟计算为混凝土入模温度及温差控制提供了可靠的技术指导，在混凝土施工过程中温升、温差控制、通水降温效果和保温养护效果与现场实际基本相符，未发现异常裂缝，达到了预期的效果。经施工优化后浇带改为加强带，验证了加强膨胀带的设置及效果，不仅对膨胀带设计及内部构造、几何尺寸进行了探索实践，而且对加强膨胀带和膨胀剂的应用也收到了预期效果。

参考文献

[1] 米晓晨，万瑞，米向东，等.中交汇通横琴广场超高层建筑箱基底板大体积混凝土施工工艺[J].中国港湾建设，2017（08）：80-84.

案例5 温州巴菲特金融大厦——高强高性能大体积混凝土的生产和施工技术

5.1 技术分析

C60大体积混凝土水化后中心温度据推算可达到70～80℃，而项目施工在冬季，环境最高温度只有15℃左右、最低温度5℃以下，有时接近0℃，昼夜温差比较大，仅靠混凝土供应商本身所采取的措施是不够的，因为混凝土的水化和强度发展与温度密切相关。混凝土中心温度很高，强度就会发展很快，如果不采取有效的保温措施，混凝土表面直接与温度较低的环境接触，其温度就会逐渐降低，导致混凝土水化速度将变得缓慢，强度增长也变慢，混凝土内外强度发展不一致，就会在内外形成不同的应力，当这种应力大于早期混凝土的抗拉强度时就会形成温差裂缝。混凝土浇筑完毕后，随着逐渐进入深冬，气温将进一步下降，如果施工时不持续采取相应的保温措施，也有产生温差裂缝的风险。

另外，冬季大风天气比较多，很容易把混凝土表面吹干，白天也经常有阳光充足而直接暴晒混凝土表面的情况，若不及时覆盖塑料薄膜或蓄水保湿养护，就会在阳光暴晒及大风的作用下造成新浇筑混凝土表面0.5cm左右厚度的混凝土失水，造成水灰比变小，强度发展与0.5cm以下混凝土不同步，混凝土表面因为失水而开裂，影响混凝土质量。

因此，施工单位要充分了解此次浇筑高强、高性能、大体积C60混凝土的环境气候条件、混凝土的特性及施工难度，采取相应的措施，严格按照国家规范浇筑和养护；同时，混凝土供应商也要根据混凝土技术要求、混凝土特性、气候条件采取相应措施，双方密切配合，才能保证混凝土实体质量。

5.2 工程概况

本工程结构设计地上主体23层、裙房6层、地下2层。此次浇筑的主楼及裙房地下室基础底板是高强、高性能、大体积C60P6混凝土，需一次性浇筑4300m³。巴菲特金融大厦项目部计划2018年1月3日开始，在48h内一次性浇筑完成4300m³混凝土，其中主楼地下室基础底板深达6m，多达1600m³，裙房地下室基础底板深达3m，多达2700m³。

大体积混凝土，尤其是高强大体积混凝土，水化热非常大，而此时又正值冬季，环境气温很低（平均气温6～8℃），要特别防止混凝土水化放热过大、混凝土中心温度过高引起与混凝土表层温度差过大而产生温差裂缝；同时C60高强混凝土泵送、浇筑施工难度非常大，在全国一次性浇筑这么大量的混凝土工程也很少见，在温州地区更是首次，对混凝土生产和施工技术要求都非常高。因此，需要混凝土供应商和施工单位都必须非常重视，密切配合，提前做好充分准备工作，采取相应正确的技术措施才能保质保量、顺利地完成此次混凝土生产、供应和施工任务。

5.3 材料选配

（1）水泥 考虑到此次浇筑的是C60混凝土，为了保证强度一般水泥用量大、胶材用量多，水化放热很高，并且此次浇筑的基础底板很厚，最深处6m，其他部位3m，混凝土又是热的不良导体，水化热不容易散发。因此，为了尽量减少水化放热，配合比设计时的总体思路是：在保证混凝土强度的前提下尽量使用水化热较低的水泥、尽量少用水泥、多用矿物掺合料。在这种思路下，选用了海螺42.5级普通硅酸盐水泥（没有使用水化放热较大的52.5级普通硅酸盐水泥），该水泥质量稳定、强度高，在达到相同强度时，水泥用量少；同时水化热又低，比较适宜此次混凝土的技术要求。

（2）矿物掺合料 由于温州地区粉煤灰质量较差，质量波动很大，会造成混凝土质量的波动，不利于混凝土质量的控制。因此只选用了矿粉。首先，矿粉黏性较低，可以有效降低混凝土黏度，大幅改善C60混凝土的泵送性能和施工性能；其次，使用大掺量矿粉取代水泥（此次C60配合比矿粉掺量高达22%），可减少大体积混凝土的水化放热；第三，矿粉水化较慢，水化放热缓慢，这对于大体积、高强、高性能混凝土要求水化放热尽量少、水化放热尽量慢的技术要求是十分吻合的。矿粉使用的是山东日照产的S95级矿粉，质量很稳定。

（3）细骨料 细骨料选用的是市政桥梁专用精品河砂，细度为2.8～3.0较粗的中砂。因为C60混凝土比较黏，如果砂较细，会增加混凝土黏度，影响混凝土施工性能；选用较粗的砂就可以有效降低混凝土黏度，大大改善C60混凝土的泵送性能和施工性能。这种砂质量很好，其他技术指标都满足C60以上混凝土用砂的规范要求。

（4）粗骨料 粗骨料选用的是市政桥梁专用精品人工碎石，并使用5～25mm和5～16mm两种石子配合使用。使用双级配石子首先能有效减少混凝土孔隙率，提高混凝土密实性，混凝土密实了，耐久性就得到了保障；其次，由于使用双级配石子，减少了混凝土孔隙率，就可以减少总胶材用量，减少水化热；第三，使用双级配石子骨料级配连续性提高，提高了混凝土的泵送性能和施工性能。

这种石子质量很好，其他技术指标都满足C60以上混凝土用人工碎石的规范要求。

（5）外加剂　外加剂选用了3种，第1种是聚羧酸高效减水剂，减水率高达28%，在保证水胶比不变、不影响强度的前提下，能大幅减少用水量；水胶比不变，用水量大幅减少，就可以大量减少胶材用量，这对于大体积混凝土是十分有利的。另外，混凝土中残余水化的自由水（约占用水量的3/4）减少后，混凝土中自由水蒸发后形成的孔隙就大大减少，混凝土更加密实，提高了混凝土耐久性；同时，聚羧酸外加剂可以给混凝土中带入许多微小的气泡，这些气室的形成也有利于减少收缩应力，减少裂缝的产生，也有利于阻碍有害物质的侵入，对混凝土耐久性非常有利。

第2种、第3种外加剂是聚丙腈纤维和膨胀剂，主要是增强混凝土的抗裂性能。

5.4　施工工艺

5.4.1　混凝土的浇筑与施工

施工单位在施工前制订了详细施工方案，配备充足的施工人员及设备，防止了因人手不足或设备原因导致混凝土在工地等待时间过长，坍落度损失过大而影响泵送和浇筑的情况发生。现场道路和出入口完全满足重车行驶和保证通行能力的要求，出入口配备了交通指挥和签收人员，夜间安装了足够的照明，保障了混凝土车辆顺畅的进出施工现场。供应前施工单位还根据泵车布置图准备好施工场地，协助混凝土公司布置好泵车，在浇筑过程中与混凝土公司泵工密切配合，保障了顺利地泵送、浇筑。

浇捣时，严禁随意加水，若发现混凝土到现场坍落度偏小，只允许用外加剂和少量水混合后调整，不允许单独用水调整。因泵送混凝土浆体较多，坍落度较大，浇筑过程施工单位严格控制振捣时间，避免过振，防止了混凝土表面浆体过多产生塑性裂缝。由于本工程混凝土具有流动性大的特性，项目部及监理将到场混凝土坍落度控制在（200±20）mm，要求混凝土公司到达现场的混凝土和易性要好，不得泌水跑浆，避免浮浆过多和收缩过大产生裂缝。浇筑时严格分层连续浇筑，使混凝土均匀上升，避免产生冷缝，避免交界处混凝土凝结时间不一致而产生裂缝。

按需要浇筑的混凝土数量和混凝土公司密切协商和配合，组织好泵车和罐车数量，控制好混凝土浇筑速度，保证在上一层混凝土初凝前完成下一层浇筑，避免了已凝固但还没有强度的混凝土受到扰动而产生裂缝。混凝土的摊铺厚度控制在不大于50cm。混凝土浇筑到标高、刮平时，项目部要求施工人员要刮除浮浆，避免浮浆过多导致混凝土表层收缩过大而产生裂缝。抹面时做到了掌握好抹面时机，先机器抹面，再用人工二次抹面，彻底消除混凝土凝固时产生的收缩裂缝，抹完面后立即覆盖塑料薄膜，保湿养护。

5.4.2　混凝土的养护

项目部充分认识到了大体积混凝土内外温差的问题，制订了详细的混凝土内部降温，混凝土外部蓄水养护的有效养护措施，具体措施如下。

（1）混凝土内部布设冷却水管

① 冷却水管的制作方法。项目部采用了内径Φ50mm、管壁厚2.5mm铸铁管作冷却水管，

管端头攻丝，并以弯管接头和直管接头连接。连接时接头部位都缠好止水胶带以防漏水，将冷却水管与钢筋用铁丝固定在一起，防止混凝土浇筑、振捣时受到影响断开，造成失效。在冷凝管的进、出水口各设置一道阀门，以控制进水的方向和流量。

② 冷却水管的排列方式。冷却水管的排列方式，采用了矩形排列方式，6m深的混凝土基础底板布设两层冷却水管，层与层间距为2m，与基础底板及顶板的间距也是2m，冷却水管布设在混凝土温度最高的中心地带；3m深的裙楼混凝土基础底板布设了一层冷却水管，布设在混凝土温度最高的中心地带，与基础底板及顶板的间距都是1.5m；冷却水管水平间距为1.5m。6m和3m深基础底板冷却水管布设示意分别如图13-13和图13-14所示。

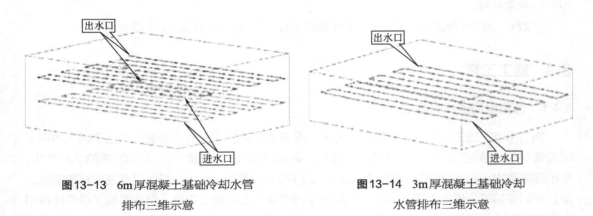

图13-13　6m厚混凝土基础冷却水管　　　　　图13-14　3m厚混凝土基础冷却
　　　　　排布三维示意　　　　　　　　　　　　　水管排布三维示意

③ 冷却水通水降温时机及注意事项。项目部派专人负责冷却水管的通水管理，混凝土浇筑完毕、表面初凝、抹好面、覆盖好塑料薄膜后，立即开始通冷却水（保证从进水口进入的水是冷水——常温自来水），进、出水口，每8h交换一次，出水口出来的热水直接放入混凝土表面，蓄水养护。使大体积混凝土内部温度比较均匀、一致地降低。

（2）混凝土蓄水养护　覆盖好塑料薄膜、施工完毕后，沿混凝土结构边缘用砖砌筑了10cm高挡水小坝，在混凝土终凝后立即在混凝土表面灌满从冷却水管出来的热水，使混凝土表面保持8～10cm水，这样既压住塑料薄膜，又能给正在不断水化的混凝土补充水分，起到保湿养护的作用；同时由于水是热的不良导体，可以起到隔热保温的效果。由于用于蓄水养护的水是热水，温度与混凝土表层温度相近，这样就把混凝土表层与温度较低的环境有效地隔离开，把温差降到了最小。

由于C60大体积混凝土水化温升非常高，中心最高时温度达到80℃，而施工时的环境平均温度只有6～8℃，如果不采取有效措施就极有可能出现温差裂缝的质量问题。

本项目混凝土养护前4d施工单位由于采取了有效的蓄水养护来保温保湿的措施，很好地将混凝土表层温度与混凝土中心温度之差控制在国家规范规定的25℃以内，整个混凝土基础底板没有出现任何有害裂缝。4d后，由于工期紧，要马上开展下一道工序，施工单位撤除了蓄水养护，改用湿毛毡覆盖养护，也使基础底板得到了较好的养护。

5.5　应用效果

在混凝土公司和项目部密切配合下，在预定时间顺利地、保质保量地完成了混凝土的生产、供应和施工，混凝土施工方案、混凝土中心降温措施及养护方式有效、得当，混凝土无任何裂缝及其他质量问题，得到了甲方和监理单位一致好评。

参考文献

[1] 黄振兴，曹养华，卢慧平，等. 温州巴菲特金融大厦一次性浇筑400方C60高强高性能大体积混凝土的生产与施工技术[J]. 商品混凝土，2018（04）：53-57.

案例6 钢纤维混凝土技术在建筑工程项目施工中的应用

6.1 技术分析

6.1.1 钢纤维混凝土原料搅拌中需要注意事项

钢纤维混凝土，主要经钢纤维、水泥、骨料、外加剂等混合搅拌构成，可确保钢纤维混凝土的应用性能。实行搅拌作业时，需按时也要严格控制埋管深度，不能太深也不能太浅。需要特别指出的是，在钻孔灌注桩进行浇筑施工过程中，混凝土面每上升5m，应拆除相应数量的导管，以此来应对埋管问题可能产生的风险，进而提高施工工艺和施工质量。

6.1.2 钢纤维混凝土原料搅拌中需要注意事项

灌注桩的成孔运用灌注桩成孔设备进行钻孔时，钻头时常会出现较大幅度的摆动，导致扩孔问题的出现，对工程施工产生较大影响。安放钢筋骨架在桩孔与设计要求相符，且钢筋骨架没有出现弯曲、扭曲的状态下，便可以将钢筋骨架置入。一旦钢筋骨架进入规定位置后，则必须对其进行笃定。在灌注桩的灌注环节一旦钢筋骨架放好并固定之后，务必保证4h内针对钢筋骨架采用混凝土浇筑，否则容易出现灌注桩质量问题。

6.2 工程概况

本工程总建筑面积19131m²，全长约130m。结合城市规划及消防的要求，按功能的要求分成6个防火分区，防火分区之间采用防火墙分隔，柱距为36×9m，为钢结构屋面，平均每个区的面积达3000m²。根据以往的工程经验，如此大面积的混凝土地面若采用普通混凝土，则结构裂缝是难以避免的。因此，在整个设计与施工中采用了钢纤维混凝土。

6.3 材料选配

钢纤维混凝土配合比除满足普通混凝土一般要求外，还应满足抗拉强度、韧性、施工时拌合物和易性和钢纤维不结团的要求。（钢纤维混凝土强度等级为CF30）的设计中，采用钢纤维混凝土的目的在于增强地面混凝土的抗裂性。因此，本案例借鉴一些已有工程实例的钢纤维掺入量，确定每立方米混凝土中掺入50kg剪切波形普通碳素钢纤维（钢纤维体积率约为0.64%）。最终钢纤维混凝土的施工配合比由施工单位根据现行施工规范先完成配合比设计计算，然后根据试配结果经调整最终确定。本工程施工配合比如表13-12所列。

⊡ 表13-12　施工配合比　　　　　　　　　　　　　　　　　　　单位：kg/m³

材料	水	水泥	砂	石子	粉煤灰	钢纤维	减水剂
用量比例	0.57	1.00	2.66	2.77	0.24	0.15	0.124

6.4　施工工艺

6.4.1　钢纤维混凝土的搅拌

由于钢纤维混凝土在拌制过程中容易结团从而影响混凝土性能，故在拌制过程中要采取合理的投料顺序以及正确的拌制方法。在施工中采用了以下投料顺序：砂→石→钢纤维→水泥→水→外加剂。在施工中采用了以下拌制方法：先干拌2～3min（以钢纤维均匀分布为宜），后加水湿拌2～3min（以水泥完全裹握钢纤维为止），必要时可延长搅拌时间。拌制前必须测定骨料的含水率，以便及时调整用水量和材料用量。拌制过程中采用了电脑自动配料，从而增加了配料的精确性，减少了人为因素误差。钢纤维布料则采用人工连续分散，这样既确保了投料速度，又确保了钢纤维在混凝土中能均匀分布。

6.4.2　钢纤维混凝土的运输

钢纤维混凝土应采用大型搅拌运输车运输。运输过程应控制在30min以内，以防止钢纤维混凝土结团，进而影响混凝土的可泵性。钢纤维混凝土运到施工现场后，在卸料前可快速旋转装料车以利于钢纤维均匀乱向分布。

6.4.3　钢纤维混凝土的浇筑

由于在前面工序中做到了确保钢纤维混凝土的可泵性，故在钢纤维混凝土送至现场后采用车泵泵送入模。钢纤维混凝土的浇筑，应保证结构的连续性，禁止因拌合料干燥而加水。在混凝土初凝前，按控制标高挂线找平，找平后宜在混凝土即将初凝时采用二次碾压以保证钢纤维不外露。

6.5　应用效果

地面混凝土的施工中发现，同标号、同施工条件出现在普通混凝土楼面板上的少量温差裂缝在钢纤维混凝土板面施工时却未发现。这一点有力地说明了钢纤维散乱地分布于混凝土中，通过钢纤维对混凝土的拉结作用及其本身的抗拉作用，使得混凝土结构的抗拉性能显著增强，从而有效地阻止了混凝土结构中微裂缝的开展与传播，消除使用过程中地面产生渗漏水和破坏的隐患。混凝土裂缝与混凝土试块分别如图13-15、图13-16所示。

图13-15 混凝土裂缝

图13-16 混凝土试块

6.6 经济分析

钢纤维混凝土技术，属于道桥工程项目中应用频率较好的施工技术，可保障道桥的施工效率，维护企业经济效益。同时，能够和现代道桥工程建设发展情况融合，按照既定的方向发展，充分了解钢纤维混凝土技术应用情况、施工情况，做好相关的调整工作、监督工作。需要注意的是，因为我国钢纤维混凝土施工技术应用处于初步阶段，因此还需结合实际情况，加强对这一施工技术的深入分析，以此充分发挥其最大的作用。

参考文献

[1] 李刚.钢纤维混凝土技术在道桥工程项目施工中的应用[J].住宅与房地产，2016（6）：178.
[2] 郭栓虎.钢纤维混凝土技术在道桥工程项目施工中的应用[J].山西建筑，2018（17）：172-174.

案例7 积石峡面板坝混凝土面板防裂措施

7.1 技术分析

通过对公伯峡水电站面板混凝土的裂缝情况进行了调查，对施工的难点做了具体分析，公伯峡水电站面板混凝土面积57431.7m^2；产生裂缝594条；裂缝率10.3条/1000m^2。积石峡水电站属于典型北方高寒地区面板堆石坝，海拔高、昼夜温差大，面板混凝土易产生裂缝，降低裂缝率，提高面板混凝土的质量，对大坝整体质量起到至关重要的作用，是质量控制的关键部位，直接影响后期大坝的安全运行。

7.2　工程概况

积石峡水电站位于青海省循化县境内的黄河干流积石峡出口处，是继龙羊峡、拉西瓦、李家峡、公伯峡等大型梯级水电站之后的第五座水电站。积石峡水电站混凝土面板堆石坝工程，坝顶高程为1861.0m，面板开挖最低高程为1758m，最大坝高103m，面板设计分块共计36块，其中分缝6m宽16块，12m宽17块，坝右三角块5.86m，坝左三角块5.58m和坝左高趾墙一块4.47m，最大分缝长度172.4m，面板分块总长3910m。混凝土共计14734m³，钢筋共计1326.9t。面板为不等厚结构，顶部厚30cm，下部厚58.8cm。

7.3　材料选配

配合比的选择是混凝土裂缝预防的基础，为了做好该项工作，施工准备阶段业主多家科研单位同步开展了面板混凝土配合比试验研究工作。主要通过对混凝土各种掺配材料的优选及掺配比例的拟定、混凝土抗裂能力分析和混凝土配合比的3d、7d的不同抗裂指标进行分析，从而确定推荐配合比。通过对推荐配合比进行多次现场试验，分析原材料、拌合物坍落度、含气量延时损失、抗裂及混凝土力学性能等多项指标，最终确定了施工配合比如表13-13所列，并对施工过程中混凝土施工性能控制指标、内外温差控制给出了指导意见。施工前，通过现场生产性试验，确定使用试验编号H17（江苏博特外加剂）配合比的面板23仓，使用试验编号H35（山西黄河外加剂）配合比的面板13仓。

⊡ 表13-13　施工配合比

试验编号	水胶比	砂率/%	每立方米混凝土用量/（kg/m³）						减水剂/%		引气剂/%		增密剂/%
			水	水泥	粉煤灰	砂子	小石	中石	博特	黄河	博特	黄河	
H17	0.40	38	122	229	76	769	627	627	0.6		1.2		2.0
H35	0.40	39	115	216	72	803	628	628		0.6		0.5	2.0

7.4　施工工艺

为了降低混凝土面板的裂缝，重点进行了以下几个方面的控制。

（1）设置坝顶拌和站，缩短混凝土运距，减少坍落度损失　为了缩短面板混凝土的运距，经过前期现场勘查讨论，在坝顶右岸建立混凝土拌和站，拌和机采用2台JS750，配料机采用1台PDL1600，理论生产量为每35m³/h，拌和站距混凝土入仓口最大水平距离约300m。

（2）加强上游坡面处理　为减少上游坡面对面板混凝土的约束而产生裂缝的可能性，积石峡水电站对上游坡面进行了处理，具体做法为：在上游坡面按3m×3m方格网进行平整度测量，根据测量结果，对法线方向误差在+5cm以上的坡面进行打凿处理，对低于-5cm的部位进行砂浆补填，对于每层挤压墙搭接处出现的＞1cm的错台进行削除并用砂浆抹平；然后在挤压墙表面喷涂1mm厚的阳离子乳化沥青，以减少面板接触基面的摩阻和约束，防止应力集中。

（3）严格控制混凝土拌制时间　为了保证混凝土外加剂在拌制过程中充分搅拌均匀，保证混凝土施工质量，根据混凝土面板配合比试验，混凝土的投料顺序为砂石骨料、外加剂、水泥、粉煤灰、水，混凝土搅拌时间为150s。项目部在拌和机操作间安装了时间继电器和指示灯，以便操作人员对拌和时间的控制。

（4）严格控制混凝土坍落度　由于细骨料含水量的不稳定，影响混凝土拌合物坍落度的控制难度。为保证细骨料含水率的稳定性，积石峡水电站主要采取的措施为：a.对细骨料进行在坝后另设存量较大的堆料仓，二次倒运至坝顶拌和站；b.拌和站操作人员对每一批细骨料根据质检站提供的配料单及时调整加水量（加水时间控制）。对出现的坍落度超限的混凝土禁止入仓，作为废料进行处理。

（5）严把混凝土振捣质量关　加强现场施工人员的质量意识，特邀专家对施工人员进行质量控制要点、重点的培训，混凝土振捣严格按规范要求执行。在每一层混凝土入仓后人工平仓，使每车混凝土在仓面上均匀分布，每层布料厚度为25～30cm，严禁出现骨料集中现象，并及时振捣。振捣间距小于40cm，深入下层混凝土不小于5cm。振捣器插入方向在滑模前沿铅垂向下。振捣时间以混凝土表面不再明显下沉，不出现气泡并泛浆时视为振捣密实，一般情况下每一处振捣时间控制在15～20s。

（6）加强技术交底，使施工人员明确各施工工序　面板混凝土施工前，积石峡水电站邀请专家分别对面板施工前的准备（包括基础面清理；周边趾板与面板相接的侧面混凝土缺陷处理、止水修复；挤压墙脱空检查及坡面处理；挤压墙层面阳离子乳化沥青喷涂；止水安装等）、钢筋安装、模板制安、混凝土浇筑、养护等做了详细的交底，积石峡水电站在面板施工中，共进行施工技术交底4次。

（7）对面板试验块施工中存在的问题，及时总结整改　2010年3月15日10时20分，积石峡水电站面板试验块3号面板开仓，2010年3月16日5时收仓，根据3号面板混凝土试验块中出现的飘模、振捣不规范、混凝土拌和控制不到位等施工问题，项目部采取了相应的整改措施进行整改，并对现场施工人员进行了再次交底说明，以达到面板施工规范化，保证后续面板混凝土浇筑质量。

7.5　应用效果

积石峡工程混凝土面板裂缝不多，且多属于裂缝较小的浅层裂缝，说明工程采取的综合防裂措施取得了良好的效果。导致混凝土面板裂缝的因素很多，要防止或减少面板裂缝同样也要采取综合措施才能奏效。本案例介绍的优选混凝土配合比、采用优质外加剂、混凝土拌和站设在坝顶、适当降低出机口混凝土坍落度、尽量减少基础对面板的约束、确保面板混凝土浇筑质量和重视蓄水前对混凝土面板保温保湿养护等都有利于减少混凝土面板的裂缝。而提高坝体填筑密实度、施工期采取坝体充水浸泡措施和增加坝体预沉降时间等都有利于促进坝体沉降趋于稳定，对减少水库蓄水后坝体和面板变形，防止和减少面板新生裂缝具有重要作用。

参考文献

[1]　王思德.积石峡面板坝混凝土面板防裂措施[J].陕西水利，2014（5）：88-90.

案例8 南水北调二次衬砌自密实混凝土外加剂应用研究

8.1 技术分析

利用多功能作业台车，铺设防水板并绑扎钢筋后，采用液压式衬砌台车进行二次衬砌，拱墙一次性整体灌注（按要求Ⅴ、Ⅳ级围岩拱墙二次衬砌混凝土距掌子面不得大于90m）。混凝土在拌和站集中拌和，用搅拌车运至洞内，再用输送泵泵送入模。混凝土灌注采用分层、左右侧交替对称浇筑，每层浇筑厚度不大于1m，台车前后的混凝土高差不超过60cm，左右两侧的高差控制在50cm内，以防因侧压造成台车侧移及上浮，浇筑过程应连续。

8.2 工程概况

北京市南水北调配套工程中的东干渠工程处于北京市东部地区，全长44.7km，其中二次衬砌为现浇混凝土，厚400mm，输水隧洞外径5.4m，内径4.6m，按设计要求采用C35W10F150自密实混凝土。二次衬砌的混凝土因部位不同，有直接泵送入仓，有长途泵送入仓。混凝土在地面下放后通过溜管至井下小罐车再通过地泵输送至模板台车内。由于特殊的施工要求，混凝土必须具有良好的工作性能。作为原材料之一，混凝土外加剂发挥着很大的作用，直接影响混凝土的工作性能。本案例根据C35W10F150二次衬砌自密实混凝土特殊施工要求，选择不同厂家的不同种类和性能的外加剂对其工作性能进行对比，并根据研究结果选择满足设计要求的外加剂。

8.3 材料选配

为满足南水北调工程自密实混凝土的施工要求，选取3个不同厂家不同种类和性能的母液及功能小料。进行外加剂复配，配方如下。

配方A：减水型A1+保坍型A2+缓凝剂+引气剂+消泡剂。

配方B：减水型B1+调节型B2+保坍型B3+缓凝剂+引气剂+消泡剂+流变剂S。

配方C：调节型C1+调节型C2+保坍型C3+缓凝剂+引气剂+消泡剂。

混凝土性能指标及配合比如表13-14及表13-15所列。

⊡ 表13-14 自密实混凝土性能指标

试验项目	指标要求	试验项目	指标要求
坍落度/mm	270±10	T50/s	5～10
坍落扩展度	700±50	含气量/%	3～4.5
V形漏斗通过时间/s	7～15		

⊡ 表13-15 自密实混凝土配合比

单位：kg

强度等级	水	水泥	砂	石	粉煤灰	矿粉	外加剂
C35W10F150	170	280	952	779	105	75	—

8.4 施工工艺

针对3种外加剂复配配方对混凝土各项性能指标进行试验，每种配方进行混凝土出机和3h后的性能指标测试。由表13-16中配方A的试验数据可看出混凝土流动性较好，3h坍落度和扩展度损失均不到10%，说明该配方混凝土保坍性能较好，结合表13-17抗压强度值，混凝土含气量未影响强度增长；但从试验情况和V形漏斗通过时间可看出，在高砂率配合比情况下配方A很难改善混凝土拌合物的包裹性，黏聚性也较差。压力泌水仪器测压力泌水率（3.2MPa）为38%（10s水体积为11.0mL，140s水体积为28.9mL），按经验自密实混凝土压力泌水率一般应小于20%，否则浆体与骨料分离较严重，影响二次衬砌混凝土脱模后的表观质量。

⊡ 表13-16 配方A混凝土性能指标

时间/min	坍落度/mm	坍落扩展度/mm	V形漏斗通过时间/s	T50/s	含气量/%
0	270	740	17.1	5.1	4.5
60	265	730	22.3	5.1	4.0
120	255	710	35.5	5.5	3.5
180	245	685	45.2	7.0	3.0

⊡ 表13-17 配方A混凝土抗压强度　　　　　　　　　　　　　单位：MPa

强度等级	龄期			
	3d	7d	14d	28d
C35W10F150	17.50	35.70	42.00	47.25

由表13-18中配方B试验数据可得出，混凝土的流动性很好，3h坍落度和坍落度扩展度几乎无损失，混凝土包裹性和黏聚性很好，混凝土松软度好，用压力泌水仪器测量压力泌水率（3.2MPa）为12%（10s水体积为2.0mL，140s水体积为17mL）。主要原因是在配方B复配时加入的调节型母液可调节混凝土的状态，改善混凝土和易性；使用流变剂降低了减水剂对水的敏感度，选择有缓释性能的保坍型母液，使混凝土整体保坍性能较好。与配方A混凝土的抗压强度相比，配方B混凝土较高，见表13-19。

⊡ 表13-18 配方B混凝土的性能指标

时间/min	坍落度/mm	坍落扩展度/mm	V形漏斗通过时间/s	T50/s	含气量/%
0	280	760	7.3	3.1	4.5
60	280	750	7.0	2.8	4.5
120	270	740	8.5	2.5	4.0
180	270	720	12.2	3.0	3.4

⊡ 表13-19 配方B混凝土抗压强度　　　　　　　　　　　　　单位：MPa

强度等级	龄期			
	3d	7d	14d	28d
C35W10F150	15.75	34.65	39.90	44.80

由表13-20中配方C混凝土的试验数据可看出，混凝土包裹性和黏聚性很好，拌合物膨松，气泡较多，黏度低，但流速较慢，损失较快。原因为采用配方C复配时主要靠引气剂的

引入调节混凝土黏度，使混凝土过于膨松而影响流动速度，压力泌水率为14%。与配方A和配方B相比抗压强度明显偏低，仅达到设计值的114%（＜115%），不满足设计要求如表13-21所列。

表13-20 配方C混凝土的性能指标

时间/min	坍落/mm	坍落扩展度/mm	V形漏斗通过时间/s	T_{50}/s	含气量/%
0	270	720	6.2	6.7	5.5
60	270	700	6.0	8	5.2
120	265	690	7.5	9	4.8
180	260	670	9.0	10	3.2

表13-21 配方C混凝土抗压强度

单位：MPa

强度等级	龄期			
	3d	7d	14d	28d
C35W10F150	12.25	33.25	37.80	40.00

综上所述，过度通过减水组分来增大减水效果很难满足低强度等级自密实混凝土的包裹性，易产生压力泌水。若过分引入引气组分来改善拌合物的黏度，会影响拌合物的流动性及混凝土硬化后的力学性能，因此通过"减水型B1+调节型B2+保坍型B3+缓凝剂+引气剂+消泡剂+流变剂S"的方案来调节本工程中C35二次衬砌自密实混凝土的工作性，以实现较好的流动性和抗离析性能及优良的填充性和保坍性能。

8.5 应用效果

实际浇筑过程中，对自密实混凝土出机至2h内混凝土各项性能指标变化进行检测，混凝土拌合物性能满足工程技术要求，2h拌合物性能保持较好，含气量控制在3.4%，浇筑过程中台车未出现因上浮而引起的错台。28d混凝土抗压强度达到设计值的127%，二次衬砌脱模后表观质量良好，未出现气泡、砂线及露筋现象。

采用流变剂能降低减水剂对水的敏感性，使实际生产的混凝土不易离析泌水；缓释剂+保坍型母液能较好地改善混凝土拌合物的经时损失，利于工程应用。利用"减水型B1+调节型B2+保坍型B3+缓凝剂+引气剂+消泡剂+流变剂S"的复配方式，制备的混凝土拌合物坍落度260～280mm，坍落扩展度700～750mm，V形漏斗通过时间7～12s，T_{50}时间5～10s，含气量3%～4.5%，压力泌水率小，且2h经时损失极小，可满足南水北调工程的设计及施工要求。

参考文献

[1] 张莉，周帅，李立辉，等. 南水北调二次衬砌自密实混凝土外加剂应用研究[J]. 建筑技术，2016，47（10）：919-921.

案例9　上海环球金融中心超高泵送高强混凝土技术研究

9.1　技术分析

　　由于流动和变形形式的不同，混凝土在输送管内的流动可以认为是一种非牛顿流体，它同时受到剪切力和黏附力的作用，当剪切力大于管壁面上的黏附力时，混凝土在管内产生流动，混凝土与管壁间流动阻力的大小很大程度上取决于混凝土本身的状态。在正常情况下，混凝土在管道中基本上以"栓流"的形式向前流动。此外，管道中心部分的混凝土形成一个整体的"栓塞"，成为一种"栓流"，而在靠近管壁处形成了一层有一定黏度的润滑层，其外层甚至是一层极薄的水膜，它们实际上是为混凝土在管道中的流动起着润滑作用。也就是说在泵送过程中混凝土在管道中实际上就是一个整体的核心在一个高应力的薄浆层介质中滑动的过程。这就是混凝土具有可泵性的一个基本条件。图13-17和图13-18分别是混凝土在管内的流动图及流速分布。

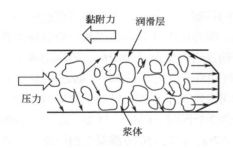

图13-17　混凝土在管内流动

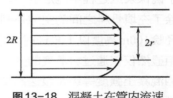

图13-18　混凝土在管内流速

（R为管道半径）

　　当压力梯度增加时，混凝土泵送量增加，此时"栓流"半径r减小，在输送管径不变的前提下润滑层厚度增大，表明所需的混凝土浆体含量也相应增加，只有如此才能保持剪切力与黏附力的平衡。要满足这一条件，混凝土要有足够的浆体，它除了能填满骨料间所有空间外，尚有比较大的富裕量以使在管壁和混凝土之间形成一定厚度的润滑层，以利于减少混凝土的流动阻力。为了对润滑层厚度作出定量计算，借助有关流动阻力的试验结果进行更深入的分析。在水灰比相对固定条件下，调节外加剂掺量提高混凝土坍落度。

9.2　工程概况

　　上海环球金融中心主楼设计采用了周边剪力墙、交叉剪力墙和翼墙组成传力体系，为了抵抗来自风和地震的侧向荷载，采用了巨型柱、巨型斜撑等构成的巨型结构，此外巨型柱截面及空间位置变化较复杂，采用了多种强度等级的混凝土，图13-19为主楼结构混凝土强度等级及泵送高度分布图。

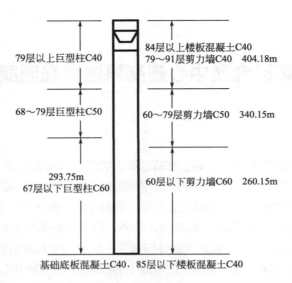

84层以上楼板混凝土C40
79层以上巨型柱C40
79～91层剪力墙C40　404.18m

68～79层巨型柱C50
60～79层剪力墙C50　340.15m

293.75m
67层以下巨型柱C60
60层以下剪力墙C60　260.15m

基础底板混凝土C40，85层以下楼板混凝土C40

图13-19　上海环球金融中心泵送混凝土强度等级高度分布

9.3　材料选配

在泵送混凝土中水泥浆体既是混凝土获得强度的基础，又是混凝土获得可泵性的必要条件。为了确保泵送过程中能形成一定厚度的润滑层，配合比设计时应使混凝土有足够的含浆量，它除了充填骨料之间的空隙外剩余的浆体能在输送管内壁形成润滑层。超高层建筑依据以往的经验100m高度以上泵送时，施工坍落度一般在18cm以上，而100～492m高度如此之大的差距显然仅仅通过坍落度的变化改善混凝土的可泵性是不够的。针对上海环球金融中心主楼结构混凝土强度等级及泵送高度将泵送高度分为3个区间，即1～31层，高度为140m；32～67层，高度为294m；68层以上，直至高度达492m。剪力墙C60混凝土根据设计要求泵送高度为260.15m，为此在1～31层及32～67层高度区间设计两种试验配合比，设计坍落度为（18±3）cm，如表13-22、表13-23所列。

⊡ 表13-22　1～31层剪力墙C60混凝土配合比　　　　单位：kg/m³

水	胶凝材料	砂	石	外加剂
170	490	720	1020	4.20

⊡ 表13-23　32～67层剪力墙C60混凝土配合比　　　　单位：kg/m³

水	胶凝材料	砂	石	外加剂
170	500	750	980	4.30

经试验5～25mm碎石的绝干密度为2680kg/m³，实体率为62%，每米泵管的剩余浆体量1～31层为0.00468m³，32～67层为0.00496m³。以上计算结果表明32～67层每米输送管内剩余浆体量大于1～31层每米输送管内剩余浆体量，两者相差0.00028m³，随着泵送高度的提高剩余浆体量也相应提高，符合泵送规律，同时说明1～31层和32～67层的混凝土配合比设计中坍落度大小已失去意义，不能指导实际泵送施工。为了进一步验证取栓流半径为3.79cm

和1.88cm时每米泵管内混凝土的剩余浆体量，根据栓流状态计算每米泵管的剩余浆体量结果1～31层为0.0042m³，32～67层为0.0047m³。从以上计算及验证结果分析1～31层的剪力墙C60混凝土配合比及32～67层剪力墙C60混凝土配合比设计考虑了高度的变化对泵送造成的影响，碎石用量每方减少了40kg，使32～67层高度泵送时增加了剩余浆体含量，从"栓流"情况分析随着泵送高度的提高泵送压力必然随之提高，"栓流"半径也由大变小，润滑层厚度则由小变大，由（5）计算每米泵管的剩余浆体量由0.0042m³增加到0.0047m³，与通过配合比计算得出的每米泵管的剩余浆体量增加的规律相符。此外从两种剩余浆体量的差值分析1～31层相差0.00048m³，32～67层相差0.00026m³，在10%～5%，基本近似。

从另一角度分析在已设计的配合比基础上计算的剩余浆体量还可以求得"栓流"半径，由于输送管内径为已知值，从而达到对配合比设计的控制效果。

9.4 施工工艺

9.4.1 影响泵送混凝土匀质性的因素

新拌混凝土从出机到施工现场入模经历了运输、泵送，期间还包括等待等阶段，在运输、等待阶段混凝土的坍落度按时间的长短有一个损失过程，只不过是因所使用的外加剂及配合比的不同坍落度损失的量有大有小，在泵送阶段因泵送距离的不同，坍落度也呈现一定的变化，一般泵送前后坍落度随着泵送距离的增加损失量也相应增加，与此同时泵送过程中因泵压的提高可能会出现脱水而混凝土与管壁的摩擦混凝土的料温也有上升的可能，此外泵送前后含气量的变化也不可忽视，一般泵送前后含气量的变化在-0.2%～-1.5%。以上这些影响因素不仅对新拌混凝土而且对硬化后的混凝土都产生一定的影响，如何保持泵送前后混凝土的匀质性，使匀质性的变化尽可能的小也是超高层泵送混凝土研究的一个方面。

9.4.2 泵送混凝土匀质性控制的方法

由上述影响因素可知控制坍落度的变化并使其损失量保持在一定的范围内是新拌混凝土匀质性控制的根本措施。许多学者从材料及混凝土配制技术等方面开展了试验研究，本案例则以坍落度试验所形成的坍落形态以及坍落度和扩展之间的关系判断混凝土拌合物的和易性进而达到控制混凝土匀质性的目的。随着外加剂掺量的增加通过坍落度和扩展度试验，可以发现不同的坍落状态其坍落度和扩展度之间呈现不同的关系，如图13-20所示。

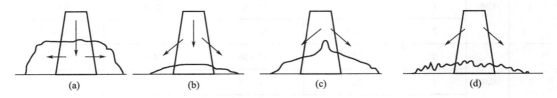

图13-20 混凝土的坍落度和扩展度关系

图13-21中（a）、（b）表示不同坍落度大小的混凝土拌合物向四周均匀陷落，混凝土的流动性与黏聚性达到统一，图（c）则表示混凝土拌合物向两侧流动，中间部分残留骨料，混凝土离析，图（d）则表示混凝土拌合物全部陷落，浆体不能包裹骨料，混凝土离析严重。因此

较理想的形态应该是（a）与（b）。如果用坍落度和扩展度表示，通过试验发现随着高性能外加剂使用量的增加，坍落度和扩展度同时增大如图13-21（a）、（b），此时混凝土拌合物的坍落度和扩展度呈同步趋势，并接近平行线状态，而图13-21（c）则表示尽管扩展度有所增加但坍落度基本不变或变化较小，与图13-20（c）相对应，图13-21（d）则与图13-20（d）相对应，随着高性能外加剂使用量的增加坍落度和扩展度同时急剧增大，两条直线的斜率变大。

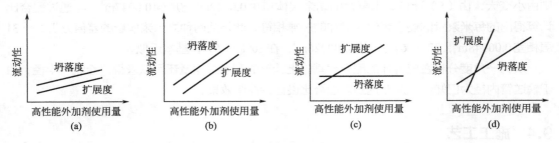

图13-21 外加剂使用量与坍落度、扩展度关系

上述坍落度试验后拌合物的形态以及坍落度和扩展度之间的相互关系可以判别混凝土和易性的优劣，在试验阶段或生产阶段可以及时发现问题，达到对混凝土匀质性控制的目的。

9.5 应用效果

由于泵送混凝土经历运输、泵送、等待等各种环节，新拌混凝土的品质变化是必然的，问题是通过各种技术措施使这种变化控制在一定范围内。以下对泵送混凝土的坍落度、扩展度、泵送压力等方面考察其变化情况。

从表13-24凝土坍落度和扩展度变化看，1h后坍落度最大损失值为2.5cm，扩展度最大损失值为8cm。2h后的坍落度最大损失值仍为2.5cm，扩展度最大损失值仍为8cm，基本与坍落度损失同步。

表13-24 不同强度混凝土强度等级间隔时间坍落度、扩展度变化

序号	设计强度	间隔时间/h	1～31层坍落度、扩展度		68层以上的坍落度、扩展度	
			坍落度/cm	扩展度/cm	坍落度/cm	扩展度/cm
1	C60	0	23.5	52×51	23.5	62×60
		1	23.0	50×51	23.0	59×61
		2	22.5	50×52	22.5	56×67
2	C50	0	24.0	57×56	24.0	61×64
		1	22.5	54×53	23.5	60×58
		2	22.0	54×53	22.5	58×59
3	C40	0	24.0	57×55	24.0	50×53
		1	22.0	49×47	21.5	51×48
		2	22.0	48×48	21.5	48×48

对照制订的泵送压力监控指标范围，现场所显示的压力（表13-25）在控制范围内，最大泵送压力仅20.5MPa。

⊡ 表13-25　现场泵送压力

泵送高度/m	压力控制范围/MPa	现场压力范围/MPa
＜260	＜19	＜18
260～492	19～22	18～20.5

超高层预拌混凝土泵送技术，其关键是如何使混凝土泵送到规定高度的同时保持泵送混凝土各项指标的匀质性，本案例结合上海环球金融中心工程开展的试验研究表明：a.浆体含量对混凝土的泵送尤其重要，利用剩余浆体理论指导和验证混凝土配合比设计可以确保润滑层的厚度，并改善、降低摩擦阻力；b.通过外加剂不同掺量的试验以及混凝土坍落后的状态、坍落度与扩展度的关系可以辨别新拌混凝土的和易性程度，及时调整混凝土的配合比设计；c.根据混凝土泵的技术参数和工程实际制定的泵送压力控制范围，可以作为超高层混凝土可泵性的监控指标；d.根据不同泵送高度控制最小水泥用量，不仅有利于混凝土的顺利泵送，而且有利于保持混凝土的匀质性。

参考文献

[1]　吴德龙，郑捷，陈尧亮，等.高度492m——上海环球金融中心超高泵送高强混凝土技术研究[J].建筑施工，2008（04）：237-241.

案例10　重庆轻轨现浇倒T型梁高强、高性能混凝土应用与耐久性研究

10.1　技术分析

混凝土的立方体抗压强度完全满足设计要求。混凝土的28d弹性模量为4.15×10^4MPa，说明该混凝土抵抗变形的能力较强。混凝土在28d龄期的收缩值为262.9×10^{-6}，45h时为301.8×10^{-6}，收缩值较小，45h以后，收缩趋势稳定。混凝土的徐变随着龄期的变化规律相似，徐变量小，说明混凝土结构在荷载的作用下挠度变形小，同时对预应力损失影响也小。该混凝土具有良好的抗压力水渗透性能，抗渗等级较高，说明混凝土有良好的密实性。碳化实验28d，其碳化深度为12.5mm时，约相当于自然状态下（CO_2浓度为0.03%～0.04%）50年的碳化深度。DTL的混凝土试件经28h、56h加速碳化试验，其碳化深度为0mm，继续试验到95h，碳化深度为1mm，表明该混凝土的抗碳化性能十分优异。抗氯离子渗透性能：鉴于各类因素都对混凝土的抗渗性能有影响，因此只能大致地对混凝土耐久性做出一个概括性的评价。目前评价混凝土的使用年限主要参考的是混凝土的耐久性和抗渗性，本应用研究因试验结果的限制，仅采用抗渗性对混凝土做年限评价，因此有一定的局限性和误差。

10.2　工程概况

重庆轻轨较新线一期工程，由较场口至大堰村，全长14.35km，有地下车站3座，高架桥11座，除解放碑、大坪两座长度1130m及1113m的遂道外，其余均为空中高架桥梁，其投资达45亿元以上，是国家西部建设的十大重点工程之一。该体系为了保证车辆运行的平稳与舒适，对轨道梁制造的精度要求很高。轨道梁大部分采用工厂预制，但对倒T型轨道梁（简称DTL）则采用现浇施工。DTL是国内外跨座式交通工程中首次采用现浇方式施工，设计与施工均缺乏相应的参考资料，也无文献可直接使用，并要求使用年限在100年以上。DTL共5跨，位于基地出入段线，斜跨杨家坪、毛线沟公路转盘及长江二桥北引道，该梁曲线半径100m，纵坡3.343%（竖曲线半径1000m），出现段跨度组合3×40m，入线段跨度组合（33.6+29.8）m，与既有构筑物形成3层空间。由于该梁底部较宽并一次成型，为保证施工质量需采用大流动性混凝土。由于同时要求有效防止温度裂缝和收缩裂缝的产生和百年耐久性能要求，因此必需采用高性能混凝土。

10.3　材料选配

经过大量混凝土配合比试验并优化筛选，最后确定出如下高强高性能混凝土配合比（表13-26～表13-28）。

⊡ 表13-26　DTLC60混凝土配合比　　　　　　　　　　　　单位：kg/m³

水泥	砂	石	矿粉	泵送剂	水	水胶比	砂率	总碱量
440	763	1050	50	5.39	150	0.31	4.25	2.92

⊡ 表13-27　混凝土性能

坍落度	坍落度保持（60min）	扩展度	扩展度保持（60min）	初凝（h：min）	终凝（h：min）	黏聚性	保水性
240	225	540×590	500×530	10：35	12：10	好	好

⊡ 表13-28　混凝土力学性能

立方体抗压强度/MPa			抗折强度/MPa		弹性模量		抗渗等级
7d	14d	28d	7d	28d	49d	70d	28d
61.2	72.6	79.8	6	7.5	3.98	4.2	>P₂₅

10.4　施工工艺

为了保证高强高性能混凝土的生产质量，采取了行之有效的生产技术组织措施，具体如下。

① 针对该混凝土的生产供应编写了施工生产组织方案。

② 加强原材料的监控检验，专用原材料设专人控制，关键的工序和岗位设专人严格把关。

③ 由于混凝土的入模温度有严格的要求，在生产前一天对专用的砂石骨料加盖草垫。

④ 用200t罐提前5d储存水泥，使水泥温度接近自然温度（夏季50℃），起到了先降温后

施工的效果。

　　⑤ 对拌合水提前5h加冰块冷却，使水温控制4℃以下。

　　⑥ 混凝土搅拌时间控制在90s。

　　该DTL混凝土整个生产过程中严格执行上述措施，混凝土始终保持良好和易性，出厂坍落度、扩展度控制在设计值之内，出厂温度控制在27～28℃，施工方在现场每车检查均满足要求。在实际施工过程中随机抽样，共制作各种力学耐久性试件170组。

10.5　应用效果

　　研究与应用结果证明，DTLC60高强高性能混凝土强度高，弹性模量大，收缩与徐变小，抗渗性能好，有较高的抵抗氯离子渗透性能。抗碳化、抗酸雨性能优良，混凝土总体性能稳定，质量完全达到设计要求。说明在高强高性能混凝土中，通过掺入矿渣粉，利用其潜在活性，减少了水泥量，降低了水化热，有效抑制了混凝土温差裂缝的形成。并能明显改善混凝土的工作性，提高混凝土密实度，促使混凝土的强度和耐久性的提高。该混凝土从配合比设计到生产施工所采取的措施是切实可行的和实用的，整个混凝土结构至今未发现任何裂缝。该混凝土能达到设计使用年限百年的要求。

参考文献

[1]　王于益，李拥军. 重庆轻轨现浇倒T型梁高强、高性能混凝土应用与耐久性研究[J].重庆建筑，2009（01）：18-21.

案例11　水利工程施工中衬砌混凝土技术应用

11.1　技术分析

　　施工期间为了科学合理的完成整个工程，需要对整个工程进行合理的划分和计算，以此来减少施工中可能出现的问题。

　　（1）划分　对建筑物和渠道的分布设计进行划分，保证划分区域的合理性、科学性，不能出现大小不合理的现象。

　　（2）计算　保证每个划分的区域满足土方开挖要求，土方开挖时还要时刻注意土质是否符合使用要求，不满足要求就需要进行处理，所以这是一个比较重要的环节。

　　以上处理完以后，就可以进行削坡处理了，削坡是否合理会影响平整度、密实度，所以也是不可马虎的一个环节。根据渠道衬砌施工的施工内容，将渠道衬砌施工分为渠坡衬砌施工及渠底衬砌施工两部分。

11.2　工程概况

　　某水利枢纽工程全长3.049km。干渠设计引水流量350m³/s，最大引水流量500m³/s。水利工程施工中衬砌混凝土技术处理渠段，一直达到8～15cm为止。随着衬砌混凝土施工技术在水利工程中的应用，提高了整体的使用质量、取得了巨大的经济效益。为改善渠底底板的受力条件，提高边坡衬砌的抗滑稳定能力，在坡脚均设置脚槽，混凝土脚槽和坡脚整体现浇，脚槽宽度为50cm，高度为50cm。为保证衬砌混凝土板的稳定，护坡、护底设计为透水式。在底板、护坡上设Φ5排水孔，孔距2.0m×2.0m，护坡上第一排孔距渠底1.0m。

11.3 材料选配

混凝土的材料配比对整个水利工程的质量也起着关键性作用，材料是否达到相关质量检测指标，这对工程的抗震能力、抗渗能力、使用强度产生重要的影响。因此需要对以下几个方面进行分析，选择适宜的材料。

（1）设置合理的水灰比 水泥、水以及骨料是混凝土主要构成部分，它们之间的材料配比直接影响混凝土的使用的强度性能，当水灰比超过0.6以后水分过多就会蒸发留下许多细孔，所以要合理科学的设计水灰比，尽量使水灰的材料配比小于0.6。

（2）施工材料的选购 混凝土的主要组成部分是水泥，所以水泥的选取非常的重要，一般情况下，选择水热化比较低、对矿渣有着较好处理的水泥。其次就是对骨料进行合理的选取，尽量选择最佳的颗粒物，防止出现较多的微孔。

（3）科学管理材料的拌和与运输 当混凝土真正运用到水利工程时，需要对材料的配比设计、材料的强度性能、坍落度等进行科学合理的监测，保证混凝土材料的配比在一个科学合理的范围之内。另外，在对混凝土进行运输操作时，要保证混凝土不会出现凝结。在浇筑的过程中，要保证速度在一个合理的范围内，不能出现过快或者过慢，这样才能确保施工材料的各个项指标都正常。

11.4 施工工艺

水利建设是一项复杂程度比较高、难度系数比较大的工程，而且整个施工结构需要良好的结构性、综合性，涉及的施工种类也比较多，一旦出现差错就可能会导致整个工程前功尽弃，为了细致化管理施工的整个过程，相关工作人员需要做好施工准备，对各个环节进行分析和观察。

（1）明确工种，水电供应充足 施工阶段需要使用的一些仪器设备需要进行细致化维护和保养，施工前需要对设备进行检查和修理，保证工作顺利进行。与此同时相关工作人员需要进行严格的培训，管理部门邀请一些专业的技术人员进行培训指导，希望可以提高工作人员的专业技能和知识、丰富工作经验，从而确保水利工程的整体质量。

（2）处理地基 地基对整体工程起着至关重要的作用，对它进行科学合理的处理也是整个工程的关键，处理不当就会影响整个工程的使用寿命。首先对施工项目的设计方案进行分析，充分理解施工的每个工艺流程，对施工的各个环节进行规范化、标准化，确保整个工程的细致化。施工的所有数据信息都需要进行合理的分析，保证施工数据和设计方案上的数据相同。如果施工过程出现错误或者不确定的问题，不能马虎了事，需要对整个过程进行反复核查和验证，出现了不确定的因素就向专业人士进行请教和确认，确保施工过程的准确性。

（3）模板安装 地基的处理之后，为了确保地基的使用质量，需要邀请专业的技术人员对地基的各个环节进行验收，只有地基的质量符合相关规定的指标才可以进行下一步施工。

11.5 应用效果

在我国目前衬砌混凝土施工技术广泛应用于已经投入使用或正在兴建的渠道工程中，如图13-22所示，而且取得令人满意的效果。衬砌混凝土施工技术近年来取得了良好发展，深受我国建筑企业和建筑研究人员的重视。衬砌混凝土施工技术具有很强的稳定性，可以确保建筑物具有长久的使用寿命，不容易出现质量问题。

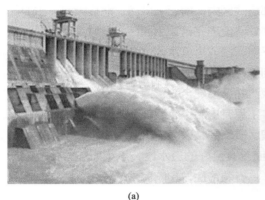

(a)   (b)

图13-22 衬砌混凝土应用实例

11.6 经济分析

水利工程和民生紧密关联，是推动我国经济发展的主要动力，同时还是个地区城市现代化建设的基础设施，因此我们要确保水利工程使用的质量、提高水利工程的使用寿命、减少成本投入，提高水利工程的经济效益。在各种工程项目中，衬砌技术起着决定性作用，所以相关科技人才需要不断改进相关施工技术，提出更好、更合理、更科学的衬砌技术，为水利工程的建设打下夯实的基础。

┃参考文献

[1] 王文添.水利工程施工中衬砌混凝土技术应用[J].建材与装饰，2018（44）：278-279.
[2] 屈勤.水利工程施工中衬砌混凝土技术运用[A].桃源县漳江坑水利管理委员会.

案例12 透水混凝土应用案例

12.1 技术分析

透水混凝土的特点是无细骨料、孔隙率大，表面呈现均匀分布的孔。透水混凝土的透水性和抗压强度均与混凝土的孔隙率有关，孔隙率越大，透水性能越好，强度较低；相反，孔隙率小，透水性能变差，强度提高。根据这个特点，路面结构设计分为2层，即透水面层和透水底层。透水面层为彩色混凝土，采用粒径较小的粗骨料；透水底层为素混凝土，采用的骨料粒径较大。浇筑时，面层的混凝土拌合物可以嵌入底层表面孔隙内，这样透水混凝土路面既能保证路表面的美观和透水性，又可以使两层结构结合得更加牢固。

12.2 工程概况

赵庄沟黑臭水体综合治理工程位于武城县东部建成区内，南起旧城河，北接六河，主要起城市排涝及区域灌溉通道作用。由于区域污水网规划建设不完善，生活污水及城区雨污合流水直排入河道长年积累，河道生态严重破坏，臭味严重，已成黑臭水体。本工程以黑臭水体治理为根本，以海绵城市的理念建设，结合现状及规划条件，按照逐步实施雨污分流、近远期结合的原则，改建现状河道，新建雨污合流管及河道截流井，增建合流管道溢流设施，采取生态修复、景观提升改造以及活水循环等长效保持措施。工程完工后，将展现一条"水清、岸绿、河畅、景美、可运动、可休闲"的绿色景观长廊。园区道路铺装以现浇透水混凝土路面为主，路面采用透水混凝土面积约8000m²。透水混凝土路面具有良好的透水性，下雨时能较快消除道路、广场的积水现象，同时又拥有系列彩色配置，具有装饰性，和园区内的绿化、桥梁、建筑等融为一体，整体效果非常协调。

12.3 材料选配

制备透水混凝土所需的原材料与普通混凝土大致相同，但需要根据透水混凝土的功能要求及原材料特性等来选择最合适的原材料。

（1）水泥　采用强度等级不低于42.5级的硅酸盐或普通硅酸盐水泥，质量符合现行国家标准《通用硅酸盐水泥》的要求。

（2）骨料　在透水混凝土中骨料起着显著的作用，骨料性能对透水性能起着十分重要的作用，骨料选择采用质地坚硬、耐久、洁净、密实、单一级配的碎石。

（3）外加剂　选用具有一定减水、缓凝等功能的外加剂，且符合现行国家标准《混凝土外加剂》（GB 8076—2018）的要求，适当添加界面增强剂。

12.4 施工工艺

透水混凝土结构组成分为全透水结构和半透水结构。全透水结构一般适用于人行道、非机动车道、景观硬地、停车场和广场；半透水结构使用用于轻型荷载道路。透水混凝土施工单位一般仅施工面层，基层由其他专业队伍施工，在面层结构施工前，基层应做相应的界面处理，基层表面粗糙，保证清洁、无积水，并保持一定的润湿，必要时根据施工情况采用一定的胶黏剂。

对于透水混凝土来说，配合比是确保强度的关键，其搅拌过程必须严格控制，投料搅拌一般采用水泥裹石法，即先将石料和50%用水量拌和30s，再加入水泥拌和40s，最后加入剩余水拌和50s，这样做可防止水泥浆过稀，可保证混凝土的透水性和强度要求。铺筑采用有足够刚度的平板振动器振动，施工后及时进行保湿养护，覆盖塑料薄膜并均匀洒水，洒水只能以淋的方式，不能用高压水冲洒，养护期依据气温调整，一般不少于14d，施工过程中避免高温和低温施工，混凝土在达到设计强度之前不得投入使用，工程实体强度以标准养护试块强度为准。

12.5 应用效果

近年来我国已将海绵城市建设提上日程。透水混凝土必定是未来海绵城市建设中的主力军。更应加大研发投入，全方面开展对透水混凝土性能的研究工作，使之更广泛用于城市建设之中。应用效果如图13-23所示，让透水混凝土变成真正可以呼吸，并与自然环境和资源可以相互协调的环保生态型材料。

(a)

(b)

图13-23 透水混凝土应用实例图片

12.6 经济分析

① 增加城市可透水、透气面积，加强地表与空气的热量和水分交换，调节城市气候，降低地表温度，有利于缓解城市"热岛现象"，改善地面植物和土壤微生物的生长条件和调整生态平衡。

② 充分利用雨雪降水，增大地表相对湿度，补充城区日益枯竭的地下水资源，发挥透水性路基的"蓄水池"功能。

③ 能够减轻降雨季节道路排水系统的负担，明显降低暴雨对城市水体的污染。

④ 具有良好的耐磨性和防滑性，有效地防止行人和车辆打滑，改善车辆行驶及行人的舒适性与安全性。

参考文献

[1] 张嘉灵. 园林透水混凝土路面施工技术[J]. 水利水电施工，2018（03）：48-51.

案例 13　汾河二库水电站

13.1　技术分析

固定泵输送距离长，弯管多，阻力大，要求混凝土有良好的和易性和可泵性，中途拆管多，在停泵状态下混凝土性能要稳定。要注意以下几点。

① 严禁在混凝土内任意加水，必须严格控制水灰比。

② 穿墙管外预埋止水环的套管和止水带，应在混凝土浇筑前将位置要固定准确，止水环周围混凝土要细心振捣密实，防止漏振，主管与套管按设计要求用防水密封膏封严。

③ 严格控制混凝土的下料厚度，在墙柱混凝土浇筑前一定要先铺一道 50～100mm 厚的水泥砂浆，防止混凝土出现蜂窝、露筋、孔洞的产生。混凝土振捣手必须经过严格的上岗培训。

④ 墙柱的模板内杂物要清理干净，防止混凝土出现夹渣、缝隙等缺陷。

13.2　工程概况

汾河二库如图 13-24 所示，位于汾河干流上游下段，坝址位于太原市郊区悬泉寺附近。汾河二库枢纽工程主要由拦河大坝、供水发电隧洞和水电站等项目组成。拦河大坝，坝高 88m，主要采用碾压混凝土施工工艺，其他工程包括大坝进水塔，851m 高程灌浆平硐，供水发电隧洞的洞身衬砌、塔筒和排架柱，水电站的主厂房墙、排柱、抗风柱等项目均采用泵送混凝土工艺。截至 1999 年 11 月底，汾河二库总计完成泵送混凝土 16000m³。从成型的抗压、抗冻、抗渗试件结果来看都满足或超过设计要求。

图 13-24　汾河二库水电站

13.3　材料选配

13.3.1　原材料选择

汾河二库工程中所用的泵送混凝土的骨料全部由人工骨料系统产生。水泥为太原水泥厂生产的 425 普通硅酸盐水泥，掺合料为神头二电厂生产的 I 级粉煤灰。

13.3.2　泵送混凝土配合比的确定

根据采用的原材料泵送距离、泵的种类、输送管的管径、浇筑方法和气候条件等，并结合混凝土的可泵性，采用双掺法（掺粉煤灰、外加剂）先在室内进行配合比试验，最后确定各部位的配合比如表13-29所列。

⊡ 表13-29　混凝土配合比

| 浇筑部位 | 混凝土标号 | 每1m³混凝土材料用量/kg | | | | | | 级配 | 水灰比 | 砂率/% | 坍落度/cm |
		水泥	砂子	水	石子	粉煤灰	DH₃				
供水发电洞顶拱	R₂₈C₂₀	370	720	185	1125		1.85	一	1：0.50	39	18-20
供水发电洞进口排架柱	R₂₈C₂	314	752	173	1082	79	1.57	二	1：0.44	41	15-18
主厂房墙、排架柱、抗风柱	R₂₈C₂₀	277	771	173	1110	69	1.77	二	1：0.50	41	15-18
大坝进水塔	R₂₈C₂₀	294	763	173	1097	74	1.84	二	1：0.47	40	15-18

13.4　施工工艺

13.4.1　泵送混凝土的供应

泵送混凝土的连续不间断地、均衡地供应，能保证混凝土泵送施工顺利进行。泵送混凝土按照配合比要求拌制得好，混凝土泵送时则不会产生堵塞，因此，泵送施工前周密地组织泵送混凝土的供应，对泵送混凝土施工是重要的。泵送混凝土的供应包括拌制和运输两部分。

（1）泵送混凝土的拌制　汾河二库泵送混凝土的拌制由75拌和站完成。75拌和站由4台1.5m³的强制式搅拌机组成。拌和系统的进料、拌和、出料等所有工序全部由电脑控制，精确性和机械化程度相当高。

（2）泵送混凝土的运输　汾河二库泵送混凝土的运输采用8t自卸汽车运到施工现场外的存料斗后，由1m³挖机喂料至混凝土泵，然后由混凝土泵通过输送管将混凝土压入仓内。

13.4.2　混凝土泵送设备及输送管的选择与布置

根据汾河二库工程特点，依据要求的最大输送距离、最大输送量和混凝土浇筑计划，选择混凝土泵的型号为HBT-50C，输送管道管径直径为125mm。

混凝土泵的布置，根据工程的轮廓形状，工程量分布、地形和交通条件等，汾河二库供水发电洞塔筒和进口排架柱的混凝土泵布置在右坝头靠上游912m高程平台上；由于供水发电洞出口处地形比较狭窄，因此浇筑洞身顶拱时，混凝土泵放置在供水发电洞出口处一块平地上；浇筑水电站主厂房墙壁时，混凝土泵放置在水电站基础开挖前原河床上；对于大坝进水塔混凝土，随着坝体混凝土浇筑的升高，坝面变窄，大坝上游的进水塔混凝土浇筑高程达到874.7m后，由于受施工场面狭窄的影响，由原来的门机吊3m³吊罐运输改为混凝土泵输送。

13.4.3　混凝土的泵送

泵送混凝土前，首先由施工单位质检人员对所浇筑部位进行自检。除对浇筑仓的模板、钢筋等进行检查外，还需检查混凝土泵放置处是否坚实稳定，混凝土泵和输送管是否运行正常，现场组织是否协调等。质检人员检查合格后，由监理工程师进行终检，终检合格后下达开仓令。

混凝土泵启动后，需对料斗、泵缸和输送管内壁等进行湿润，并确认混凝土泵和输送管中无异物后，先按要求泵送一定数量的水泥砂浆，然后开始泵送混凝土。混凝土泵应慢速、匀速，泵送要连续进行，不得停顿。遇有运行不正常的情况，可放慢泵送速度，当混凝土供应不及时，宁可降低泵送速度也要保持连续泵送。短时间停泵再运转时要注意观察压力表，逐渐过渡到正常泵送。长时间停泵，若超过30min，需将混凝土从泵和输送管中清除。

向下泵送时，为防止管路中产生真空，混凝土泵启动时，要将管路中的气门打开，待下到管路中的混凝土有足够阻力时方可关闭气门。

在泵送混凝土过程中，要定时检查活塞的冲程，尽可能保持最大冲程运转，还应注意料斗内混凝土面不低于上口20cm。

若发现混凝土输送管堵塞等故障，应及时采取相应措施进行排除，直到正常运行。

混凝土泵送结束后应及时清洗混凝土泵和输送管。

13.4.4 混凝土浇筑

泵送混凝土浇筑时都是按照混凝土浇筑要领图组织施工的，而浇筑要领图的制订是通过对工程的结构特点、平面形状和几何尺寸、75拌和站和运输设备的供应能力、HBT-50C泵送能力等条件综合考虑，然后将相应的工程划分成若干区域进行浇筑，每一张浇筑要领图代表一个浇筑区域。

13.5 应用效果

① 用混凝土泵输送和浇筑混凝土，可以节省劳动力，提高生产率。汾河二库工程中使用的HBT-50C混凝土泵一个台班可完成400m³混凝土。而一台HBT-50C混凝土泵的操作人员，一般只需10人，按此计算，劳动生产率约40m³/d，这比现行劳动定额规定的数值高出好多倍，而且工人的劳动强度降低，劳动条件得到改善。

② 用混凝土泵输送和浇筑混凝土，一定程度上讲，能起到保证质量的作用。因为泵送混凝土对配合比和原材料都有较严格的要求。而汾河二库工程采用75拌和站拌制混凝土，这样在配合比、搅拌等方面质量都较好，所以施工质量有保证。

③ 为了改善混凝土的可泵性，掺合粉煤灰是一种很好的手段，汾河二库掺加的粉煤灰占水泥用量的25%，掺加粉煤灰后不仅能改善混凝土的可泵性，而且还可以降低水泥的水化热，有利于裂缝的控制，节约成本。

13.6 经济分析

汾河二库位于汾河干流上游下段，坝址位于太原市郊区悬泉寺附近。该水库是以防洪为主，兼顾城市供水、灌溉和发电综合利用的大型水库。水库枢纽工程由碾压混凝土重力坝的挡水坝段与溢流坝段、底孔，供水发电隧洞和水电站所组成。远期拟建80万千瓦装机的抽水蓄能电站一座。1996年11月开工兴建，至2000年元月建成投入运行。年可向太原市工业供水量0.44亿立方米；百年一遇洪峰下泄流量可削减约1/3，相应可使太原市汾河河堤防洪标准得到提高；多年平均发电量可达2350万千瓦时。对太原市的防洪安全、工业生产、环境影响发挥了较大的经济效益与社会效益。

参考文献

[1] 李全禄，王学武，王莹，等.泵送混凝土技术在汾河二库枢纽工程中的应用[J].山西水利科技，商品混凝土，2000（1）：33-35.

案例14 广州东塔

14.1 技术分析

大体积混凝土主要指混凝土结构实体最小几何尺寸不小于1m，或预计会因混凝土中水泥水化引起的温度变化和收缩导致有害裂缝产生的混凝土。

（1）配制大体积混凝土用材料宜符合的规定

① 水泥应优先选用质量稳定有利于改善混凝土抗裂性能，C_3A含量较低、C_2S含量相对较高的水泥。

② 细骨料宜使用级配良好的中砂，其细度模数宜＞2.3。

③ 应选用缓凝型的高效减水剂。

（2）大体积混凝土配合比应符合的规定

① 大体积混凝土配合比的设计除应符合设计强度等级、耐久性、抗渗性、体积稳定性等要求外，尚应符合大体积混凝土施工工艺特性的要求，并应符合合理使用材料、降低混凝土绝热温升值的原则。

② 混凝土拌合物在浇筑工作面的坍落度不宜大于160mm。

③ 拌合水用量不宜大于170kg/m³。

④ 粉煤灰掺量应适当增加，但不宜超过水泥用量的40%；矿渣粉的掺量不宜超过水泥用量的50%，两种掺合料的总量不宜大于混凝土中水泥重量的50%。

⑤ 水胶比不宜大于0.55。

当设计有要求时，可在混凝土中填放片石（包括经破碎的大漂石）。填放片石应符合下列规定：

a. 可埋放厚度不小于15cm的石块，埋放石块的数量不宜超过混凝土结构体积的20%；b. 应选用无裂纹、无水锈、无铁锈、无夹层且未被烧过的、抗冻性能符合设计要求的石块，并应清洗干净；c. 石块的抗压强度不低于混凝土的强度等级的1.5倍；d. 石块应分布均匀，净距不小于150mm，距结构侧面和顶面的净距不小于250mm，石块不得接触钢筋和预埋件；e. 受拉区混凝土或当气温低于0℃时不得埋放石块。

14.2 工程概况

广州东塔项目如图13-25所示，位于珠江新城CBD中心地段。此项目总用地面积约为2.6万平方米，集多种城市一级功能设施于一体。主塔楼112层，高530m，集办公、服务公寓、酒店、餐厅和观光平台于一体。裙楼高60m，主要包括零售区、会所及餐饮。地下室5层，包括零售区、停车场、货物起卸区和机电设备室。广州东塔项目主塔楼基础为"筏形基础+箱形基础"，属于超厚大体积混凝土。底板厚度为1.2～3m，总面积约5164m²。本案例对超高建筑物超厚底板大体积混凝土的配合比及施工技术等进行了研究。

图13-25　广州东塔

14.3 材料选配

14.3.1 原材料选择

（1）水泥　大体积混凝土结构引起的裂缝最主要的原因是水泥水化热的大量积聚使混凝土出现早期升及后期降温现象。为此在施工中应选用质量稳定、强度等级不低于42.5级的硅酸盐水泥或普通硅酸盐水泥。水泥为通用硅酸盐水泥并应符合《通用硅酸盐水泥》（GB 175—2007）要求。

（2）细骨料　选用江西同一砂场的河砂，级配区为Ⅱ区，细度模量为2.5。

（3）粗骨料　博罗生产的花岗岩碎石最大粒径为31.5mm（5～31.5mm连续级配）。粒径在31.5mm以下的粗骨料所占比例一般不小于15%，最好能达到20%。

（4）外掺料　掺合料主要为粉煤灰和矿渣粉。粉煤灰选用Ⅰ级粉煤灰（替代部分水泥，降低水化热）。搅拌站在选定后，不能随意改变粉煤灰种类。掺合料磨细粉煤灰的细度达到水泥细度标准，通过0.08mm方孔筛的筛余量不得超过15%，SO_3含量＜3%，烧失量＜8%。选用等级为S95的矿渣粉。

14.3.2 混凝土配合比

在试配过程中，采用不同批次材料、不同外加剂掺量和不同的掺合料掺量进行了多次试配，对比混凝土强度和和易性，最终确定了C40P10的原材料以及配合比如表13-30所列。

□ 表13-30　C40P10混凝土配合比

名称	水	水泥	砂	石	掺合料1	掺合料2	外加剂
品种规格	饮用水	42.5级普通硅酸盐水泥	中砂	5～31.5mm	Ⅰ级粉煤灰	矿渣粉	TL-1A缓凝高效减水剂
材料用量/（kg/m³）	153	150	660	1130	200	50	8.8
比例	1.0	1.0	4.4	7.53	1.3	0.33	

14.4 施工工艺

混凝土浇筑考虑超厚混凝土施工过程中的流淌铺摊面及收头等因素，混凝土的初凝时间控制在16h以内，两层混凝土之间的浇筑时间差不得大于9h。整个底板采用一次性浇筑工艺，采用分层浇筑方法，每个车载泵负责一条浇筑区域。

（1）混凝土分层 浇筑方法采用"斜向分层，薄层浇筑，循序退浇，一次到底"连续施工的方法。为保证每一处的混凝土在初凝前就被上一层新的混凝土覆盖，采用斜面分段分层踏步式浇捣方法，分层厚度不大于500mm，分层浇捣使新混凝土沿斜坡流一次到顶，使混凝土充分散热，从而减小混凝土的热量，且混凝土振捣后产生的泌水沿浇筑混凝土斜坡排走，并在第一次振捣之后20～30min进行第二次复振，以保证混凝土的质量如图13-26所示。

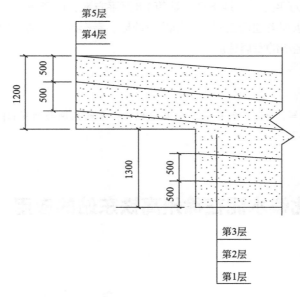

图13-26 混凝土分层浇筑示意（单位：mm）

（2）处理 大流动性混凝土在浇筑和振捣过程中，必然会有游离水析出并顺混凝土坡面下流至坑底。为此，在基坑中设置集水坑，通过垫层找坡使泌水流至集水坑内，用小型潜水泵将过滤出的泌水排出坑外。同时在混凝土下料时，保持中间的混凝土高于四周边缘的混凝土，这样经振捣后，混凝土的泌水现象得到克服。当表面泌水消去后，用木抹子抹压一遍，减少混凝土沉陷时出现沿钢筋表面的裂纹。

（3）表面处理 由于泵送混凝土表面水泥浆较厚，浇筑后必须在混凝土初凝前用刮尺抹面和木抹子打平，可使上部骨料均匀沉降，以提高表面密实度，减小塑性收缩变形，控制混凝土表面龟裂，也可减少混凝土表面水分蒸发，闭合收水裂缝，促进混凝土养护。在终凝前再进行搓压，要求搓压3遍，最后一遍抹压要掌握好时间，以终凝前为准，终凝时间可用手压法把握。

14.5 应用效果

广州东塔的C40P10混凝土配合比经过多次试验获得，并在东塔一期基础工程施工中得到成功应用。在东塔基础混凝土浇筑过程中科学合理安排施工组织及浇筑后的温度监测、养护，使得混凝土的裂缝得到了很好的控制。后期基础混凝土的外观检查过程中测温控制反应良好，并通过实体抽芯检测，强度等级完全符合设计要求，获得巨大成功，为今后类似超高层建筑基础大体积混凝土配合比的设计和现场施工提供了有益的参考和借鉴。

14.6　经济分析

广州东塔项目总投资超过100亿元，将集超五星级酒店及餐饮、服务式公寓、甲级写字楼、地下商城等功能于一体。位于珠江新城CBD中心地段，建于广州市天河区珠江新城冼村路J2-1、J2-3地块。该项目高达530m，规划用途为商务办公，用地面积26494.184m^2，规划建筑面积为地面以上35万平方米，地下商业建筑1.8万平方米。该塔是广州第二高塔，广州重要的地标性建筑。广州东视塔建设工程是广州的新地标、新形象，有助于提升广州的文化设施水平，大大推动了广州经济的发展速度。

参考文献

[1] 白蓉，邵鹏，冯晓军，等. 广州东塔基础大体积混凝土的控制与研究 [J]. 建筑技术，商品混凝土，2014（1）：18-22.

案例15　氧化镁水泥在徐州高铁东站的应用

15.1　技术分析

15.1.1　项目难点

① 主体结构混凝土墙体厚度薄，为典型的地下超长超薄结构，早期温度收缩和中后期干燥收缩大。

② 工程对声学要求高，必须控制裂缝情况，不得出现贯穿性裂缝。

③ 工期要求紧，完工时间节点明确。

15.1.2　解决方案

地下超长超薄混凝土墙体施工时，收缩以中后期干燥收缩为主，同时存在前期温度收缩以及塑性收缩。因此在镁质高性能混凝土抗裂剂产品设计时主要引入具有中后期补偿能力的膨胀成分来补偿混凝土中后期的干缩，辅以少量早期膨胀组份来补偿前期塑性收缩及温度收缩；严格控制混凝土浇筑质量，墙体拆模后定期洒水养护。

15.2　工程概况

徐州高铁东站位于江苏省徐州市，为京沪高铁七大中心枢纽站之一，是中国铁路上海局集团有限公司管辖的特等站，是徐州铁路枢纽的重要组成部分。徐州东站于2008年4月18日开建。2011年6月26日，徐州东站正式投入使用。

截至2011年6月，徐州东站总建筑面积为14984m²。截至2015年11月，徐州东站站场规模为7台15线。该项目位于徐州市高铁商务区，地下建筑面积6755m²，外墙设计等级为C35。如图13-27所示。

图13-27 徐州高铁东站

15.3 材料选配

氧化镁膨胀剂为8%，工程应用配合比如表13-31所列。

⊡ 表13-31 外掺氧化镁膨胀剂混凝土配合比   单位：kg/m³

强度等级	水泥	粉煤灰	MgO膨胀剂	砂	石	外加剂	水
C35	261	98	31	710	1110	3.9	164

15.4 施工工艺

15.4.1 施工过程

浇筑过程中，随时监测混凝土温度变化，严格控制混凝土搅拌前原材料温度及入模温度。浇筑完成后，利用预埋入式应变计监测混凝土内部应变及温度如图13-28、图13-29所示，保证混凝土模板在温峰值达到后开始拆模。

图13-28 预埋入式应变计绑扎于外墙钢

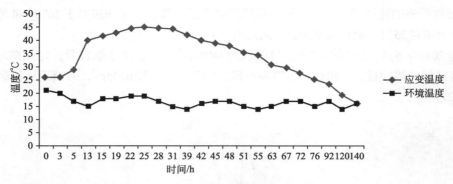

图13-29　混凝土内部应变及温度

如图13-29所示，该段混凝土入模温度为25.8℃，在25h左右达到温度峰值44.7℃，此时环境温度为19℃。此后混凝土内部温度逐渐下降，至140h温度降至16℃，此时环境温度约为16℃，拆模之后24h观察未发现裂缝。

15.4.2　性能试验

（1）混凝土力学性能检测　试件成型按照《混凝土力学性能试验方法标准》（GB/T 50081—2019）进行，其试验结果如表13-32所列。

⊡ **表13-32　混凝土力学性能检测结果**

检测条件	7d力学性能检测/MPa			28d力学性能检测/MPa		
	抗压	劈拉	弹性模量	抗压	劈拉	弹性模量
标准养护	35.7	2.86	2.8×10^4	49.6	3.72	3.6×10^4
同条件养护	28.6	2.45	2.6×10^4	40.6	3.32	3.2×10^4
工程实体回弹	33.7	—	—	43.8	—	—

（2）混凝土收缩试验　标准养护即试件放置于温度（20±2）℃、相对湿度保持在（60±5）%中养护，并定期进行数据统计，包裹标养试件先采用塑料薄膜包裹密封后，放置于温度（20±2）℃、相对湿度保持在（60±5）%中养护，并定期进行数据测量统计；同条件养护和包裹同养试件，即养护环境换成了室外，并定期进行数据测量统计，如图13-30所示。

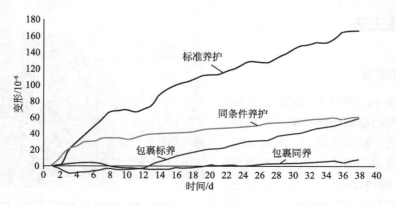

图13-30　8%氧化镁膨胀剂混凝土试验变形数据统计

15.5 应用效果

浇筑完毕140h后拆模至今，工程主体基础外墙未发现一道贯穿性裂缝，如图13-31所示，表明适当掺量的轻烧氧化镁膨胀剂对混凝土的成型外观及耐久性能无不利影响。

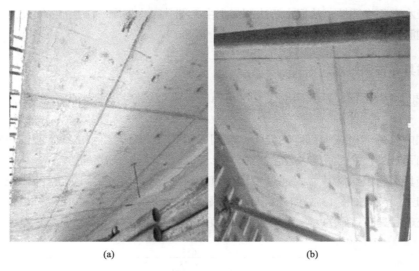

(a)   (b)

图13-31　外墙外观

15.6 经济分析

徐州高铁东站工程由于掺入MgO膨胀剂，不但明显减少混凝土收缩，而且由于混凝土的膨胀使处于膨胀状态下的混凝土密实性得以提高，其抗渗性和耐久性也得到显著改善，从而减少了混凝土的开裂问题，进而减少了维修成本。并且考虑材料价格与施工便利方面，MgO膨胀剂相比其他方法更加经济可行，节约工程投资，大大加快了施工进度。

参考文献

[1] 张盛，陈培标，付智，等. 氧化镁膨胀剂在建筑工程中的应用研究 [J]. 商品混凝土，2017（9）：36-40.

案例16　虎门二桥承台结构

16.1 技术分析

根据设计要求，承台、系梁第一层3m及外围2m范围内采用混凝土内掺疏水孔栓化合物，推荐用量为10～30kg/m³，分界面采用收口网模进行隔离。

疏水孔栓化合物主要含有有机疏水组分和纳米颗粒孔栓组分，通过有机疏水组分的物理作用，改变混凝土内部毛细孔的表面张力，从而大幅度降低了混凝土吸水率；通过纳米颗粒孔栓组分的作用，一方面填充内部孔隙，另一方面可与水泥水化产物反应生成不溶性晶体，进一步堵塞混凝土毛细孔，进而提高混凝土密实度。疏水孔栓化合物可在压力或无压力情况下能限制混凝土的吸水率和渗透性，从根本解决混凝土中毛细孔吸水问题，防止混凝土结构被氯离子渗透，阻止钢筋锈蚀。

16.1.1　锚具和锚固技术

依托虎门二桥工程，系统启动了1960MPa超高强度热镀锌铝合金镀层钢丝及索股的研究工作。

根据国内外悬索桥主缆锚固的经验，虎门二桥1960MPa钢丝和主缆索股的研发应用仍选择热铸锚锚固方法，主要研究内容包括锚具设计和结构分析以及锚固工艺。

（1）锚具选材及结构尺寸　通过设计计算和有限元分析选择了1960MPa钢丝主缆索股锚具的结构和主要尺寸如图13-32所示锚具材料采用ZG20Mn铸钢。ZG20Mn铸钢含量碳在0.18%左右，热处理后具有良好的力学性能，可焊性好、易于机械加工。

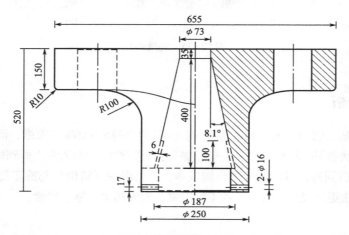

图13-32　1960MPa钢丝主缆索股锚具结构示意（单位：mm）

（2）锚固性能试验　由于1960MPa钢丝强度提高2个等级，且锌铝合金镀层和镀锌层存在一些差异，为此进行了1960MPa锌铝合金镀层钢丝的单丝锚固试验和索股锚固试验研究。试验结果表明：锌铝合金镀层钢丝和镀锌钢丝与锌铜合金的黏结力区别不大，满足1960MPa等级锌铝合金镀层钢丝的锚固要求，可采用锌铜合金热铸锚。通过对比试验确定了钢丝的有效锚固长度和索股锚固长度，保证钢丝和索股可靠锚固。为检测1275.0mm的1960MPa锌铝合金镀层钢丝索股锚固结构在加载状态下的受力性能，对锚具进行了结构试验。试验结果表明，锚杯无异常，锌铜合金铸体未破坏，满足破断荷载≥95%的静载要求。

（3）主缆索股制作工艺　为保障主缆索股的质量，根据1960MPa，锌铝合金镀层钢丝和索股的特点，进行了制索工艺和设备改进。同时进行了系列索股试验验证，确定了与高强度锌铝合金镀层相适应的制索工艺和生产线。为减少工地架设难度和工作量，项目自主研发了一种"索鞍区域工厂预先成型的索股"制造技术，可实现主索鞍、散索鞍段索股在工厂内预制成矩形段。通过工厂内放索试验、入鞍试验验证该技术实现了主缆索股现场架设直接入鞍，提高了索股的架设质量和效率。

16.1.2　索股试验

为确保1960MPa钢丝悬索桥主缆结构的安全应用，为其他桥梁缆索应用提供依据，进行了系统的索股试验研究。

（1）静载性能试验　对12根索股（3种应用钢丝各至少3根索股）进行了轴向静载性能试验。试验结果发现，索股基本在100%或以上破断载荷下破断，索股的静载性能满足相关规范的要求。

（2）抗疲劳性能试验　在钢丝疲劳试验合格的基础上，对15条索股（3种应用钢丝各至少3根索股）进行动载疲劳试验，试验结果全部合格，且结果表明国产盘条和进口优质品牌盘条钢丝索股疲劳性能基本相似，不存在明显差别。

（3）抗滑移性能试验　根据锌铝合金镀层钢丝和锌镀层钢丝主缆（索夹）抗滑移性能对比试验，锌铝合金镀层比锌镀层钢丝主缆抗滑移力低10%～12%，与高丽制钢公司单丝摩阻系数试验结论一致，具有一定的参考价值。

（4）放索试验　按照虎门二桥坭洲水道桥主缆索股的要求，制作长度为3100m的127Φ5.0mm1960MPa锌铝合金镀层钢丝主缆索股并进行放索试验。试验结果表明，试制索股的各项指标均达到预期目标，保证了悬索桥使用锌铝合金镀层钢丝主缆索股的制作和放索质量。

（5）盐雾试验　通过盐雾试验后测镀层质量损失和力学性能变化的方法，对比2种镀层钢丝的耐腐蚀性能。结果表明：热镀锌铝合金镀层钢丝的抗盐雾腐蚀性能是热镀锌钢丝的2倍以上，具有更长久的耐环境腐蚀能力。

16.2　工程概况

虎门二桥工程是粤港澳大湾区建设中连接广州和东莞的重要东西向通道，全长约13km，路线起于广州市南沙区东涌镇，经海鸥岛，止于东莞沙田，全线采用桥梁方案，双向8车道，设计速度100km/h，工期5年。该项目共设置2座超km级的跨江悬索桥，（658＋1688＋522）m的双塔双跨悬索桥——坭洲水道桥和（360＋1200＋480）m的双塔单跨悬索桥——大沙水道桥；引桥采用30～62.5m跨径的预应力混凝土桥。大沙水道和坭洲水道均为国家Ⅰ级航道，通航净空分别为1114m×49m（宽×高）、1154m×60m（宽×高）。

16.3　材料选配

（1）水泥　海螺42.5级普通硅酸盐水泥，其物理性能如表13-33所列。

☐ 表13-33　水泥的物理性能

细度（80μm筛余）/%	凝结时间/min		抗折强度/MPa		抗压强度/MPa		安定性
	初凝	终凝	3d	7d	3d	7d	
2.7	134	268	5.6	7.9	26.7	49.8	合格

（2）矿物掺合料 粉煤灰为Ⅱ级，烧失量6.8%，需水量比103%；矿粉为S95级，比表面积445m²/kg，流动度比99%，28d活性指数100%。

（3）骨料 砂，天然砂，细度模数2.8；碎石，5～20mm连续级配碎石，压碎值9.2%。

（4）水 自来水。

C40高性能混凝土配合比如表13-34所列。

配料成分	数量	配料成分	数量
42.5级普通硅酸盐水泥/kg	252	碎石/kg	1099
粉煤灰/kg	168	外加剂/%	1.1
砂/kg	764	水（总含水量）/kg	147

对C40高性能混凝土初步配合比进行配合比参数研究，由于属于承台大体积混凝土结构，混凝土配合比中应采用大掺量矿物掺合料，有关研究表明，粉煤灰能够明显减少混凝土水化热，延缓并降低混凝土水化温峰，从而降低混凝土的温度收缩开裂风险，但大掺量粉煤灰对混凝土早期强度及抗氯离子渗透性能有不利影响；磨细矿渣粉虽然对混凝土水化热降低不明显，但能减小大掺量粉煤灰的不利影响。

16.4 施工工艺

16.4.1 桥型布置一

主跨1688m双塔双跨吊悬索桥，桥跨布置为658+1688+518（主缆IP点距离）如图13-33所示。

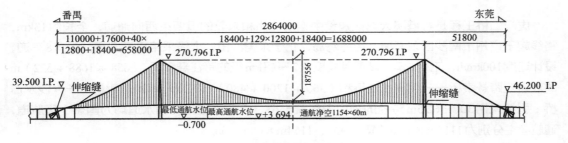

图13-33 桥型布置方案

16.4.2 主跨1688m双塔单跨吊悬索桥

桥跨布置为658+1688+518（主缆IP点距离）如图13-34所示。

16.4.3 主塔施工

主塔桩基为大直径超长桩基，地质条件差，施工不可见因素影响多。高塔施工安全风险大。

解决办法：主塔桩基开钻前，选取了几处代表性的点进行超前地质钻探，根据地质钻探情况，岩层主要为强风化泥岩和中风化泥岩，硬度低，但容易糊钻，加大泥浆循环，慢速钻进。

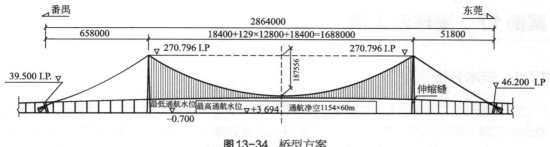

图13-34 桥型方案

16.4.4 锚碇施工

地连墙开挖深度大，地质情况复杂。混凝土一次性浇筑方量大，温控措施要求高、难度大。

解决办法：采取井点降水法，将土体中水分及时抽掉，方便开挖，同时改变施工工艺，对内衬底模摒弃传统的支垫方法，采用吊模法施工，取得了良好的效果。

16.5 应用效果

虎门二桥是连接珠江两岸的重要过江通道，项目西起广州市南沙区，对接珠二环南环高速（与京珠高速互通）向东跨越大沙水道、坭洲水道，穿过虎门港区后终点于东莞沙田镇对接规划的番莞高速公路（与沿江高速互通）。

虎门二桥建成通车之后，将有效缓解虎门大桥的交通压力。从广州到东莞的路程可缩短10km，比现在缩短约0.5h车程，大大降低了运输成本，对于促进区域间人流、物流等经济发展要素的快速流动，对于珠江三角洲实现高质量发展、完善交通体系意义深远。虎门二桥建成后成为粤港澳大湾区的重要交通枢纽，对广东省国际竞争力具有重大的战略意义。

16.6 经济分析

通过坭洲水道桥的结构计算分析，采用1960MPa高强度镀锌铝合金钢丝主缆索股后，主缆用钢量由33953t减少到30210t，减少11%的用钢量。同时，桥塔、锚碇、缆索系统和主梁的安全性能均满足规范要求。对坭洲水道桥进行几何缩尺比为1：207.2的全桥气弹模型风洞试验。结果表明：桥梁的抗风性能满足规范要求。

1960MPa钢丝主缆在坭洲水道桥的应用，不仅节约钢材和能源，而且减小了主缆直径，优化了主缆和桥梁结构；相应的索塔锚固结构和索鞍、索夹结构均适当减小，降低了现场主缆架设施工的工程量和施工难度，大大降低了建设成本，具有显著的经济效益。

| 参考文献

[1] 周华新，周旭东，薛永宏，等.虎门二桥承台结构C40高性能混凝土耐久性提升技术[J].混凝土，2018（07）：153-156，160.

案例17 港珠澳大桥

17.1 技术分析

港珠澳大桥工程规模大、工期短、技术新、经验少、工序多、专业广、要求高、难点多，为全球已建最长跨海大桥，在道路设计、使用年限以及防撞防震、抗洪抗风等方面均有超高标准。

港珠澳大桥地处外海，气象水文条件复杂，HSE管理难度大。伶仃洋地处珠江口，平日涌浪暗流及每年的南海台风都极大影响高难度和高精度要求的桥隧施工；海底软基深厚，即工程所处海床面的淤泥质土、粉质黏土深厚，下卧基岩面起伏变化大，基岩深埋基本处于50～110m范围；海水氯盐可腐蚀常规的钢筋混泥土桥结构。

伶仃洋是弱洋流海域，大量的淤泥不仅容易在新建桥墩、人工岛屿或在采用盾构技术开挖隧道过程中堆积并阻塞航道、形成冲击平原，而且会干扰人工填岛以及预制沉管的安置与对接；同时，淤泥为生态环境重要成分，过渡开挖可致灾难性破坏；故桥隧工程既要满足低于10%阻水率的苛刻要求，又不能过渡转移淤泥。

港珠澳大桥全长55km，其中珠澳口岸至中国香港口岸41.6km，跨海路段全长35.578km；三地共建主体工程29.6km，包括6.7km海底隧道和22.9km桥梁；桥墩224座，桥塔7座；桥梁宽度33.1m，隧道宽度28.5m，净高5.1m；桥面最大纵坡3%，桥面横坡2.5%内、隧道路面横坡1.5%内；桥面按双向6车道高速公路标准建设，设计速度100km/h，全线桥涵设计汽车荷载等级为公路-Ⅰ级，桥面总铺装面积70万平方米；通航桥隧满足近期10万吨、远期30万吨油轮通行；大桥设计使用寿命120年，可抵御8级地震、16级台风、30万吨撞击以及珠江口三百年一遇的洪潮。

港珠澳大桥人工岛挡浪墙按照三百年一遇的海浪标准设计，岛面标准高度比平均水位高4.5～5.0m，整个挡浪墙比日常水位高8m左右；岛内设置环岛排水流与越浪泵房，可及时将越过挡浪墙的海水抽到大海。为控制雨水进入隧道，东、西岛洞口外斜坡处及暗埋段口段各设置几道横向截水沟，收集隧道敞开段的路面汇水，并通过洞口雨水泵房提升排放；在沉管隧道路面低侧设置纵向排水边沟，以疏排运营期消防水、冲洗废水等，并通过隧道W形纵坡二处最低点设置的废水泵房，提升外排。

17.2 工程概况

港珠澳大桥人工岛挡浪墙按照三百年一遇的海浪标准设计，岛面标准高度比平均水位高4.5～5.0m，整个挡浪墙比日常水位高8m左右；岛内设置环岛排水流与越浪泵房，可及时将越过挡浪墙的海水抽到大海。为控制雨水进入隧道，东、西岛洞口外斜坡处及暗埋段口段各设置几道横向截水沟，收集隧道敞开段的路面汇水，并通过洞口雨水泵房提升排放；在沉管隧道路面低侧设置纵向排水边沟，以疏排运营期消防水、冲洗废水等，并通过隧道W形纵坡二处最低点设置的废水泵房，提升外排。

港珠澳大桥主桥为三座大跨度钢结构斜拉桥，每座主桥均有独特的设计理念。其中青州航道桥塔顶结型撑吸收"中国结"文化元素，将最初的直角、直线造型"曲线化"，使桥塔显得纤巧灵动、精致优雅。江海直达船航道桥主塔塔冠造型取自"白海豚"元素，与海豚保护区的海洋文化相结合。九洲航道桥主塔造型取自"风帆"，寓意"扬帆起航"，与江海直达船航道塔身形成序列化造型效果，桥塔整体造型优美、亲和力强，具有强烈的地标韵味。东西人工岛汲取"蚝贝"元素，寓意珠海横琴岛盛产蚝贝。香港口岸的整体设计富于创新，且美观、符合能源效益。旅检大楼采用波浪形的顶篷设计，为了支撑顶篷，旅检大楼的支柱呈树状，下方为圆锥形，上方为枝杈状展开。最靠近珠海市的收费站设计成弧形，前面是一个钢柱，后面有几根钢索拉住，就像一个巨大的锚。大桥水上和水下部分的高差近100m，既有横向曲线又有纵向高低，整体如一条丝带一样纤细、轻盈，把多个节点串起来，寓意"珠联璧合"。

17.3 材料选配

现行公路桥梁混凝土结构设计不仅要考虑结构的承载能力，还要考虑环境作用引起材料性能劣化对结构耐久性带来的影响。针对港珠澳大桥高腐蚀海洋环境下混凝土结构而言，选择和控制好混凝土原材料质量是重要环节。

（1）水泥　水泥选用52.5级普通硅酸盐水泥、42.5级普通硅酸盐水泥，水泥中混合材为4.5%矿渣粉；不宜使用早强水泥，早强水泥具有水化热释放快、凝结硬化快等特点，不符合配制耐久性混凝土条件。水泥比表面积≤380m²/kg、C_3A含量≤8.0%；水泥不能过细，水泥熟料中C_3A含量过高，将导致水泥的水化速度过快，水化热过于集中释放，混凝土的收缩增大、内外温差偏大、抗裂性下降，对混凝土耐久性不利。严格控制烧失量和游离氧化钙含量；生烧熟料进入水泥中，易影响水泥体积安定性。

（2）细骨料　耐久性混凝土用的细骨料应选用级配合理、质地均匀坚固、吸水率低、空隙率小的洁净天然中粗砂，细度模数在2.6～3.0之间。不宜使用山砂，严禁使用海砂。砂岩的晶粒嵌固程度不好，坚固性差，不宜配制高性能混凝土。骨料的坚固性及有害物含量对混凝土的耐久性影响较大，对骨料中有机物、云母、轻物质、氯离子含量等做了严格限制。水分、混凝土中的总碱含量、碱活性骨料是发生碱-骨料反应的三个必要条件，缺一不可。为预防混凝土发生碱-骨料反应，选用非碱活性骨料。本项目用快速砂浆棒法测得粗细骨料碱-硅酸反应14d膨胀率＜0.1%。

（3）粗骨料　粗骨料应选用级配合理、粒形良好、质地均匀坚固、线胀系数小的洁净碎石，但不宜采用砂岩碎石。粗骨料的最大公称粒径不宜超过钢筋的混凝土保护层厚度的2/3，且不得超过钢筋最小间距的3/4。配制强度等级C50及以上混凝土时，粗骨料最大公称粒径（圆孔）不应大于25mm。粗骨料在运输和装卸过程中，其级配可能发生变化，为确保骨料具有良好的连续级配，采用了二级配和三级配碎石。在港珠澳大桥主体工程桥梁工程使用的是5～16mm和16～25mm的二级配碎石配制C50及以下级别的混凝土；C50以上的混凝土用碎石是5～16mm和10～20mm的二级配碎石。通过对粗骨料实行分级采购、分级存储、分级计量，以使骨料具有尽可能小的空隙率，从而降低混凝土的胶凝材料用量，这样配制的混凝土，其工作性可以得到进一步的改善。

（4）矿物掺合料　矿物掺合料选用品质稳定的原状粉煤灰和磨细矿渣粉。粉煤灰的烧失量不能过大，采用烧失量大的粉煤灰配制的混凝土工作性差，将它拌和到水泥混凝土中时需水量增大，从而导致坍落度损失大、不易捣实；以及由于碳含量高减少粉煤灰的细度和硬凝活性等，强度效应差，耐久性差，这给粉煤灰的质量造成负面影响。因此，对粉煤灰的烧失量重点控制，不大于5.0%。粉煤灰中的游离氧化钙含量应严格控制，在混凝土中掺入含游离氧化钙多的粉煤灰后，会直接导致混凝土在凝结硬化过程中安定性不合格而出现结构开裂。

在混凝土中掺入矿渣粉能增加和易性与耐久性。矿渣粉越细，活性越高，收缩也随矿渣粉细度的增加而增加，所以，对于大体积混凝土结构用矿渣粉还限制了细度。从减少混凝土收缩开裂的角度出发，磨细矿渣的比表面积以不超过500m²/kg为宜，最好不超过450m²/kg。本项目用矿渣粉的比表面积在430m²/kg左右。在双掺技术下，矿渣粉和粉煤灰二者的细度和活性差异可起到互补作用。

（5）外加剂　外加剂对混凝土具有良好的改性作用，掺用外加剂是制备高性能海工混凝土的关键技术之一，它可以有效地控制混凝土的凝结时间、早期硬化能力和密实性，本项目选用的是聚羧酸系高性能外加剂。聚羧酸系高性能外加剂减水率高（≥25%）、坍落度损失小、适量引气、能明显提高混凝土耐久性且质量稳定的产品，与水泥之间应有良好的相溶性能的外加剂。外加剂的性能品质、匀质性和与水泥的相容性是成功配制高性能混凝土的基本条件。为提高混凝土的耐久性，适量的引气作用可使混凝土的抗冻融性能大大提高。混凝土中掺加引气剂后，对混凝土的工作性和匀质性有所改善，引气剂不仅能减少混凝土的用水量，降低泌水率，更重要的是混凝土引气后，水在拌合物中的悬浮状态更加稳定，因而可以改善骨料底部浆体泌水、沉陷等不良现象。

17.4　施工工艺

17.4.1　外海造岛

港珠澳大桥海底隧道所在区域没有现成的自然岛屿，需要人工造岛。受800万吨海床淤泥的影响，施工团队采用了"钢筒围岛"方案：在陆地上预先制造120个直径22.5m、高度55m、重量达550t的巨型圆形钢筒，通过船只将其直接固定在海床上，然后在钢筒合围的中间填土造岛。这种施工方法既能避免过渡开挖淤泥，又能避免抛石或沉箱在淤泥中滑动。岛上建筑采用表面平整光滑、色泽均匀、棱角分明、无碰损和污染的新型清水混凝土，施工时一次浇筑成型，无任何外装饰，有效应对外海高风压、高盐和高湿度不利环境。

17.4.2　沉管对接

港珠澳大桥沉管隧道及其技术是整个工程的核心，既减少大桥和人工岛的长度，降低建筑阻水率，从而保持航道畅通，又避免与附近航线产生冲突。沉管技术，即在海床上浅挖出沟槽，然后将预制好的隧道沉放置沟槽，再进行水下对接。沉管隧道安置采用集数字化集成控制、数控拉合、精准声呐测控、遥感压载等为一体的无人对接沉管系统；沉管对接采用多艘大型巨轮、多种技术手段和人工水下作业方式。在水下沉管对接过程期间，设计师们提出"复合地基"方案，即保留碎石垫层设置，并将岛壁下已使用的挤密砂桩方案移至到隧道，形成"复合地基"，避免原基槽基础构造方案可能出现的隧道大面积沉降风险。建设者们在海底铺设了2～3m的块石并夯平，将原本沉管要穿越不同特性的多种地层可能出现的沉降值控制在10cm内，避免整条隧道发生不均匀沉降而漏水。港珠澳大桥沉管隧道采用中国自主研制的半刚性结构沉管隧道，具有低水化热低收缩的沉管施工混凝土配合比，提高了混凝土的抗裂性能，从而使沉管混凝土不出现裂缝，并满足隧道120年内不漏水要求。沉管隧道柔性接头主要由端钢壳、GINA止水带、Ω止水带、连接预应力钢索、剪切键等组成。

17.4.3 索塔吊装

港珠澳大桥的斜拉桥距离机场很近，受密集航班影响，海上作业建筑限高严格，传统的架设临时塔式起重机吊装方法无法施展。为此，施工团队采用预制索塔牵引吊装的方案，即在陆地上造桥塔，然后通过桥梁底座上的连接轴进行连接，由巨大的钢缆将原水平置放的桥塔牵引旋转90°角垂直于桥面后再固定。

17.5 应用效果

港珠澳大桥建设前后实施了300多项课题研究，发表论文逾500篇（其中科技论文235篇）、出版专著18部、编制标准和指南30项、软件著作权11项；创新项目超过1000个、创建工法40多项，形成63份技术标准、创造600多项专利（中国国内专利授权53项）；先后攻克了人工岛快速成岛、深埋沉管结构设计、隧道复合基础等十余项世界级技术难题，带动20个基地和生产线的建设，形成拥有中国自主知识产权的核心技术，建立了中国跨海通道建设工业化技术体系。

截至2018年10月，港珠澳大桥是世界上里程最长、寿命最长、钢结构最大、施工难度最大、沉管隧道最长、技术含量最高、科学专利和投资金额最多的跨海大桥；大桥工程的技术及设备规模创造了多项世界记录。

17.6 经济分析

港珠澳大桥是国家工程、国之重器，其建设创下多项世界之最，作为连接粤港澳三地的跨境大通道，港珠澳大桥将在大湾区建设中发挥重要作用。它被视为粤港澳大湾区互联互通的"脊梁"，可有效打通湾区内部交通网络的"任督二脉"，从而促进人流、物流、资金流、技术流等创新要素的高效流动和配置，推动粤港澳大湾区建设成为更具活力的经济区、宜居宜业宜游的优质生活圈和内地与港澳深度合作的示范区，打造国际高水平湾区和世界级城市群。

港珠澳大桥的建成通车，极大缩短香港、珠海和澳门三地间的时空距离；作为中国从桥梁大国走向桥梁强国的里程碑之作，该桥被业界誉为桥梁界的"珠穆朗玛峰"，被英媒《卫报》称为"现代世界七大奇迹"之一；不仅代表中国桥梁先进水平，更是中国国家综合国力的体现。建设港珠澳大桥是中国中央政府支持香港、澳门和珠江三角洲地区城市快速发展的一项重大举措，是"一国两制"下粤港澳密切合作的重大成果。

参考文献

[1] https://max.book118.com/html/2019/0116/7115046022002002.shtm.

[2] https://www.xzbu.com/1/view-4997739.htm.

[3] https://www.y5000.com/shbt/35465.html.

案例 18 洮工程卵石混凝土耐久性研究

18.1 技术分析

引洮供水二期工程的前期设计主要完成于"十二五"期间，其建设过程贯穿整个"十三五"时期，预计工程将于"十四五"开局之年 2021 年建成运行，工程设计建设周期的时间跨度超过了十年。鉴于当时国内对水利控制系统的认识不够，市场上缺乏可供借鉴的全自动化、高可控性的产品，其产品基本处于半自动化水平，闸门之间的协同度低，控制测流精度差。从前述存在的主要问题看，现有的闸门及其控制系统方案已不能很好地满足引洮供水工程精确调水、安全输水的需求，需采用更加先进的闸门及其控制系统对原有方案进行优化升级。

针对工程存在的问题，结合新时代水利现代化指导意见相关内容及引洮供水工程自身具有的点多、面广、线长、分水口众多、输水过程的控制难度极大的特点和现代化管理的需求，在对国内外智能化及计控一体化的输配水控制新技术进行调研和学习的基础上，确定引洮供水二期工程闸门及其控制系统方案优化设计思路为：采用智能化及计控一体化的输水配置替代传统的涉及自动化供水管理的水工闸门，闸门设备选型应适应全渠线智能测控系统要求，以保证引洮工程水资源调配的实时监控、过程跟踪、智能调度、准确投递，实现节水及水资源的高效利用，全面提升引洮工程各项管理工作的效率、功效和运行管理的智能化水平。

全渠道控制系统能够实现对全渠道流量精确计量、自动化管理和控制，并根据用户需求自下而上的下游控制系统。在工程运行期间，每一座节制闸前都可视为一个"蓄水池"。当该节制闸处分水闸分水时，该处节制闸前水位下降，与此同时，上游相邻节制闸门会收到该处节制闸水位下降的信号，自动调节闸门开度补充水量，直到水位达到设定值为止，依次类推，使渠道上的每扇闸门都可以自动调节。通过计算机和通信网络系统以及控制调度软件，对整个供水工程渠系网络的智能化调配水量进行全局控制。

18.2 工程概况

引洮供水二期工程为 II 等大型工程，其中八干渠分布在会宁县境内，渠线总长为 76.005km，主要任务是向会宁东部供水，上段设计流量 5.0m³/s，加大流量 6.1m³/s，渠线主要以隧洞为主，共有隧洞 24 座，总长度 57.679m，占渠线全长的 75.89%。渠线沿线为大面积黄土覆盖，未通过区域性断裂和褶皱带。基岩主要为新近系砂质泥岩，属软岩类，断裂不发育，产状平缓，表层风化强烈，与上覆第四系地层为不整合接触，隧洞洞身围岩岩性，其中 IV 类围岩长 0.6km，占隧洞总长 1.04%，V 类围岩长 43.873km，占隧洞总长 76.06%，其余为 V1、V2 类黄土隧洞。

总干渠、干渠的主要建筑物包括隧洞、暗渠及渡槽，均采用无压重力流输水。供水管道均采用有压重力流输水。无压重力流输水渠道主要通过设在渠道上的各节制分（泄）水闸进行控制及分（泄）水，原设计方案中总干渠采用传统平板钢闸门进行控流及分流，干渠和分干渠采用双面镶铜铸铁闸门进行控流及分流。对于长距离供水工程而言，控制与计量的精准程度及信息化程度的高低是闸门及其控制系统方案设计及优化的关键所在。

18.3 材料选配

粗骨料：根据水工混凝土施工规范的要求，粗骨料粒径要求为5～20mm、20～40mm等，隧洞混凝Z土衬砌施工多采用泵送，结合泵送混凝土对骨料最大粒径的要求，研究选用最大骨料粒径为40mm的二级配骨料，粗骨料的主要性能测试结果如表13-35所列。

⊡ 表13-35　试验用粗骨料物理性能指标

种类	粒径/mm	表观密度/（kg/m³）	堆积密度/（kg/m³）	压碎值/%	泥块含量/%	含泥量/%	针片状含量/%	坚固性/%
卵石	5～20	2640	1580	5.6	0	0.2	1	1.5
	20～40	2660	1550	—	0	0.1	0	1.2
碎石	5～20	2630	1560	8.5	0	—	4	2.4
	20～40	2620	1550	—	0	—	2	1.8

为确定粗骨料的最佳掺配比例，通过实验确定（5～20）∶（20～40）骨料最佳掺配比例为4∶6时堆积密度最大，骨料的空隙率最低，后续实验研究选用此掺配比例。

其他原材料：研究所用水泥为祁连山42.5级普通硅酸盐水泥，细骨料细度模数为3.2（以经过实验论证），含泥量为1.2%。粉煤灰为F类Ⅱ级灰，活性指数为75.2%。外加剂为引气减水剂，减水率为16.2%，含气量为3.5%，水工混凝土施工规范要求具有抗冻性能的混凝土均需掺入引气剂。

为了解卵石和碎石作为粗骨料配制出混凝土性能的差异，选取固定用水量，不同水胶比，通过适配使得混凝土工作性能达到设计要求并测定其力学指标是否达到设计强度。根据施工经验，泵送混凝土的坍落度要达到160～180mm才不至于发生堵管和浇筑不密实现象。初设配合比配置C25混凝土，用水量初选165kg/m³，外加剂掺量用推荐产量1.6%，实验测得不同水胶比下坍落度均＜160mm，工作性能不能满足要求。

其他原材料：研究所用水泥为祁连山42.5级普通硅酸盐水泥，细骨料细度模数为3.2（以经过实验论证），含泥量为1.2%。粉煤灰为F类Ⅱ级灰，活性指数为75.2%。外加剂为引气减水剂，减水率为16.2%，含气量为3.5%，水工混凝土施工规范要求具有抗冻性能的混凝土均需掺入引气剂。优化后的配合比如表13-36所列。

⊡ 表13-36　优化后配合比

骨料种类	水胶比	砂率	水泥/kg	水/kg	细骨料/kg	5～20mm粗骨料/kg	20～40mm粗骨料/kg	粉煤灰/kg	减水剂/kg	坍落度/mm	28d抗压强度/MPa
卵石	0.46	0.38	266	175	682	445	668	114	6.1	180	38.5
	0.48	0.40	255	175	724	435	652	109	5.8	185	34.2
	0.50	0.42	245	175	767	423	635	105	5.6	190	28.7
碎石	0.46	0.40	266	175	718	431	646	114	6.1	175	42.6
	0.48	0.42	255	175	760	420	630	109	5.8	175	37.9
	0.50	0.44	245	175	803	409	613	105	5.6	180	33.8

18.4 施工工艺

由于隧洞开挖过程中工作面无法达到自稳，极易坍塌，施工掘进到桩号34+499.27段工作面沿洞顶出现倾角为20°～30°的大面积坍塌，原施工方案采用Φ42随机普通管棚支护，施工中管棚刚度不足以承受围岩应力挤压，多次被压弯（坏）；若使用Φ108管棚需扩挖隧洞开挖断面，从而增加后期混凝土回填工程量，成本加大，施工难度增大，且难以满足施工进度要求。经过对成本、进度、质量的多方比较分析，项目部决定将隧洞出口桩号34+390～34+340段作为试验段，顶拱180°范围内布设Φ42超前随机小导管，在管内插Φ22螺纹钢增加强度，进行超前固结灌浆。超前管棚排距2m，环向间距20cm，钢管单根长6m，开挖后及时对掌子面喷射混凝土进行封闭。

超前小导管是隧洞掘进中常用的一种施工方法，一般用于围岩较破碎、胶结能力差、围岩自稳性差且兼有一定渗水的隧洞施工，对稳定新开挖面能起到很好的辅助作用。通过超前小导管注浆将松散破碎的岩层固结在一起，增强围岩的抗渗性和稳定性，提高管体周围岩体的抗剪强度，达到加固围岩并扩散围岩压力的作用，为后期的支护和保持工作面的稳定提供良好条件。

18.4.1 超前小导管施工工艺

（1）超前小导管的布设 采用超前小导管支护的目的是防止隧洞开挖工作面围岩不能自稳而出现坍塌。施工方法为：风钻在隧洞开挖面顶拱部180°范围内钻孔，外倾角控制在10°～12°之间，打入直径为Φ42mm×3.5mm的无缝钢管，钢管内置入Φ22螺纹钢，在钢管内注入水泥浆对岩层进行固结，使隧洞拱顶形成一伞状保护区。

超前小导管采用直径为Φ42钢管，钢管厚多为3.5mm，长度6m，每2m一环，搭接长度3m，环向间距20cm；在钢管四周钻布孔径为6～8mm的注浆孔，孔距15cm，梅花形布置。前端制作成20cm的锥形，尾端30cm范围内不钻孔作为止浆段，并设置Φ8加劲箍。

（2）适用范围 隧洞进口处地层埋深较浅或围岩结构比较破碎的地段；地下水丰富的软弱地质段、砂砾地层、岩溶地质等不良地质地段的隧洞开挖；隧洞开挖过程中出现塌方段的参考处理。

18.4.2 超前小导管施工方法

（1）超前小导管的制作安装 超前小导管通常采用无缝钢管制作，管壁四周梅花形布置注浆孔，水泥浆通过这些小孔扩散渗入破碎岩层内起固结作用，无缝钢管尾段为了不使水泥浆从管内漏出一般不再布孔，无缝钢管前端与较小直径钢管焊接做成一个注浆嘴，注浆嘴制作成锥形，两种钢管焊接严密，防止漏浆或脱离。本方案中小导管采用外径42mm，壁厚3.5mm。注浆前在需要注浆的隧洞段布设注浆孔，布设方式沿隧洞开挖横断面根据围岩的结构特点用风钻钻孔，孔深、孔直径依据小导管的长度确定，注浆孔沿隧洞轴线方向向外倾一定角度，一般规范要求为10°～12°，成孔后用高压风清理干净，孔内不可留有残碴，以免影响注浆效果。孔口四周采取一定的密封措施，保证水泥浆不外漏。

（2）注浆施工工艺 超前小导管纵向沿洞轴线方向向外倾斜10°～12°，不得超过隧洞开挖轮廓线。注浆管尾端外露30cm，凭借钢拱架的支撑焊接后形成一个支护体系，采用注浆泵，通过超前小导管渗透，扩散到地层和裂隙中，改善围岩结构，固结围岩小空腔和岩层裂隙，同时起到截断开挖岩层中的地下水，创造干地施工条件，注浆管起到加固围岩的作用。

超前小导管注浆施工工艺：首先，根据设计图纸，对各类围岩进行现场确认，确定各围岩类型的注浆半径、注浆压力、单管注浆量等相关参数。其次，按照设计图纸进行超前小导管加工制作，根据超前小导管型号进行注浆设备的选型及注浆前的其他准备工作。再次，对隧洞进行测量，标出隧洞轴线及开挖轮廓线，沿开挖轮廓线以20cm为间距布置超前小导管孔。最后，安装注浆管。超前小导管按设计和规范要求顶入岩层内，孔位误差≤5cm，角度误差≤2°，超前小导管或锚杆顶入长度≥90%。

注浆完成后对固结效果进行检查，检查段在超前小导管前后排的搭接范围内进行，检查注浆量偏少和注浆过程不稳定的导管段，采用小撬棍或小锤轻轻敲打钢管附近，判断固结情况，必要时采用风钻钻速测试检查注浆范围，发现固结不良或厚度不达标时要进行补管注浆，做好检查记录；开挖过程中，随时观察浆液扩散渗透情况，分析有无漏浆和流砂现象，对发现的问题及时进行处理并在下一个开挖循环中进行改进。

注浆应注意的事项：一是浆液应随配随用，根据注浆进度进行拌和，防止凝固而影响注浆效果；二是浆液进入注浆泵前要通过过滤筛后方进入泵体，以防止超径料或其他材料堵塞；三是注浆前应对注浆泵及其他设备进行检查，保证注浆管与注浆嘴对接牢固，防止注浆嘴脱落，注浆口应包扎严实；四是注浆结束后对注浆泵及管路及时进行清理。

18.5　应用效果

通过对比卵石混凝土和碎石混凝土的和易性、力学性能和耐久性，分析得出以下试验结论。

① 卵石和碎石混凝土的耐久性有优有劣，通过一定的措施可以用卵石制备出耐久性能达到引洮工程设计要求的混凝土。

② 相同实验配合比，卵石混凝土的和易性和抗碳化性能优于碎石混凝土，抗渗性能、抗冻性能和抗硫酸盐侵蚀性能均劣于碎石混凝土。

③ 卵石表面较碎石光滑，界面与胶凝材料的粘接强度较碎石略低，通过降低水胶比的方式使得制备出的混凝土和易性和力学性能达到设计要求。

提高混凝土抗硫酸盐的措施有：改变水泥品种（抗硫酸盐水泥）、掺用外加剂、矿物掺合料、降低水胶比等。研究采用对比掺用抗硫酸盐水泥和抗腐蚀阻锈剂混凝土的抗硫酸盐侵蚀性能。

随着养护龄期延长抗氯离子渗透性能逐步增强，其中同配合比，碎石混凝土抗渗性能优于卵石混凝土，同强度等级卵石混凝土和碎石混凝土抗氯离子渗透性能差异不大。分析其原因为：碎石表面粗糙，水泥浆与骨料黏结更加牢固，氯离子在界面之间的渗透速率低于卵石混凝土。卵石混凝土和碎石混凝土抗氯离子渗透性能均能满足设计要求。

18.6　经济分析

2002年9月18日，国务院讨论通过了《甘肃省洮河九甸峡水利枢纽及引洮供水一期工程项目建议书》，2006年7月5日，国务院常务会议审议通过了九甸峡水利枢纽及引洮供水一期工程可行性研报告。2002年12月2日甘肃省人民政府批准成立甘肃省引洮水利水电开发有限责任公司，作为引洮供水工程的项目法人，负责引洮供水一期工程的建设和运行管理。引洮供水一期工程总投资36.98亿元，国家定额补助19.7亿元，甘肃省配套资金17.28亿元，工程建设工期为6年。

参考文献

[1] 梁大蕴. 引洮二期工程卵石混凝土耐久性研究 [J]. 陕西水，2017（06）：137-139，148.

案例19　小湾水电站双曲拱坝

19.1　技术分析

坝体混凝土最高强度等级 $C_{180}40W_{90}14F_{90}250$[●]，混凝土通仓浇筑，不设纵缝，最大块长88m，长宽比大，混凝土抗裂要求高，温控难度大。拱坝混凝土总量约851万立方米，需用水泥145万吨、粉煤灰60万吨，拱坝月最大浇筑强度22万立方米。混凝土原材料及温控设计是小湾高拱坝关键技术之一。

19.1.1　混凝土原材料性能检测

（1）胶凝材料　对滇西水泥厂生产的"小湾专供42.5级中热硅酸盐水泥"和宣威、曲靖电厂生产的Ⅰ级粉煤灰进行物理、化学性能及胶砂力学性能检测；深化研究了水泥的矿物成分、细度、比表面积、颗粒级配及水泥中MgO、SO_3含量对性能的影响，以及连续生产条件下水泥的质量稳定性等。

（2）骨料　对黑云花岗片麻岩及角闪斜长片麻岩进行品质鉴定试验，再分别按两种母岩单独和以7.5∶7.5、5∶5的比例混合进行混凝土配合比试验。

（3）外加剂　采取全面考查、分步骤比选的方法，通过外加剂本体试验、复合试验、复合外加剂与粉煤灰的适应性试验以及混凝土配合比复核试验等，对外加剂进行多因素综合分析和评价。

19.1.2　混凝土配合比优选及性能试验

在混凝土原材料基本选定的基础上，进行水胶比、粉煤灰掺量与混凝土强度、抗渗、抗冻等参数的关系研究。通过分析，优化混凝土配合比，开展性能研究。对优化确定的配合比做相应的力学、热学、变形等性能试验。

[●] $C_{180}40W_{90}14F_{90}250$的含意为，抗压强度设计龄期为180d，设计龄期强度为40MPa；抗渗设计龄期为90d，抗渗指标为14MPa；抗冻龄期为90d，抗冻指标为250次冻融循环。

19.1.3 全级配混凝土特性研究

拱坝混凝土全级配试验以上述成果为基础百分比针对确定的配比、标号、级配及试验内容进行。全级配混凝土静力试验考虑对抗压强度、劈拉强度、抗弯强度、轴拉强度、静压弹模、抗拉弹模、极限拉伸值、自生体积变形等性能指标进行测试，以验证拱坝的安全性。

19.1.4 坝体混凝土安全性研究

对选定的坝体混凝土配合比，从亚微观的角度对其体积安定性、裂缝机理、使用寿命等进行分析，最终对坝体混凝土的安全性做出评价。

通过分析，以满足混凝土性能指标作为原材料选择的标准，选择拱坝混凝土原材料，研制高性能混凝土，提出满足工程要求的配合比设计和原材料技术指标。

19.1.5 拱坝混凝土主要设计参数及配合比

小湾水电站拱坝混凝土典型施工配合比如表13-37、表13-38所列。

⊡ 表13-37 小湾水电站拱坝混凝土主要设计参数

部位	强度等级	抗渗等级	抗冻等级	强度保证率/%	极限拉伸值$\geqslant \varepsilon_p/10^{-6}$			级配	仓面坍落度/mm	最大水胶比	粉煤灰最大掺量/%
					7d	28d	90d				
A区	C18040	W9014	F90250	90	85	95	100	四	20～40	0.40	30
								三	20～40	0.40	30
B区	C18035	W9012	F90250	90	80	90	95	四	20～40	0.45	30
								三	20～40	0.45	30
C区	C18030	W9010	F90250	90	70	85	88	四	20～40	0.50	30
								三	20～40	0.50	30

⊡ 表13-38 大坝四级配混凝土典型施工配合比

混凝土强度等级	水胶比	砂率/%	减水剂	FS引气剂掺量/%	每立方米混凝土材料用量/kg									
					水	水泥	粉煤灰	砂	小石	中石	大石	特大石	减水剂	引气剂
$C_{180}40W_{90}14F_{90}250$	0.40	24	ZB-1A	0.02	90	158滇西	67	524	338	338	507	507	1.58	0.05
$C_{180}40W_{90}14F_{90}250$	0.40	24	JM-Ⅱ	0.015	90	158滇西	67	524	338	338	507	507	1.46	0.04
$C_{180}35W_{90}12F_{90}250$	0.44	25	ZB-1A	0.02	90	144滇西	61	551	336	336	505	505	1.44	0.04
$C_{180}35W_{90}12F_{90}250$	0.44	25	ZB-1A	0.01	90	144祥云	61	551	336	336	505	505	1.44	0.02
$C_{180}35W_{90}12F_{90}250$	0.44	25	JM-Ⅱ	0.015	90	144滇西/祥云	61	551	336	336	505	505	1.34	0.03
$C_{180}30W_{90}10F_{90}250$	0.50	26	ZB-1A	0.02	89	125滇西/祥云	53	580	336	336	504	504	1.25	0.04
$C_{180}30W_{90}10F_{90}250$	0.50	26	JM-Ⅱ	0.02	89	125滇西/祥云	53	580	336	336	504	504	1.16	0.04

注：坍落度3～5cm，粉煤灰掺量30%，ZB-1A减水剂掺量0.7%，JM-Ⅱ减水剂掺量0.65%。

19.2 工程概况

澜沧江发源于青海省唐古拉山，流经青、藏、滇三省（区），于云南省西双版纳州勐腊县流出国境，出境后称湄公河。

小湾水电站位于云南省大理州南涧县与临沧市凤庆县交界的澜沧江中游河段，距昆明公路里程为455km。系澜沧江中下游水电规划"两库八级"中的第二级，上游为功果桥水电站，下游为漫湾水电站。小湾水库是梯级电站的"龙头水库"，总库容约150亿立方米，调节库容近100亿立方米，具多年调节能力。电站投产后设可改善澜沧江干流水电基地的调节性能，提高梯级电站保证电量的比例。小湾水电站装机容量420万千瓦，保证出力185.4万千瓦，年保证发电量190亿千瓦时时，电站静态总投资223.31亿元，计划总投资277.31亿元。2010年8月6台机组全部投产。小湾水电站双曲拱坝如图13-35所示。

大坝工程主要特点有以下几点。

① 小湾水电站工程为混凝土双曲拱坝，建成后将成为目前世界上最高的拱坝。

② 地形、地质条件比较复杂，施工场地狭窄。

③ 高拱坝混凝土浇筑规模大、强度高，且对质量、温控和外观有很高要求。

图13-35 小湾水电站双曲拱坝

19.3 材料选配

（1）骨料　小湾双曲拱坝混凝土骨料来自孔雀沟石料场，骨料母岩主要为黑云花岗片麻岩和角闪斜长片麻岩。骨料有四级配粗骨料和人工细骨料（人工砂），四级配混凝土中特大石、大石、中石、小石的质量比为3：3：2：2。人工砂的细度模数平均值为2.63，吸水率平均值为0.8%，不含有机质，石粉含量平均值为13.4%。

（2）水泥　大坝混凝土主要使用滇西红塔水泥股份有限公司及祥云建材集团生产的小湾专供中热水泥P.MH42.5。其技术参数为如下。

① 氧化镁（MgO）含量3.8% ～ 5.0%。

② 水泥熟料中的游离氧化钙（f-CaO）含量不超过0.8%。

③ 比表面积为340 ～ 250m²/kg（厂家控制指标）。

④ 3d、7d、28d龄期的抗压强度和抗折强度分别不低于12.0MPa、22.0MPa、46.5MPa和3.0MPa、4.5MPa、7.5MPa。

⑤ 其他参数均按国家标准《中热硅酸盐水泥、低热硅酸盐水泥》（GB 200—2017）中对42.5级中热硅酸盐水泥的要求执行。

（3）粉煤灰　双曲拱坝混凝土掺用的粉煤灰为宣威电厂生产的Ⅰ级粉煤灰。检测表明，宣威Ⅰ级粉煤灰细度、含水量、需水量比和烧失量平均值分别为6.7%、0.1%、93.6%和1.42%，28d抗折强度比为81.6%，28d抗压强度比为75.5%，粉煤灰各项性能均满足《水工混凝土掺用粉煤灰技术规范》(DL/T5055)要求和小湾水电站《拱坝混凝土施工技术要求》。

（4）外加剂　小湾拱坝使用浙江龙游ZB-1A、江苏博特JM-Ⅱ高效缓凝减水剂，北京利力FS引气剂。特别要求减水剂的减水率≥17%，且硫酸钠含量≤8%。

19.4　施工工艺

小湾电站大坝混凝土浇筑初期，混凝土浇筑方法主要为台阶法，后至2006年一季度，通过多台缆机同仓浇筑演练成功后，逐步转变为以平铺法浇筑为主，小湾大坝混凝土浇筑具有浇筑强度高、机械化作业程度高的特点。

19.4.1　合理进行仓面工艺设计

仓面工艺设计是针对不同施工特点的浇筑仓号，为其混凝土浇筑所准备的一套完善的工艺流程。其内容包括仓号浇筑方法、浇筑面积、混凝土方量、浇筑所需要的时间、混凝土入仓强度，以及各项浇筑机械设备、人力资源配置；并附有准确的来料流程表，并详细描述浇筑仓号混凝土级配种类、温控和施工要求；并提出仓面重要部位的施工注意事项。

19.4.2　加强仓面资源检查

开仓前，浇筑仓内的负责人和质检人员对照仓面工艺设计详细检查各项资源配置情况，做到资源配置不全不准开仓。同时组织浇筑人员召开"十分钟开仓检查会"，对仓号浇筑方法、施工重点及重要部位的浇筑措施、振捣工艺等进行详细的技术交底。

为了使仓面工艺设计更具有对现场施工的指导性，浇筑过程中浇筑仓内的负责人和质检人员随身携带仓面设计，便于对照检查和控制，以加强对仓面工艺设计的执行力。

19.4.3　混凝土入仓、平仓及振捣工艺

大坝多采用3.0m升层，一般分6～7个坯层浇筑，由5台缆机同时入仓平铺浇筑。仓号顺流向长度一般在60～70m，因此在每台缆机的控制区域划分上，主要结合仓号的结构特点合理地进行区域划分，需保证多个区域内的混凝土坯层能做到均衡上升，同时开仓前在仓号两侧的横缝面上对缆机控制区域作好清楚的标识，并且按高低缆交错布置的原则进行缆机的布置，以避免浇筑中缆机间的相互干扰或带来一些安全隐患。

针对本工程单仓面积大、方量高的特点，混凝土平仓、振捣主要以机械为主，模板周边等局部辅以人工平仓、振捣。原则上，缆机、平仓机、振捣臂间采用一对一的配置，浇筑仓内平仓振捣设备较多，因此如何加强各设备间的有序配合及仓内的浇筑组织，是提高混凝土浇筑强度的关键因素之一。

19.5　应用效果

小湾水电站双曲拱坝是世界级高拱坝，在工程设计之初就非常重视大坝混凝土的原材料选择、配合比优化设计和性能研究。通过大量试验研究，提出的原材料和优化配合比方案经济合理、科学可靠。

工程施工中的大量现场检测结果表明，大坝混凝土的各项性能满足预期要求，实现了大坝混凝土"高强度、高极拉、低热、中弹模、基本不收缩"等高性能化目标。

19.6 经济分析

小湾水电站是国家重点工程和云南省实施国家西部大开发、"西电东送"战略的标志性工程。建成后可替代燃煤火电的电量约252.4亿千瓦时，每年可节省标煤约860万吨。

拦沙：小湾水库在坝址以上平均每年可拦蓄悬移质泥沙4800万吨和推移质150万吨，从而解决漫湾和大朝山电站的泥沙问题。

防洪：小湾水库可提供与兴利库容结合的调洪库容为13.18亿立方米，为保障大坝安全进行的调洪可削减洪峰12%。

航运：小湾水电站所处河段不通航，水库建成后可形成干流库区深水航道178km，支流黑惠江库区深水航道123km，为发展库区航运创造了条件；经水库调节后使澜沧江下游河道的枯水期流量增加，可改善航运条件。同时还发展当地旅游业，并能满足2010年以后云南省国民经济发展用电的需求。

参考文献

[1] 谢建斌，唐芸，陈改新. 小湾水电站双曲拱坝混凝土性能研究 [J]. 水力发电，2009，35（09）：38-41，60.

[2] 马震岳，宋志强，陈婧，等. 小湾水电站地下厂房动力特性及抗震分析 [J]. 水电能源科学，2007（6）：72-74.